高等数学及应用数学
（第 2 版）

卢秀惠　刘永渤　黄培峰　主　编

章锦红　主　审

哈尔滨工程大学出版社
Harbin Engineering University Press

内容简介

本书是作者根据我国高职教育(工科类)的要求和"国家骨干高职院校"建设的需要,在认真总结多年从事高职数学课程教学改革经验的基础上编写而成的。本书内容包括高等数学及应用数学两部分。高等数学部分包含一元函数微积分学及常微分方程初步,为各专业学生共同学习内容;应用数学部分包含多元函数微积分学、线性代数初步、空间向量与空间解析几何初步、级数及拉普拉斯变换,可根据各专业需要选用。

本书适用于高职高专院校工科类各专业大学一年级的学生,也可以作为相关专业学生、教师的参考用书。

图书在版编目(CIP)数据

高等数学及应用数学 / 卢秀惠,刘永渤,黄培峰主编. —2 版. —哈尔滨:哈尔滨工程大学出版社,2018.8(2022.9 重印)
ISBN 978 - 7 - 5661 - 2076 - 2

Ⅰ.①高… Ⅱ.①卢… ②刘… ③黄… Ⅲ.①高等数学 - 高等职业教育 - 教材 Ⅳ.①O13

中国版本图书馆 CIP 数据核字(2018)第 180136 号

选题策划 包国印
责任编辑 史大伟
封面设计 博鑫设计

出版发行 哈尔滨工程大学出版社
社　　址 哈尔滨市南岗区南通大街 145 号
邮政编码 150001
发行电话 0451 - 82519328
传　　真 0451 - 82519699
经　　销 新华书店
印　　刷 哈尔滨午阳印刷有限公司
开　　本 787mm×1 092mm　1/16
印　　张 14.5
字　　数 368 千字
版　　次 2018 年 8 月第 2 版
印　　次 2022 年 9 月第 5 次印刷
定　　价 39.00 元
http://www.hrbeupress.com
E-mail:heupress@ hrbeu.edu.cn

编 委 会

前　言

　　本书是作者根据我国高职教育(工科类)的要求和"国家骨干高职院校"建设的需求,在认真总结多年从事高职数学课程教学改革经验的基础上编写而成的。教材内容的选取充分体现了高职高专基础课教学中"以为专业课服务为宗旨","以应用为目的,以必需为度"的原则,以"强化概念,注重应用"为依据,既考虑了人才培养的应用性,又能使学生具有一定的可持续发展性。本书吸取了众多同类教材的优点,同时具有以下特点:

　　(1)本书适用于高职高专院校工科类各专业、不同生源的大学一年级的学生。内容既充分体现了与高中数学教学的有机衔接,又兼顾了高职高专院校教学的实际需求。在不降低教材质量的前提下,在尽可能保持数学学科知识体系完整性的基础上,本着"必需、够用"的原则,尽量降低难度、注重应用。

　　(2)教材编写本着突出重点、分散难点的原则,将导数、积分公式分类给出,注意几何、物理解释,重点培养学生的空间想象能力、抽象概括能力和动手应用能力。

　　(3)为便于不同层次学生对知识的掌握,注意体现启发式教学和直观性教学的原则。

　　(4)为了有效地解决学生在学习过程中遇到的实际困难,尤其考虑到部分高职学生的实际情况,教材配备了大量的随堂练习。习题的配备以知识结构为主线,以解题类型为框架,由浅入深、由易到难进行设置。习题的编选,本着注重双基训练,不追求复杂的计算和变换过程的原则,适当增加了应用性题目。

　　(5)为了提高学生的学习兴趣,扩展认知,使学生了解数学历史与数学文化,特别设置了"趣解数学",有兴趣的同学可以扫描二维码,徜徉知识的海洋。

　　本书内容包括高等数学及应用数学两部分。高等数学部分包含一元函数微积分学及常微分方程初步,为各专业学生共同学习内容;应用数学部分包含多元函数微积分学、线性代数初步、空间向量与空间解析几何初步、级数及拉普拉斯变换,可根据各专业需要选用。

　　本教材由渤海船舶职业学院数学课程组集体编写。第1章至第4章由刘永渤编写,第5章及第6章由黄培峰编写,第7章至第9章由卢秀惠编写。王蕾、张雷、王渝、王晓辉、王殿元、赵海东、张丽艳承担了部分文字输入、资料搜集等工作并提出了宝贵意见。卢秀惠、刘永渤、黄培峰完成全书的结构设计、统稿、定稿;章锦红副教授仔细审阅了本书的初稿,提出了许多有价值的修改意见。

　　本书得到了渤海船舶职业学院领导的全力支持,在此表示衷心的感谢。

　　由于作者水平有限,加之时间仓促,书中难免有不当之处,敬请读者批评指正。

编　　者
2018 年 6 月

目　　录

第1章 一元函数微分学

在欧洲资本主义初期,由于手工业生产逐渐向机器生产过渡,因此提高了生产力,促进了科学技术的快速发展.这个时期数学研究也取得了丰硕的成果,其中最突出的成就是微积分的产生.微积分的产生是基于许多科学家长期研究的结果,最终由牛顿与莱布尼茨大体完成.微分学是微积分的重要组成部分,导数与微分是微分学的两个基本概念,都是建立在函数基础之上.导数的概念在于刻画函数的瞬时变化率,即函数相对于自变量变化的快慢程度;微分的概念在于刻画函数的瞬时改变量,即函数相对于自变量改变量充分小时,其改变量的近似值.导数与微分紧密相关,在科学技术和社会生产实践过程中有着广泛的应用.本章将在高中数学的基础上,复习和加深理解导数与微分的概念、计算方法,为进一步掌握一元函数积分学奠定基础.

1.1 初等函数与函数的极限

1.1.1 初等函数

1.基本初等函数

定义1 幂函数 $y = x^\alpha$(α 为实数),指数函数 $y = a^x$($a > 0, a \neq 1$),对数函数 $y = \log_a x$($a > 0, a \neq 1$),三角函数和反三角函数称为基本初等函数.

在前三类函数中,每一类都包含无穷多个函数,只是因为同一类函数,其表达式的结构一致,所以统一用一个式子来表示.例如,$y = x, y = x^2, y = x^3$ 是最常见的幂函数.因为 $\dfrac{1}{x} = x^{-1}, \sqrt{x} = x^{\frac{1}{2}}$,所以 $y = \dfrac{1}{x}, y = \sqrt{x}$ 也可以看作是幂函数.此外,凡是函数等于自变量的常数次方的都是幂函数,例如,$y = x^{-\frac{2}{3}}, y = x^5, y = x^{-4}$ 等.

在三角函数系列中,除了熟悉的 $y = \sin x, y = \cos x$ 和 $y = \tan x$ 以外,还有 $y = \cot x$(余切),$y = \sec x$(正割)和 $y = \csc x$(余割),并且

$$\cot x = \frac{1}{\tan x}, \sec x = \frac{1}{\cos x}, \csc x = \frac{1}{\sin x}$$

在反三角函数系列中常用函数有四个:$y = \arcsin x, y = \arccos x, y = \arctan x, y = \text{arccot} x$,其中

$y = \arcsin x$ 是 $y = \sin x, x \in \left[-\dfrac{\pi}{2}, \dfrac{\pi}{2} \right]$ 的反函数;

$y = \arctan x$ 是 $y = \tan x, x \in \left(-\dfrac{\pi}{2}, \dfrac{\pi}{2} \right)$ 的反函数;

$y = \arccos x$ 是 $y = \cos x, x \in [0, \pi]$ 的反函数;

$y = \text{arccot} x$ 是 $y = \cot x, x \in (0, \pi)$ 的反函数.

其中，$\arcsin x + \arccos x = \dfrac{\pi}{2}$，$\arctan x + \operatorname{arccot} x = \dfrac{\pi}{2}$.

从求反三角函数的过程中可以看到：

$\arcsin x$ 代表一个角，一个在 $\left[-\dfrac{\pi}{2}, \dfrac{\pi}{2} \right]$ 上的角，这个角的正弦值等于 x；

$\arctan x$ 代表一个角，一个在 $\left(-\dfrac{\pi}{2}, \dfrac{\pi}{2} \right)$ 内的角，这个角的正切值等于 x.

例如，$\arcsin\left(-\dfrac{\sqrt{3}}{2} \right) = -\dfrac{\pi}{3}$；$\arctan \dfrac{\sqrt{3}}{3} = \dfrac{\pi}{6}$.

常用的基本初等函数的定义域、值域、图像和特性见附录四.

2. 初等函数

定义 2　由基本初等函数和常数经过有限次的复合或有限次的四则运算构成的可以用一个解析式表示的函数称为初等函数.

随堂练习 1

1. 指出下列函数中，哪些是幂函数，哪些是指数函数？

$(1)\, y = x^6$ 　　　　 $(2)\, y = 5^x$ 　　　　 $(3)\, y = x^{-2}$ 　　　　 $(4)\, y = \left(\dfrac{1}{3} \right)^x$

$(5)\, y = e^x$ 　　　　 $(6)\, y = x^{\frac{3}{4}}$ 　　　　 $(7)\, y = 3^x$ 　　　　 $(8)\, u = 10^v$

$(9)\, s = 2^t$ 　　　　 $(10)\, y = u^3$ 　　　　 $(11)\, y = x$ 　　　　 $(12)\, y = \dfrac{1}{x}$

$(13)\, y = \left(\dfrac{1}{e} \right)^t$ 　　 $(14)\, y = \sqrt{x}$ 　　　　 $(15)\, y = 4^u$ 　　　　 $(16)\, y = t^3$

2. 同角三角函数关系填空.

$(1)\, \tan x = \dfrac{1}{(\quad)} = \dfrac{\sin x}{(\quad)}$ 　　 $(2)\, \sin x = \dfrac{1}{(\quad)}$ 　　 $(3)\, \cot x = \dfrac{\cos x}{(\quad)}$

$(4)\, \dfrac{\cos x}{\sin x} = (\quad)$ 　　 $(5)\, \cos x = \dfrac{1}{(\quad)}$ 　　 $(6)\, \sin x = (\quad) \tan x$

$(7)\, \sin^2 x + \cos^2 x = (\quad)$ 　　 $(8)\, \tan^2 x + 1 = (\quad)$ 　　 $(9)\, 1 + \cot^2 x = (\quad)$

3. 反三角函数计算填空.

$(1)\, \arcsin(-1) = (\quad)$ 　　 $(2)\, \arcsin 1 = (\quad)$ 　　 $(3)\, \arcsin 0 = (\quad)$

$(4)\, \arcsin \dfrac{1}{2} = (\quad)$ 　　 $(5)\, \arccos(-1) = (\quad)$ 　　 $(6)\, \arccos \dfrac{1}{2} = (\quad)$

$(7)\, \arccos 0 = (\quad)$ 　　 $(8)\, \arccos\left(-\dfrac{1}{2} \right) = (\quad)$ 　 $(9)\, \arctan(-1) = (\quad)$

$(10)\, \arctan 1 = (\quad)$ 　　 $(11)\, \arctan 0 = (\quad)$ 　　 $(12)\, \arctan(-\sqrt{3}) = (\quad)$

1.1.2　函数极限的概念

在自变量 x 的某个变化过程中，如果对应的函数值 $f(x)$ 无限趋近于某个确定的常数 A，那么 A 称为 x 在该变化过程中函数 $f(x)$ 的极限. 显然，极限 A 是与自变量 x 的变化过程紧密相关的，下面将分类讨论.

1. 当 $x \to \infty$ 时，函数 $f(x)$ 的极限

观察当 x 的绝对值无限增大时，函数 $f(x) = \dfrac{1}{x}$ 的变化趋势，见表 1.1 和图 1.1.

表 1.1

x	$-\infty\leftarrow\cdots$	-1000000	-10000	-100	100	10000	1000000	$\cdots\rightarrow+\infty$
$f(x)=\dfrac{1}{x}$	$\cdots$	-0.000001	-0.0001	-0.01	0.01	0.0001	0.000001	$\cdots$

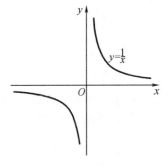

由表 1.1 和图 1.1 可以看出：当 x 的绝对值无限增大时，函数 $f(x)$ 的值无限趋近于常数 0. 即当 $x\rightarrow\infty$ 时，$f(x)\rightarrow 0$. 对于这种当 $x\rightarrow\infty$ 时，函数 $f(x)$ 的变化趋势，给出如下定义.

定义 3　如果当 x 的绝对值无限增大（即 $x\rightarrow\infty$）时，函数 $f(x)$ 无限趋近于常数 A，那么 A 称为函数 $f(x)$ 当 $x\rightarrow\infty$ 时的极限，记作

$$\lim_{x\rightarrow\infty}f(x)=A,\text{或当 } x\rightarrow\infty \text{ 时},f(x)\rightarrow A$$

根据上述定义，可知 $\lim\limits_{x\rightarrow\infty}\dfrac{1}{x}=0$.

图 1.1

对于函数 $f(x)=\dfrac{1}{x}$，当 $x\rightarrow+\infty$ 和 $x\rightarrow-\infty$ 时的变化趋势，由表 1.1 和图 1.1 可知，函数 $f(x)$ 都无限趋近于常数 0. 一般地，有如下定义.

定义 4　如果当 $x\rightarrow+\infty$（或 $x\rightarrow-\infty$）时，函数 $f(x)$ 无限趋近于常数 A，那么 A 称为函数 $f(x)$ 当 $x\rightarrow+\infty$（或 $x\rightarrow-\infty$）时的极限，记作

$$\lim_{x\rightarrow+\infty}f(x)=A,\text{或当 } x\rightarrow+\infty \text{ 时},f(x)\rightarrow A$$
$$\lim_{x\rightarrow-\infty}f(x)=A,\text{或当 } x\rightarrow-\infty \text{ 时},f(x)\rightarrow A$$

根据以上定义，显然有 $\lim\limits_{x\rightarrow+\infty}\dfrac{1}{x}=0$，$\lim\limits_{x\rightarrow-\infty}\dfrac{1}{x}=0$.

例 1　求 $\lim\limits_{x\rightarrow-\infty}2^{x}$ 和 $\lim\limits_{x\rightarrow+\infty}\left(\dfrac{1}{2}\right)^{x}$.

解　如图 1.2 所示，可以看出

$$\lim_{x\rightarrow-\infty}2^{x}=0,\ \lim_{x\rightarrow+\infty}\left(\dfrac{1}{2}\right)^{x}=0$$

例 2　求 $\lim\limits_{x\rightarrow+\infty}\arctan x$ 和 $\lim\limits_{x\rightarrow-\infty}\arctan x$.

解　如图 1.3 所示，可以看出

$$\lim_{x\rightarrow+\infty}\arctan x=\dfrac{\pi}{2},\ \lim_{x\rightarrow-\infty}\arctan x=-\dfrac{\pi}{2}$$

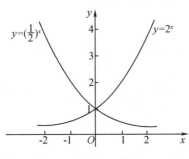

图 1.2

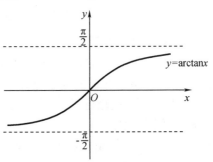

图 1.3

由于当 $x \to +\infty$ 和 $x \to -\infty$ 时函数 $\arctan x$ 不趋近于同一个常数,所以当 $x \to \infty$ 时,函数 $y = \arctan x$ 的极限不存在.

当 $x \to \infty$ 时,要同时考虑 $x \to +\infty$ 与 $x \to -\infty$,可以得到如下定理.

定理 1　$\lim\limits_{x \to \infty} f(x) = A$ 的充要条件是 $\lim\limits_{x \to +\infty} f(x) = \lim\limits_{x \to -\infty} f(x) = A$.

随堂练习 2

求下列极限.

(1) $\lim\limits_{x \to -\infty} 5^x$

(2) $\lim\limits_{x \to +\infty} \left(\dfrac{1}{3}\right)^x$

(3) $\lim\limits_{x \to +\infty} \operatorname{arccot} x$

(4) $\lim\limits_{x \to -\infty} \operatorname{arccot} x$

(5) $\lim\limits_{x \to \infty} \operatorname{arccot} x$

(6) $\lim\limits_{x \to \infty} \sin x$

2. 当 $x \to x_0$ 时,函数 $f(x)$ 的极限

当自变量 x 无限趋近于某点 x_0 时,函数值将如何变化?

考察函数 $f(x) = \dfrac{x^2 - 1}{x - 1}$:当 $x \to 1$ 时,函数 $f(x) = \dfrac{x^2 - 1}{x - 1}$ 的变化情况见表 1.2 和图 1.4.

表 1.2

x	0.9	0.99	0.999	0.9999	$\cdots \to 1 \leftarrow \cdots$	1.0001	1.001	1.01	1.1
$f(x) = \dfrac{x^2 - 1}{x - 1}$	1.9	1.99	1.999	1.9999	$\cdots \to 2 \leftarrow \cdots$	2.0001	2.001	2.01	2.1

由表 1.2 和图 1.4 可以看出,当 $x \to 1$ 时,$f(x) = \dfrac{x^2 - 1}{x - 1}$ 的值无限趋近于常数 2. 一般地,有如下定义.

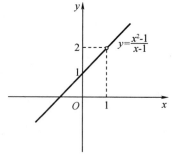

定义 5　如果当 $x \to x_0 (x \neq x_0)$ 时,函数 $f(x)$ 无限趋近于常数 A,那么 A 称为函数 $f(x)$ 当 $x \to x_0$ 时的极限,记作

$$\lim\limits_{x \to x_0} f(x) = A,\ \text{或当}\ x \to x_0\ \text{时},\ f(x) \to A$$

由上述定义,可知 $\lim\limits_{x \to 1} \dfrac{x^2 - 1}{x - 1} = 2$. 这里函数 $f(x) = \dfrac{x^2 - 1}{x - 1}$ 在 $x = 1$ 处是没有定义的,但是它与极限存在与否并无关系.

图 1.4

例 3　根据定义说明下列结论.

(1) $\lim\limits_{x \to x_0} x = x_0$

(2) $\lim\limits_{x \to x_0} C = C$（$C$ 为常数）

解　(1) 当自变量趋近于 x_0 时,显然,函数 $y = x$ 也趋近于 x_0,故 $\lim\limits_{x \to x_0} x = x_0$.

(2) 当自变量趋近于 x_0 时,函数 $y = C$ 始终取相同的值,故 $\lim\limits_{x \to x_0} C = C$.

3. 当 $x \to x_0$ 时,$f(x)$ 的左极限与右极限

在上述定义中,x 是从 x_0 的左右两侧趋近于 x_0 的,但在有些问题中,只需要考虑 x 从 x_0 的一侧趋近于 x_0 时,函数 $f(x)$ 的变化趋势.

如果当 x 从 x_0 的左侧趋近于 x_0 时,函数 $f(x)$ 无限趋近于常数 A,那么 A 称为函数 $f(x)$ 当 $x \to x_0$ 时的左极限,记作

$$\lim\limits_{x \to x_0^-} f(x) = A,\ \text{或当}\ x \to x_0^-\ \text{时},\ f(x) \to A$$

如果当 x 从 x_0 的右侧趋近于 x_0 时,函数 $f(x)$ 无限趋近于常数 A,那么 A 称为函数 $f(x)$

当 $x \to x_0$ 时的右极限,记作

$$\lim_{x \to x_0^+} f(x) = A, \text{或当 } x \to x_0^+ \text{ 时}, f(x) \to A$$

注意 　当 $x \to x_0$ 时,要同时考虑 $x \to x_0^-$ 与 $x \to x_0^+$,可以得到如下定理.

定理 2 　$\lim\limits_{x \to x_0} f(x) = A$ 的充要条件是 $\lim\limits_{x \to x_0^-} f(x) = \lim\limits_{x \to x_0^+} f(x) = A$.

例 4 　讨论函数 $f(x) = \begin{cases} x - 1 & x < 0 \\ 0 & x = 0 \\ x + 1 & x > 0 \end{cases}$ 当 $x \to 0$ 时的极限.

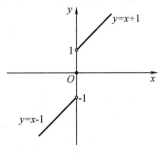

解 　作出这个分段函数的图形(图 1.5),可以看出

$$\lim_{x \to 0^-} f(x) = \lim_{x \to 0^-} (x - 1) = -1$$

$$\lim_{x \to 0^+} f(x) = \lim_{x \to 0^+} (x + 1) = 1$$

因为 $\lim\limits_{x \to 0^-} f(x) \neq \lim\limits_{x \to 0^+} f(x)$,所以 $\lim\limits_{x \to 0} f(x)$ 不存在.

图 1.5

随堂练习 3

1. 求下列极限.

(1) $\lim\limits_{x \to 0} x$ 　　　　　　(2) $\lim\limits_{x \to 0} 2$ 　　　　　　(3) $\lim\limits_{x \to -1} \dfrac{1}{x}$

(4) $\lim\limits_{x \to 0} \sin x$ 　　　　　(5) $\lim\limits_{x \to 0} \cos x$ 　　　　　(6) $\lim\limits_{x \to 0} \sin \dfrac{1}{x}$

2. 讨论函数 $f(x) = \begin{cases} x + 1 & x \geq 0 \\ x & x < 0 \end{cases}$ 当 $x \to 0$ 时的极限.

1.1.3　极限的四则运算

设 $\lim\limits_{x \to x_0} f(x) = A$,$\lim\limits_{x \to x_0} g(x) = B$,则

法则 1 　$\lim\limits_{x \to x_0} [f(x) \pm g(x)] = \lim\limits_{x \to x_0} f(x) \pm \lim\limits_{x \to x_0} g(x) = A \pm B$

法则 2 　$\lim\limits_{x \to x_0} [f(x) g(x)] = \lim\limits_{x \to x_0} f(x) \lim\limits_{x \to x_0} g(x) = AB$

法则 3 　$\lim\limits_{x \to x_0} \dfrac{f(x)}{g(x)} = \dfrac{\lim\limits_{x \to x_0} f(x)}{\lim\limits_{x \to x_0} g(x)} = \dfrac{A}{B} (B \neq 0)$

上述极限运算法则对于 $x \to \infty$ 的情况也成立,并且法则 1、2 可推广到有限个具有极限的函数的情形.

特别地,在法则 2 中,若 $g(x) = C$,则有

$$\lim_{x \to x_0} Cf(x) = C \lim_{x \to x_0} f(x) = CA$$

例 5 　求 $\lim\limits_{x \to 3} \left(\dfrac{1}{3} x + 1 \right)$.

解 　$\lim\limits_{x \to 3} \left(\dfrac{1}{3} x + 1 \right) = \lim\limits_{x \to 3} \left(\dfrac{1}{3} x \right) + \lim\limits_{x \to 3} 1 = \dfrac{1}{3} \lim\limits_{x \to 3} x + 1 = \dfrac{1}{3} \times 3 + 1 = 2$

例 6 　求 $\lim\limits_{x \to 1} \dfrac{x^2 - 2x + 5}{x^2 + 7}$.

解 　因为 $\lim\limits_{x \to 1} (x^2 + 7) \neq 0$,所以

$$\lim_{x\to 1}\frac{x^2-2x+5}{x^2+7}=\frac{\lim\limits_{x\to 1}(x^2-2x+5)}{\lim\limits_{x\to 1}(x^2+7)}=\frac{1^2-2\times 1+5}{1^2+7}=\frac{1}{2}$$

例7　求 $\lim\limits_{x\to 3}\dfrac{x^2-9}{x-3}$.

解　当 $x\to 3$ 时,由于分子、分母的极限都是零,因而约去分子、分母中趋向于零的因式.

$$\lim_{x\to 3}\frac{x^2-9}{x-3}=\lim_{x\to 3}\frac{(x-3)(x+3)}{x-3}=\lim_{x\to 3}(x+3)=6$$

例8　求 $\lim\limits_{x\to 0}\dfrac{\sqrt{1+x}-1}{x}$.

解　当 $x\to 0$ 时,由于分子、分母的极限都是零,因而采用分子有理化的方法,约去分子、分母中趋向于零的因式.

$$\lim_{x\to 0}\frac{\sqrt{1+x}-1}{x}=\lim_{x\to 0}\frac{(\sqrt{1+x}-1)(\sqrt{1+x}+1)}{x(\sqrt{1+x}+1)}=\lim_{x\to 0}\frac{1}{\sqrt{1+x}+1}=\frac{1}{2}$$

例9　求 $\lim\limits_{x\to\infty}\dfrac{x^2+2}{2x^2+x+1}$.

解　当 $x\to\infty$ 时,由于分子、分母的极限都不存在,因而分子、分母同时除以 x^2.

$$\lim_{x\to\infty}\frac{x^2+2}{2x^2+x+1}=\lim_{x\to\infty}\frac{1+\dfrac{2}{x^2}}{2+\dfrac{1}{x}+\dfrac{1}{x^2}}=\frac{\lim\limits_{x\to\infty}\left(1+\dfrac{2}{x^2}\right)}{\lim\limits_{x\to\infty}\left(2+\dfrac{1}{x}+\dfrac{1}{x^2}\right)}=\frac{1}{2}$$

例10　求 $\lim\limits_{x\to 1}\left(\dfrac{x}{x-1}-\dfrac{2}{x^2-1}\right)$.

解　当 $x\to 1$ 时,由于 $\dfrac{x}{x-1}$,$\dfrac{2}{x^2-1}$ 的极限都不存在,因而采用通分的方法,化成一个分式.

$$\lim_{x\to 1}\left(\frac{x}{x-1}-\frac{2}{x^2-1}\right)=\lim_{x\to 1}\frac{x^2+x-2}{x^2-1}=\lim_{x\to 1}\frac{(x+2)(x-1)}{(x+1)(x-1)}=\lim_{x\to 1}\frac{x+2}{x+1}=\frac{3}{2}$$

随堂练习4

求下列极限.

$(1)\ \lim\limits_{x\to 2}(5x+2)$　　　　　　$(2)\ \lim\limits_{x\to 2}\dfrac{x^2-4}{x-2}$　　　　　　$(3)\ \lim\limits_{x\to 0}\dfrac{\sqrt{x+4}-2}{x}$

$(4)\ \lim\limits_{x\to\infty}\dfrac{2x^2+x}{3x^2+2x-1}$　　　$(5)\ \lim\limits_{x\to\infty}\dfrac{2x^2-7x+5}{3x^3-x^2+1}$　　　$(6)\ \lim\limits_{x\to 1}\left(\dfrac{1}{1-x}-\dfrac{2}{1-x^2}\right)$

习题 1.1

1. 求下列极限.

$(1)\ \lim\limits_{x\to 2}(x^2-3x+5)$　　　$(2)\ \lim\limits_{x\to 1}\dfrac{x^2+4x-5}{x^2-1}$　　　$(3)\ \lim\limits_{x\to 4}\dfrac{x-4}{\sqrt{x+5}-3}$

$(4)\ \lim\limits_{x\to\infty}\dfrac{2x^3+5}{3x^3+x^2+1}$　　　$(5)\ \lim\limits_{x\to\infty}\dfrac{4x^3+2x^2-1}{3x^4+1}$　　　$(6)\ \lim\limits_{x\to 1}\left(\dfrac{3}{1-x^3}-\dfrac{1}{1-x}\right)$

2. 讨论函数 $f(x) = \dfrac{|x|}{x}$ 当 $x \to 0$ 时的极限.

趣解数学

"极限"不好理解? 一个关于足球的问题可以帮助你.

1.2 无穷小与重要极限

1.2.1 无穷大与无穷小的概念

1. 无穷大的定义

定义 1 如果当 $x \to x_0$(或 $x \to \infty$)时,函数 $f(x)$ 的绝对值 $|f(x)|$ 无限增大,则称 $f(x)$ 为当 $x \to x_0$(或 $x \to \infty$)时的无穷大量,简称无穷大.

注意 无穷大的两种含义:

(1)无穷大指数的绝对值大到极致($-\infty$,$+\infty$,∞).

(2)无穷大量指在自变量的某个趋近过程下,趋近于无穷大的函数.

如果函数 $f(x)$ 当 $x \to x_0$(或 $x \to \infty$)时为无穷大,根据极限的定义,它的极限是不存在的,但为了便于描述函数的这种变化趋势,也称"函数的极限是无穷大",并记作

$$\lim_{\substack{x \to x_0 \\ (\text{或} x \to \infty)}} f(x) = \infty$$

或记作 $$x \to x_0 (\text{或} x \to \infty), f(x) \to \infty$$

例如,函数 $y = \tan x$,当 $x \to \dfrac{\pi}{2}$ 时,$|\tan x|$ 无限增大(图 1.6),所以,函数 $\tan x$ 是当 $x \to \dfrac{\pi}{2}$ 时的无穷大,记作 $\lim\limits_{x \to \frac{\pi}{2}} \tan x = \infty$. 又如,因为 $\lim\limits_{x \to 0} \dfrac{x+1}{x(x-1)} = \infty$,$\lim\limits_{x \to 1} \dfrac{x+1}{x(x-1)} = \infty$,所以 $\dfrac{x+1}{x(x-1)}$ 是 $x \to 0$ 和 $x \to 1$ 时的无穷大.

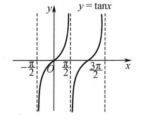

图 1.6

2. 无穷小的定义

定义 2 如果当 $x \to x_0$(或 $x \to \infty$)时,函数 $f(x)$ 的极限为零,则称 $f(x)$ 为当 $x \to x_0$(或 $x \to \infty$)时的无穷小量,简称无穷小.

例如,因为 $\lim\limits_{x \to \frac{1}{2}}(2x-1) = 0$,所以函数 $2x-1$ 是当 $x \to \dfrac{1}{2}$ 时的无穷小.

又如,因为 $\lim\limits_{x \to -1} \dfrac{x+1}{x(x-1)} = 0$,$\lim\limits_{x \to \infty} \dfrac{x+1}{x(x-1)} = 0$,所以 $\dfrac{x+1}{x(x-1)}$ 是 $x \to -1$ 和 $x \to \infty$ 时的无穷小.

注意 （1）说函数 $f(x)$ 是无穷大或无穷小,必须指明自变量的趋近过程.例如,函数 $y=\dfrac{1}{x}$ 是当 $x\to 0$ 时的无穷大, $y=\dfrac{1}{x}$ 是当 $x\to\infty$ 时的无穷小.当 $x\to -1$ 时, $y=\dfrac{1}{x}$ 既不是无穷大,也不是无穷小.

（2）无穷大和无穷小是一个变量,不能与一个很大或很小的数(如 $10^{1\,000},10^{-10\,000}$)相混淆.

（3）常数中只有"0"可以看作是无穷小.

（4）在自变量的同一趋近过程下,若 $f(x)$ 是无穷大,则 $\dfrac{1}{f(x)}$ 是无穷小;反之,若 $f(x)$ 是无穷小,且 $f(x)\neq 0$,则 $\dfrac{1}{f(x)}$ 是无穷大.例如,当 $x\to +\infty$ 时, 2^x 是无穷大, $\left(\dfrac{1}{2}\right)^x$ 是无穷小;当 $x\to -\infty$ 时, 2^x 是无穷小, $\left(\dfrac{1}{2}\right)^x$ 是无穷大.

3. 无穷小的性质

性质 1　有限个无穷小的代数和仍是无穷小.

性质 2　有限个无穷小的乘积仍是无穷小.

性质 3　有界函数与无穷小的乘积是无穷小.

推论　常数与无穷小的乘积是无穷小.

例 1　求 $\lim\limits_{x\to\infty}\dfrac{\sin x}{x}$.

解　因为 $|\sin x|\leqslant 1$,所以 $\sin x$ 是有界函数,而当 $x\to\infty$ 时, $\dfrac{1}{x}$ 是无穷小,所以 $\lim\limits_{x\to\infty}\dfrac{\sin x}{x}=0$.

以下极限为常见的有界函数与无穷小乘积的例子:

$$\lim_{x\to 0}x\sin\dfrac{1}{x};\quad\lim_{x\to 0}x\cos\dfrac{1}{x};\quad\lim_{x\to\infty}\dfrac{\cos x}{x};\quad\lim x\arctan\dfrac{1}{x};\quad\lim_{x\to\infty}\dfrac{1}{x}\arctan x.$$

例 2　求 $\lim\limits_{n\to\infty}\left(\dfrac{1}{n^2}+\dfrac{2}{n^2}+\dfrac{3}{n^2}+\cdots+\dfrac{n}{n^2}\right)$.

解　显然,当 $n\to\infty$ 时, $\dfrac{1}{n^2},\dfrac{2}{n^2},\dfrac{3}{n^2},\cdots,\dfrac{n}{n^2}$ 的极限都为 0,但却不是有限项的和,故不能用性质 1.需将原式变形,得

$$\lim_{n\to\infty}\left(\dfrac{1}{n^2}+\dfrac{2}{n^2}+\dfrac{3}{n^2}+\cdots+\dfrac{n}{n^2}\right)=\lim_{n\to\infty}\dfrac{1+2+3+\cdots+n}{n^2}=\lim_{n\to\infty}\dfrac{\dfrac{1}{2}n(n+1)}{n^2}=\dfrac{1}{2}$$

4. 函数极限与无穷小的关系

函数、函数的极限与无穷小三者之间有如下重要关系.

定理 1　具有极限的函数等于它的极限与一个无穷小之和;反之,如果函数可以表示为一个常数与无穷小之和,那么该常数就是这个函数的极限.

若 $\lim\limits_{\substack{x\to x_0\\(\text{或}x\to\infty)}}f(x)=A$,则 $f(x)=A+\alpha$;反之,若 $f(x)=A+\alpha$,则 $\lim\limits_{\substack{x\to x_0\\(\text{或}x\to\infty)}}f(x)=A$(其中 α 是当 $x\to x_0$(或 $x\to\infty$)时的无穷小).

注 定理 1 的结论在今后的学习中有重要的应用,尤其是在理论推导或证明中. 它将函数的极限运算问题转化为常数与无穷小的代数运算问题.

随堂练习 1

1. 下列函数哪些是无穷小,哪些是无穷大?

$(1)\dfrac{1+2x}{x^2}$,当 $x\to0$ 时 $\qquad$ $(2)\dfrac{1+2x}{x^2}$,当 $x\to\infty$ 时 $\qquad$ $(3)\dfrac{1+2x^3}{x^2}$,当 $x\to\infty$ 时

2. 函数 $f(x)=\dfrac{x+1}{x-1}$ 在自变量怎样变化时是无穷小? 在自变量怎样变化时是无穷大?

1.2.2 两个重要极限

1. $\lim\limits_{x\to0}\dfrac{\sin x}{x}=1$

当 x 取一系列趋近于 0 的数值时,得到的一系列对应值见表 1.3.

表 1.3

x/rad	-1.0	-0.1	-0.01	-0.001	$\cdots\to0\leftarrow\cdots$	0.001	0.01	0.1	1.0
$f(x)=\dfrac{\sin x}{x}$	0.84147	0.99833	0.99998	0.99999	$\cdots\to1\leftarrow\cdots$	0.99999	0.99998	0.99833	0.84147

由表 1.3 和图 1.7 可以看出,当 x 无限趋近于 0 时,$\dfrac{\sin x}{x}$ 的值无限趋近于 1. 可以证明,当 $x\to0$ 时,$\dfrac{\sin x}{x}$ 的极限存在且等于 1,即

$$\lim_{x\to0}\frac{\sin x}{x}=1$$

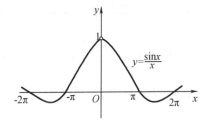

图 1.7

结构:在 x 的某一趋近过程下,若 $f(x)\to0$,则 $\lim\dfrac{\sin f(x)}{f(x)}=1$.

例 3 求 $\lim\limits_{x\to0}\dfrac{\tan x}{x}$.

解 $\lim\limits_{x\to0}\dfrac{\tan x}{x}=\lim\limits_{x\to0}\dfrac{1}{x}\cdot\dfrac{\sin x}{\cos x}=\lim\limits_{x\to0}\dfrac{1}{\cos x}\cdot\lim\limits_{x\to0}\dfrac{\sin x}{x}=1$

例 4 求 $\lim\limits_{x\to0}\dfrac{x}{\sin 2x}$.

解 $\lim\limits_{x\to0}\dfrac{x}{\sin 2x}=\lim\limits_{x\to0}\dfrac{1}{\dfrac{2\sin 2x}{2x}}=\dfrac{1}{2}\cdot\dfrac{1}{\lim\limits_{x\to0}\dfrac{\sin 2x}{2x}}=\dfrac{1}{2}$

例 5 求 $\lim\limits_{x\to0}\dfrac{1-\cos x}{x^2}$.

解 $\lim\limits_{x\to0}\dfrac{1-\cos x}{x^2}=\lim\limits_{x\to0}\dfrac{2\sin^2\dfrac{x}{2}}{x^2}=\dfrac{1}{2}\lim\limits_{x\to0}\left(\dfrac{\sin\dfrac{x}{2}}{\dfrac{x}{2}}\right)^2=\dfrac{1}{2}$

例 6　求 $\lim\limits_{x\to\infty} x\sin\dfrac{1}{x}$.

解　$\lim\limits_{x\to\infty} x\sin\dfrac{1}{x} = \lim\limits_{x\to\infty}\dfrac{\sin\dfrac{1}{x}}{\dfrac{1}{x}} = 1$

随堂练习 2

求下列极限.

(1) $\lim\limits_{x\to 0} x\cot x$　　　　　　　　　　(2) $\lim\limits_{x\to 0}\dfrac{\sin 3x}{x}$

(3) $\lim\limits_{x\to 0}\dfrac{\sin 2x}{\sin 3x}$　　　　　　　　　(4) $\lim\limits_{x\to\pi}\dfrac{\sin x}{\pi-x}$

2. $\lim\limits_{x\to\infty}\left(1+\dfrac{1}{x}\right)^{x} = \mathrm{e}$ 或 $\lim\limits_{x\to 0}(1+x)^{\frac{1}{x}} = \mathrm{e}$

观察当 $x\to +\infty$ 和 $x\to -\infty$ 时,函数 $\left(1+\dfrac{1}{x}\right)^{x}$ 的变化趋势,见表 1.4.

表 1.4

x	$-\infty\leftarrow\cdots$	-1000000	-10000	-10	1	10	10000	1000000	$\cdots\to +\infty$
$f(x)=\left(1+\dfrac{1}{x}\right)^{x}$	$\cdots$	2.71828	2.71840	2.86797	2	2.59374	2.71815	2.71828	$\cdots$

由表 1.4 可以看出,当 $x\to +\infty$ 和 $x\to -\infty$ 时,函数 $\left(1+\dfrac{1}{x}\right)^{x}$ 的值无限趋近于 2.71828$\cdots$

($\mathrm{e} = 2.71828\cdots$).可以证明,当 $x\to\infty$ 时,函数 $\left(1+\dfrac{1}{x}\right)^{x}$ 的极限存在,且等于 e,即

$$\lim_{x\to\infty}\left(1+\frac{1}{x}\right)^{x} = \mathrm{e}$$

在上式中,设 $u=\dfrac{1}{x}$,则当 $x\to\infty$ 时,$u\to 0$,于是得到

$$\lim_{u\to 0}(1+u)^{\frac{1}{u}} = \mathrm{e}$$

结构:在 x 的某一趋近过程下,若 $f(x)\to\infty$,则 $\lim\left[1+\dfrac{1}{f(x)}\right]^{f(x)} = \mathrm{e}$;若 $f(x)\to 0$,则

$\lim\left[1+f(x)\right]^{\frac{1}{f(x)}} = \mathrm{e}$.

例 7　求 $\lim\limits_{x\to\infty}\left(1-\dfrac{1}{x}\right)^{x}$.

解　$\lim\limits_{x\to\infty}\left(1-\dfrac{1}{x}\right)^{x} = \lim\limits_{x\to\infty}\left[\left(1+\dfrac{1}{-x}\right)^{-x}\right]^{-1} = \left[\lim\limits_{x\to\infty}\left(1+\dfrac{1}{-x}\right)^{-x}\right]^{-1} = \mathrm{e}^{-1}$

例 8　求 $\lim\limits_{x\to 0}(1-3x)^{\frac{1}{x}}$.

解　$\lim\limits_{x\to 0}(1-3x)^{\frac{1}{x}} = \lim\limits_{x\to 0}\left[(1-3x)^{-\frac{1}{3x}}\right]^{-3} = \left[\lim\limits_{x\to 0}(1-3x)^{-\frac{1}{3x}}\right]^{-3} = \mathrm{e}^{-3}$

例 9　求 $\lim\limits_{x\to\infty}\left(\dfrac{x+3}{x+2}\right)^{2x}$.

解 $\lim\limits_{x\to\infty}\left(\dfrac{x+3}{x+2}\right)^{2x}=\lim\limits_{x\to\infty}\left(\dfrac{1+\dfrac{3}{x}}{1+\dfrac{2}{x}}\right)^{2x}=\dfrac{\lim\limits_{x\to\infty}\left(1+\dfrac{3}{x}\right)^{\frac{x}{3}\cdot6}}{\lim\limits_{x\to\infty}\left(1+\dfrac{2}{x}\right)^{\frac{x}{2}\cdot4}}=\dfrac{e^6}{e^4}=e^2$

随堂练习

求下列极限.

$(1)\lim\limits_{x\to\infty}\left(1+\dfrac{1}{x}\right)^{x+3}$ 　　　　　　　　$(2)\lim\limits_{x\to\infty}\left(1-\dfrac{1}{x}\right)^{5x}$

$(3)\lim\limits_{x\to0}\left(1+2x\right)^{\frac{1}{x}}$ 　　　　　　　　　$(4)\lim\limits_{x\to\infty}\left(\dfrac{x+2}{x-3}\right)^{x}$

1.2.3　无穷小阶的比较

1. 无穷小阶的比较的概念

两个无穷小的和、差、积仍是无穷小,而两个无穷小的商却不一定是无穷小. 例如,当 $x\to0$ 时,$x,2x,x^2$ 都是无穷小,而

$$\lim\limits_{x\to0}\dfrac{x^2}{2x}=0,\quad\lim\limits_{x\to0}\dfrac{2x}{x^2}=\infty,\quad\lim\limits_{x\to0}\dfrac{2x}{x}=2$$

从以上各式可以看出各无穷小趋近于 0 的快慢程度:$x^2\to0$ 比 $2x\to0$ 快些,$2x\to0$ 比 $x^2\to0$ 慢些,$2x$ 与 x 大致相同,从而引进无穷小的阶的概念.

定义 3　设 α 和 β 是在同一趋近过程下的两个无穷小,且 $\beta\neq0$,则:

(1)如果 $\lim\dfrac{\alpha}{\beta}=0$,则称 α 是比 β 较高阶的无穷小;

(2)如果 $\lim\dfrac{\alpha}{\beta}=\infty$,则称 α 是比 β 较低阶的无穷小;

(3)如果 $\lim\dfrac{\alpha}{\beta}=C$($C$ 为非零常数),则称 α 与 β 是同阶无穷小;特别地,如果 $\lim\dfrac{\alpha}{\beta}=1$,则称 α 与 β 是等价无穷小,记作 $\alpha\sim\beta$.

由定义 3 可知,当 $x\to0$ 时,x^2 是比 $2x$ 较高阶的无穷小;$2x$ 是比 x^2 较低阶的无穷小;$2x$ 与 x 是同阶无穷小.

例 10　比较当 $x\to2$ 时,无穷小 $x-2$ 与 x^2-6x+8 阶的高低.

解　因为 $\lim\limits_{x\to2}\dfrac{x-2}{x^2-6x+8}=\lim\limits_{x\to2}\dfrac{1}{x-4}=-\dfrac{1}{2}$,所以当 $x\to2$ 时,$x-2$ 与 x^2-6x+8 是同阶无穷小.

2. 等价无穷小代换

根据等价无穷小的定义可以证明,有下列常用等价无穷小关系:

当 $x\to0$ 时,$\sin x\sim x,\tan x\sim x,\arcsin x\sim x,\arctan x\sim x,e^x-1\sim x,\ln(x+1)\sim x.$

当 $x\to0$ 时,$1-\cos x\sim\dfrac{1}{2}x^2,\sqrt[n]{1+x}-1\sim\dfrac{x}{n},\cdots$

一般地,当 $f(x)\to0$ 时,$\sin f(x)\sim f(x),\tan f(x)\sim f(x),\cdots$例如,当 $3x+5\to0$ 时,$\sin(3x+5)\sim3x+5,\tan(3x+5)\sim3x+5,\cdots$

等价无穷小在求两个无穷小之比的极限时有重要作用,对此有如下定理.

定理 2　设 $\alpha,\alpha_1,\beta,\beta_1$ 是在同一趋近过程下的无穷小，且 $\alpha \sim \alpha_1,\beta \sim \beta_1,\lim\dfrac{\alpha_1}{\beta_1}$ 存在，则

$$\lim\frac{\alpha}{\beta}=\lim\frac{\alpha_1}{\beta_1}$$

例 11　求 $\lim\limits_{x\to0}\dfrac{\sin3x}{\tan6x}$.

解　当 $x\to0$ 时，$\sin3x \sim 3x,\tan6x \sim 6x$，故 $\lim\limits_{x\to0}\dfrac{\sin3x}{\tan6x}=\lim\limits_{x\to0}\dfrac{3x}{6x}=\dfrac{1}{2}$.

注　等价无穷小代换法只适用于整体结构为乘积或商的函数极限问题.

习题 1.2

1. 利用等价无穷小代换求下列极限.

（1）$\lim\limits_{x\to0}\dfrac{1-\cos x}{\sin^2x}$

（2）$\lim\limits_{x\to0}\dfrac{e^{3x}-1}{\tan x}$

（3）$\lim\limits_{x\to0}\dfrac{\ln(1+2x)}{e^x-1}$

（4）$\lim\limits_{x\to0}\dfrac{\sin2x}{\arcsin x}$

（5）$\lim\limits_{x\to0}\dfrac{e^{x^2}-1}{\cos x-1}$

（6）$\lim\limits_{x\to1}\dfrac{x^2+4x-5}{\sin(x^2-1)}$

（7）$\lim\limits_{x\to0}\dfrac{1-\cos x^2}{x^2\sin x^2}$

（8）$\lim\limits_{x\to0}\dfrac{1-\cos2x}{x\tan x}$

（9）$\lim\limits_{x\to0}\dfrac{\sin^2\dfrac{x}{3}}{x^2}$

（10）$\lim\limits_{x\to-\frac{5}{3}}\dfrac{\sin(3x+5)}{\ln(3x+6)}$

2. 利用两个重要极限求下列极限.

（1）$\lim\limits_{x\to0}\ln\dfrac{x}{\sin x}$

（2）$\lim\limits_{x\to0}\dfrac{1-\cos x}{x\tan x}$

（3）$\lim\limits_{x\to2}\dfrac{\sin(x-2)}{x-2}$

（4）$\lim\limits_{x\to0}\dfrac{\sin^2\dfrac{x}{3}}{x^2}$

（5）$\lim\limits_{x\to0}\dfrac{\tan x-\sin x}{x^3}$

（6）$\lim\limits_{x\to0}(1-3x)^{\frac{2}{x}}$

（7）$\lim\limits_{x\to\infty}\left(1+\dfrac{2}{x}\right)^{5x}$

（8）$\lim\limits_{x\to\infty}\left(\dfrac{x+2}{x-1}\right)^{x}$

（9）$\lim\limits_{x\to0}\dfrac{\ln(1+x)}{x}$

（10）$\lim\limits_{x\to0}(1+\sin x)^{\csc x}$

（11）$\lim\limits_{x\to+\infty}x[\ln(x+a)-\ln x]$

趣解数学

无穷小是非常重要的数学概念，早在战国时期，庄子用一句话就道出了无穷小的真谛，一起来看看吧.

1.3　函数的导数运算

1.3.1　导数的概念

1. 增量

设函数 $y = f(x)$ 在点 x_0 处及其左右近旁有定义,当自变量从 x_0 变化到 x 时,其增量为 $\Delta x = x - x_0$,相应地,函数的增量为

$$\Delta y = f(x) - f(x_0) = f(x_0 + \Delta x) - f(x_0)$$

几何上,函数的增量表示当自变量从 x_0 变化到 $x_0 + \Delta x$ 时,曲线上对应的纵坐标的增量(图 1.8).

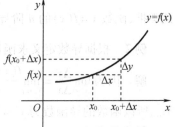

图 1.8

例 1　设 $y = f(x) = x^2$,分别在下列条件下确定 Δx 与 Δy.

(1)当自变量从 1 变化到 1.01 时;

(2)当自变量从 1 变化到 0.99 时;

(3)当自变量从 0 变化到 -0.01 时.

解　(1)$\Delta x = x - x_0 = 1.01 - 1 = 0.01$

$$\Delta y = f(x) - f(x_0) = f(1.01) - f(1) = 1.01^2 - 1^2 = 0.0201$$

(2)$\Delta x = x - x_0 = 0.99 - 1 = -0.01$

$$\Delta y = f(x) - f(x_0) = f(0.99) - f(1) = 0.99^2 - 1^2 = -0.0199$$

(3)$\Delta x = x - x_0 = -0.01 - 0 = -0.01$

$$\Delta y = f(x) - f(x_0) = f(-0.01) - f(0) = (-0.01)^2 - 0^2 = 0.0001$$

随堂练习 1

设 $y = f(x) = 2x - 3$,分别在下列条件下确定 Δx 与 Δy.

(1)当自变量从 2 变到 2.01 时;

(2)当自变量从 2 变到 1.99 时.

2. 曲线切线的斜率

如图 1.9 所示,在曲线上定点 M 的附近,任取一点 N,作割线 MN,当点 N 沿着曲线无限趋近于点 M 时,若割线 MN 的极限位置 MT 存在,则称直线 MT 为曲线在点 M 处的切线.设曲线为 $y = f(x)$,定点为 $M(x_0, y_0)$,动点为 $N(x, y)$,割线 MN 的倾斜角为 φ,切线 MT 的倾斜角为 α,则斜率 $K_{MN} = \tan\varphi = \dfrac{\Delta y}{\Delta x}$,$K_{MT} = \tan\alpha$.当点 $N \rightarrow M$ 时,$\varphi \rightarrow \alpha$,$\Delta x \rightarrow 0$,$\dfrac{\Delta y}{\Delta x} \rightarrow \tan\alpha$,即

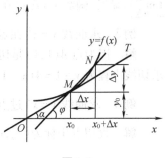

图 1.9

$$\lim_{\Delta x \rightarrow 0} \frac{\Delta y}{\Delta x} = \tan\alpha.$$

3. 导数的概念

定义　设函数 $y = f(x)$ 在点 x_0 处及其左右近旁有定义,如果当 $\Delta x \rightarrow 0$ 时 $\dfrac{\Delta y}{\Delta x}$ 的极限存在,那么这个极限值称为函数 $y = f(x)$ 在点 x_0 处的导数,记作 $f'(x_0)$,即

$$f'(x_0) = \lim_{\Delta x \to 0} \frac{\Delta y}{\Delta x}$$

也可以记作 $y'\big|_{x=x_0}$，$\dfrac{\mathrm{d}y}{\mathrm{d}x}\big|_{x=x_0}$ 或 $\dfrac{\mathrm{d}f(x)}{\mathrm{d}x}\big|_{x=x_0}$，此时称函数 $y = f(x)$ 在点 x_0 处可导.

　　函数 $y = f(x)$ 在其定义域内任意可导点的 x 值与其导数值的对应关系，构成一个新的函数，称为 $y = f(x)$ 的导函数(简称导数，也称为一阶导数)，记作 y' (需指明自变量 x 时记作 y'_x)，$f'(x)$，$\dfrac{\mathrm{d}y}{\mathrm{d}x}$ 或 $\dfrac{\mathrm{d}f(x)}{\mathrm{d}x}$. 导函数的导数称为二阶导数，记作 y''，$f''(x)$，$\dfrac{\mathrm{d}(y')}{\mathrm{d}x}$，$\dfrac{\mathrm{d}f'(x)}{\mathrm{d}x}$ 或 $\dfrac{\mathrm{d}^2 y}{\mathrm{d}x^2}$. 依此类推，函数 $y = f(x)$ 的 n 阶导数记作 $y^{(n)}$，$f^{(n)}(x)$ 或 $\dfrac{\mathrm{d}^n y}{\mathrm{d}x^n}$.

　　例 2　根据导数定义求函数 $y = f(x) = x^3$ 在点 x_0 处的导数值及函数的导函数.

　　解　因为 $\lim\limits_{\Delta x \to 0} \dfrac{\Delta y}{\Delta x} = \lim\limits_{x \to x_0} \dfrac{f(x) - f(x_0)}{x - x_0} = \lim\limits_{x \to x_0} \dfrac{x^3 - x_0^3}{x - x_0} = \lim\limits_{x \to x_0} (x^2 + x x_0 + x_0^2) = 3 x_0^2$，即 $y'\big|_{x=x_0} = 3x_0^2$，所以函数的导函数为 $y' = 3x^2$.

　　随堂练习 2

　　根据导数定义求函数 $y = f(x) = x^4$ 在点 x_0 处的导数值及函数的导函数.

　　4. 导数的物理意义

　　观察导数的定义式 $f'(x_0) = \lim\limits_{\Delta x \to 0} \dfrac{\Delta y}{\Delta x}$，其中 $\dfrac{\Delta y}{\Delta x}$ 是函数 $y = f(x)$ 在区间 $[x_0, x]$ 上的平均变化率，而 $\lim\limits_{\Delta x \to 0} \dfrac{\Delta y}{\Delta x}$ 则是函数 $y = f(x)$ 在点 x_0 处的瞬时变化率，也就是说，导数是函数的变化率. 例如，设物体运动规律为 $s = s(t)$，则物体在时刻 t 的瞬时速度为 $v = v(t) = s'(t)$，瞬时加速度为 $a = v'(t) = s''(t)$.

　　5. 导数的几何意义

　　结合函数 $y = f(x)$ 在点 x_0 处切线的斜率 $\tan\alpha = \lim\limits_{\Delta x \to 0} \dfrac{\Delta y}{\Delta x}$，观察导数的定义式 $f'(x_0) = \lim\limits_{\Delta x \to 0} \dfrac{\Delta y}{\Delta x}$，显然，函数 $y = f(x)$ 在点 x_0 处的导数值，等于曲线在该点处切线的斜率.

　　例 3　求曲线 $y = x^4$ 在点 $A(1,1)$ 处的切线方程.

　　解　因为点 $A(1,1)$ 是切点，又因为 $y' = 4x^3$，将 $x = 1$ 代入得切线的斜率为 $k = 4$，所以所求切线方程为 $y - 1 = 4(x - 1)$，即 $4x - y - 3 = 0$.

　　例 4　求曲线 $y = x^3$ 过点 $A\left(\dfrac{2}{3}, 0\right)$ 的切线方程.

　　解　设切点坐标为 (x_0, y_0). 由题意有

$$\begin{cases} y_0 = x_0^3 \\ \dfrac{y_0}{x_0 - \dfrac{2}{3}} = 3x_0^2 \end{cases}$$

解之得　　　　　　　　　　　　　$x_0 = 0$ 或 $x_0 = 1$

从而得到切线的斜率为 $k = 0$ 或 $k = 3$，所以所求切线方程为 $y = 0$ 或 $3x - y - 2 = 0$.

　　随堂练习 3

　　1. 求曲线 $y = x^3$ 在点 $A(-1, -1)$ 处的切线方程.

2. 求曲线 $y = x^4$ 过点 $A\left(\dfrac{3}{4}, 0\right)$ 的切线方程.

1.3.2　初等函数的导数

1. 导数的基本公式

公式 1　常数的导数公式: $(C)' = 0$

注　以任何形式给出的常数, 其导数均为零.

例如, $\left(\sin\dfrac{\pi}{5}\right)'$, $(\sqrt{2})'$, $(\ln 10)'$, $(\mathrm{e}^3)'$, $(\arcsin 1)'$ 的结果均为零.

公式 2　幂函数的导数公式: $(x^\alpha)' = \alpha x^{\alpha-1}$ (其中 α 为常数)

注　幂函数的特点是: 底数为变量, 指数为常数.

例 5　求函数 $y = \dfrac{1}{x}$ 的导数.

解　因为 $\dfrac{1}{x} = x^{-1}$ (其中 $\alpha = -1$), 所以 $y' = (x^{-1})' = -x^{-2} = -\dfrac{1}{x^2}$

例 6　求函数 $y = \sqrt{x}$ 的导数.

解　因为 $\sqrt{x} = x^{\frac{1}{2}}$ (其中 $\alpha = \dfrac{1}{2}$), 所以 $y' = (x^{\frac{1}{2}})' = \dfrac{1}{2}x^{-\frac{1}{2}} = \dfrac{1}{2\sqrt{x}}$

例 7　求函数 $y = t^5$ 的导数.

解　因为此函数中自变量为 t, $\alpha = 5$, 所以 $y' = (t^5)' = 5t^4$.

随堂练习 4

求下列函数的导数.

(1) $y = x$　　　　　　　　　(2) $y = x^2$　　　　　　　　　(3) $y = x^4$

(4) $y = \dfrac{1}{x^2}$　　　　　　　(5) $y = \sqrt[3]{x}$　　　　　　　　(6) $y = t^3$

(7) $y = t^{-4}$　　　　　　　(8) $y = t^\alpha$　　　　　　　　(9) $y = u^6$

(10) $y = v^{10}$　　　　　　　(11) $y = \sqrt{t}$　　　　　　　(12) $y = \dfrac{1}{t}$

(13) $y = \sqrt[5]{t}$　　　　　　　(14) $y = \sqrt{u}$　　　　　　　(15) $y = \dfrac{1}{v}$

公式 3　指数函数的导数公式: $(a^x)' = a^x \ln a$ (其中 $a > 0$, $a \neq 1$ 为常数)

注　指数函数的特点是: 底数为常数, 指数为变量.

例 8　求函数 $y = \left(\dfrac{1}{\mathrm{e}}\right)^x$ 的导数.

解　因为此函数中 $a = \dfrac{1}{\mathrm{e}}$, 所以 $y' = \left(\dfrac{1}{\mathrm{e}}\right)^x \ln\dfrac{1}{\mathrm{e}} = -\left(\dfrac{1}{\mathrm{e}}\right)^x$

随堂练习 5

求下列函数的导数.

(1) $y = 3^x$　　　　　　　　(2) $y = 2^x$　　　　　　　　(3) $y = 10^x$

(4) $y = \mathrm{e}^x$　　　　　　　　(5) $y = 5^x$　　　　　　　　(6) $y = 3^t$

(7) $y = 2^u$　　　　　　　　(8) $y = 10^v$　　　　　　　(9) $y = \mathrm{e}^t$

$(10) y = (2e)^x$ $(11) y = \left(\dfrac{1}{2}\right)^x$ $(12) y = \left(\dfrac{1}{3}\right)^x$

$(13) y = \left(\dfrac{1}{10}\right)^x$ $(14) y = \left(\dfrac{1}{5}\right)^t$ $(15) y = \left(\dfrac{1}{e}\right)^t$

公式 4 对数函数的导数公式：$(\log_a |x|)' = \dfrac{1}{x \ln a}$（其中 $a > 0, a \neq 1$ 为常数）

例 9 求函数 $y = \log_2 |x|$ 的导数.

解 因为此函数中 $a = 2$，所以 $y' = \dfrac{1}{x \ln 2}$.

随堂练习 6

求下列函数的导数.

$(1) y = \log_3 |x|$ $(2) y = \log_5 |x|$ $(3) y = \ln |x|$

$(4) y = \lg |x|$ $(5) y = \ln |t|$

公式 5 三角函数的导数公式：

$(1) (\sin x)' = \cos x$ $(2) (\tan x)' = \sec^2 x$ $(3) (\sec x)' = \sec x \tan x$

$(4) (\cos x)' = -\sin x$ $(5) (\cot x)' = -\csc^2 x$ $(6) (\csc x)' = -\csc x \cot x$

注 余的导数有负号；弦的导数还是弦，正切的导数为正割平方，余切的导数为负的余割平方，正割的导数是正割乘以正切，余割的导数是负的余割乘以余切.

随堂练习 7

求下列函数的导数.

$(1) y = \sin t$ $(2) y = \sin u$ $(3) y = \cos v$

$(4) y = \cos t$ $(5) y = \tan t$ $(6) y = \tan u$

$(7) y = \cot v$ $(8) y = \cot u$ $(9) y = \sec t$

$(10) y = \sec u$ $(11) y = \csc v$ $(12) y = \csc t$

公式 6 反三角函数的导数公式：

$(1) (\arcsin x)' = \dfrac{1}{\sqrt{1 - x^2}}$ $(2) (\arccos x)' = -\dfrac{1}{\sqrt{1 - x^2}}$

$(3) (\arctan x)' = \dfrac{1}{x^2 + 1}$ $(4) (\text{arccot} x)' = -\dfrac{1}{x^2 + 1}$

随堂练习 8

求下列函数的导数.

$(1) y = \arcsin t$ $(2) y = \arcsin u$ $(3) y = \arctan t$

$(4) y = \arctan v$ $(5) y = \arccos t$ $(6) y = \text{arccot} u$

2. 导数的四则运算法则

若函数 $u = u(x), v = v(x)$ 在点 x 处可导，则函数 $u = u(x), v = v(x)$ 的和、差、积、商 $(v(x) \neq 0)$ 在点 x 处可导，且

$(1) (u \pm v)' = u' \pm v'$ $(2) (uv)' = u'v + uv'$

$(3) (Cu)' = Cu'$（C 是常数） $(4) \left(\dfrac{u}{v}\right)' = \dfrac{u'v - uv'}{v^2}$ $(v \neq 0)$

$(5) \left(\dfrac{1}{v}\right)' = -\dfrac{v'}{v^2}$ $(v \neq 0)$

例 10　求函数 $y = x^5 + 3^x + \ln|x| + \sin x + \arctan x$ 的导数.

解　$y' = (x^5)' + (3^x)' + (\ln|x|)' + (\sin x)' + (\arctan x)'$

$$= 5x^4 + 3^x \ln 3 + \frac{1}{x} + \cos x + \frac{1}{1+x^2}$$

例 11　求函数 $y = e^x \cos x$ 的导数.

解　$y' = (e^x)' \cos x + e^x (\cos x)' = e^x \cos x - e^x \sin x = e^x (\cos x - \sin x)$

例 12　求函数 $y = \dfrac{x+2}{x+1}$ 的导数.

解　$y' = \dfrac{(x+2)'(x+1) - (x+2)(x+1)'}{(x+1)^2} = \dfrac{x+1-x-2}{(x+1)^2} = -\dfrac{1}{(x+1)^2}$

随堂练习 9

求下列函数的导数.

(1) $y = x^5 + 3^x + \ln|x| + \sin x + \arcsin x$

(2) $y = \sqrt{x} + 2^x + \lg|x| + \tan x + \arctan x$

(3) $y = 4^x - \dfrac{1}{x} + \ln|x| + \cos x + \arcsin x$

(4) $y = x^{-3} + 5^x + \log_3|x| - \cot x + \arctan x$

(5) $y = x^5 + 6^x + \lg|x| + \cos x + \arcsin x$

(6) $y = x\ln x$

(7) $y = \sqrt{x}\tan x$

(8) $y = \dfrac{1+x}{1-x}$

3. 复合函数的导数

若 $u = \varphi(x)$ 在点 x 处可导，$y = f(u)$ 在对应点 $u = \varphi(x)$ 处可导，则复合函数 $y = f[\varphi(x)]$ 在点 x 处可导，且

$$y'_x = y'_u \cdot u'_x, \frac{dy}{dx} = \frac{dy}{du} \cdot \frac{du}{dx} \text{或} \{f[\varphi(x)]\}' = f'(u) \cdot \varphi'(x)$$

例 13　求函数 $y = \ln\sin x$ 的导数.

解　$y' = \dfrac{1}{\sin x}(\sin x)' = \dfrac{\cos x}{\sin x} = \cot x$

例 14　求函数 $y = \cos^4 3x^5$ 的导数.

解　$y' = 4\cos^3 3x^5 \cdot (\cos 3x^5)' = 4\cos^3 3x^5 \cdot (-\sin 3x^5) \cdot (3x^5)' = -60x^4 \sin 3x^5 \cos^3 3x^5$

例 15　求函数 $y = \ln(x + \sqrt{x^2-1})$ 的导数.

解　$y' = \dfrac{1}{x+\sqrt{x^2-1}}(x+\sqrt{x^2-1})' = \dfrac{1}{x+\sqrt{x^2-1}}\left[1 + \dfrac{1}{2\sqrt{x^2-1}} \cdot (x^2-1)'\right]$

$$= \dfrac{1}{x+\sqrt{x^2-1}} \cdot \dfrac{x+\sqrt{x^2-1}}{\sqrt{x^2-1}} = \dfrac{1}{\sqrt{x^2-1}}$$

例 16　求函数 $y = x^x$ 的导数.

解　因为 $y = x^x = e^{x\ln x}$，所以 $y' = e^{x\ln x} \cdot (x\ln x)' = x^x(1 + \ln x)$.

注 复合函数求导既是重点又是难点. 在求复合函数的导数时, 首先要分清函数的复合层次, 然后由外及里, 逐层求导, 既不要遗漏, 也不要重复. 在求导过程中, 始终要明确所求的导数是哪个函数对哪个变量(不管是自变量还是中间变量)的导数.

随堂练习 10

求下列函数的导数.

(1) $y = (2x + 5)^4$ 　　(2) $y = e^{-x}$ 　　(3) $y = \cos(4 - 3x)$

(4) $y = \sqrt{a^2 - x^2}$ 　　(5) $y = \ln(1 + x^2)$ 　　(6) $y = \sin^3 5x^4$

1.3.3　隐函数的导数

前面遇到的函数 y 都可以用自变量 x 的关系式 $y = f(x)$ 来表示, 如 $y = 2x + 5$, $y = e^x + 1$, $y = \sin(\omega x + \varphi)$, $y = \ln(1 + \sqrt{1 + x^2})$ 等. 像这样, 因变量 y 可由含有自变量 x 的解析式子直接表示出来的函数, 称为显函数. 但有时还会遇到另一种表达形式的函数, 就是函数 y 是由一个含有 x 和 y 的二元方程 $F(x, y) = 0$ 所确定的.

例如, 在方程 $x - y + 3 = 0$ 中, 给 x 一个确定值, 相应的有唯一确定的 y 值与之对应, 所以 y 是 x 的函数. 事实上, 由该方程解出 y, 便得到显函数 $y = x + 3$.

又如, 在方程 $x^2 + y^2 = R^2$(R 为常数)中, 解出 y, 得到 $y = \pm \sqrt{R^2 - x^2}$. 当 $x \in [-R, R]$, $y \in [0, R]$ 时, 函数确定为 $y = \sqrt{R^2 - x^2}$; 当 $x \in [-R, R]$, $y \in [-R, 0]$ 时, 函数确定为 $y = -\sqrt{R^2 - x^2}$. 显然它们都是 x 的单值函数.

一般地, 如果变量 x, y 之间的函数关系由某一个方程 $F(x, y) = 0$ 所确定, 那么这种函数就称为由方程 $F(x, y) = 0$ 所确定的隐函数.

有些隐函数很容易化为显函数, 而有些则很困难, 甚至不可能. 例如, 方程 $3xy^2 = e^{x+y}$ 就无法把 y 表示成 x 的显函数. 在实际问题中, 有时需要计算隐函数的导数. 因此, 希望找到一种不需把隐函数化为显函数, 而能够直接由方程 $F(x, y) = 0$ 求出导数 $\dfrac{dy}{dx}$ 的方法.

如果把方程 $F(x, y) = 0$ 所确定的隐函数 $y = f(x)$ 代入原方程, 则有

$$F[x, f(x)] \equiv 0$$

把这个恒等式的两端对 x 求导, 所得的结果也必然相等. 但应注意的是, 左端 $F[x, f(x)]$ 是将 $y = f(x)$ 代入 $F(x, y)$ 后所得的结果, 所以当方程 $F(x, y) = 0$ 的两端对 x 求导时, 要记住 y 是 x 的函数, 然后用复合函数求导法则去求导, 这样, 便可得到所求的导数. 下面举例说明这种方法.

例 17 求由 $x^2 + y^2 = R^2$ 所确定的隐函数 $y = f(x)$ 的导数.

解 将方程两边同时对 x 求导, 并注意到 y 是 x 的函数, y^2 是 x 的复合函数, 按求导法则, 得

$$2x + 2y \cdot y' = 0$$

解出 y', 得 $y' = -\dfrac{x}{y}$. 在这个结果中, 分母 y 仍是由方程 $x^2 + y^2 = R^2$ 所确定的 x 的函数.

例 18 求由方程 $3xy^2 = e^{x+y}$ 所确定的隐函数 $y = f(x)$ 的导数.

解 将方程两边同时对 x 求导, 得

$$3y^2 + 6xy \cdot y' = e^{x+y}(1 + y')$$

移项并整理,得

$$(6xy - e^{x+y})y' = e^{x+y} - 3y^2$$

解出 y',得

$$y' = \frac{e^{x+y} - 3y^2}{6xy - e^{x+y}}$$

从上面的例子可以看出,求隐函数的导数时,可将方程两边同时对自变量求导,遇到 y 就看成 x 的函数,遇到 y 的函数就看成 x 的复合函数,然后从关系式中解出 y' 即可.

根据隐函数求导法,还可以得到一个简化求导运算的方法. 它适合于由几个因式通过乘、除、乘方、开方所构成的比较复杂的函数(包括幂指函数)的求导. 这个方法是先取对数,化乘、除为加、减,化乘方、开方为乘积,然后利用隐函数求导法求导,因此称为对数求导法.

例 19　求函数 $y = x^x$ 的导数.

解　对原等式两边取自然对数,得

$$\ln y = x\ln x$$

两边对 x 求导,得

$$\frac{1}{y} \cdot y' = \ln x + 1$$

所以

$$y' = y(\ln x + 1) = x^x(\ln x + 1)$$

注　幂指函数求导时,可先用对数恒等式 $N = e^{\ln N}$ 将函数转化为复合函数后再求导,也可以用对数求导法.

例 20　求函数 $y = \sqrt{\dfrac{x(x-1)}{(x-2)(x+3)}}$ 的导数.

解　对原等式两边取自然对数,得

$$\ln y = \frac{1}{2}\big[\ln x + \ln(x-1) - \ln(x-2) - \ln(x+3)\big]$$

两边对 x 求导,得

$$\frac{1}{y} \cdot y' = \frac{1}{2}\left(\frac{1}{x} + \frac{1}{x-1} - \frac{1}{x-2} - \frac{1}{x+3}\right)$$

所以

$$y' = \frac{1}{2}y\left(\frac{1}{x} + \frac{1}{x-1} - \frac{1}{x-2} - \frac{1}{x+3}\right)$$

$$= \frac{1}{2}\sqrt{\frac{x(x-1)}{(x-2)(x+3)}}\left(\frac{1}{x} + \frac{1}{x-1} - \frac{1}{x-2} - \frac{1}{x+3}\right)$$

随堂练习 11

求由方程 $\sin y = x^2 y^3$ 所确定的隐函数的导数.

1.3.4　由参数方程所确定函数的导数

在实际问题中,函数 y 与自变量 x 的关系常常通过某一参数变量 t 表示出来,即

$$\begin{cases} x = \varphi(t) \\ y = \psi(t) \end{cases} \tag{1.1}$$

称为函数的参数方程.

在实际问题中,有时需要计算由方程(1.1)所确定的函数 y 对 x 的导数. 但从(1.1)式中消去参数 t 有时会很困难,因此要寻找一种直接由方程(1.1)来计算导数的方法. 下面就来研究这个问题.

函数 $y = \psi(t)$ 可以看成参数方程确定的函数 $y = f(x)$ 与 $x = \varphi(t)$ 复合而成的函数,如果函数 $x = \varphi(t)$, $y = \psi(t)$ 都可导,且 $\varphi'(t) \neq 0$,则根据复合函数的求导法则,有

$$\frac{\mathrm{d}y}{\mathrm{d}t} = \frac{\mathrm{d}y}{\mathrm{d}x} \cdot \frac{\mathrm{d}x}{\mathrm{d}t}$$

即

$$\frac{\mathrm{d}y}{\mathrm{d}x} = \frac{\dfrac{\mathrm{d}y}{\mathrm{d}t}}{\dfrac{\mathrm{d}x}{\mathrm{d}t}} = \frac{\psi'(t)}{\varphi'(t)}$$

上式就是由参数方程(1.1)所确定的函数 y 对 x 的导数公式.

例21 求由参数方程 $\begin{cases} x = (t+1)^2 \\ y = 2te^t \end{cases}$ 所确定函数的导数 $\dfrac{\mathrm{d}y}{\mathrm{d}x}$.

解 $\dfrac{\mathrm{d}y}{\mathrm{d}x} = \dfrac{(2te^t)'}{[(t+1)^2]'} = \dfrac{2e^t + 2te^t}{2(t+1)} = e^t$

随堂练习12

求由参数方程 $\begin{cases} x = ue^u \\ y = (u+1)^2 \end{cases}$ 所确定函数 $y = f(x)$ 的导数.

习题1.3

1. 求下列函数的导数.

$(1)\, y = \sqrt{x} - \arcsin x + 2^x - \dfrac{1}{x} + \ln|x| + \sec x$

$(2)\, y = \arctan x + x^5 + \csc x + \lg x + \cos\dfrac{\pi}{6}$

$(3)\, y = e^3 + 5^x + \cot x + \log_2|x| + \dfrac{1}{x^2}$

$(4)\, y = \arccos x + \left(\dfrac{1}{3}\right)^x - \dfrac{1}{\sqrt{x}} + \ln x + \tan x$

$(5)\, y = e^x \arctan x$　　　　$(6)\, y = 3^x \cot x$　　　　$(7)\, y = \dfrac{\arcsin x}{x}$　　　　$(8)\, y = \sqrt{x}\sec x$

$(9)\, y = \dfrac{x+1}{x-2}$　　　　$(10)\, y = \dfrac{\sin x}{x}$　　　　$(11)\, y = \dfrac{x}{e^x}$　　　　$(12)\, y = \dfrac{\ln|x|}{\sqrt{x}}$

2. 利用函数恒等则导数恒等的原则求下列函数的导数.

$(1)\, y = x^3 \cdot \sqrt[5]{x}$　　　　$(2)\, y = \dfrac{x^2 \cdot \sqrt[3]{x^2}}{\sqrt{x}}$　　　　$(3)\, y = \dfrac{2x^2 - 3x + x^2 \cdot \sqrt{x} - 1}{x^2}$

$(4)\, y = \dfrac{\sin 2x}{1 + \cos 2x}$　　　　$(5)\, y = \dfrac{1}{1 + \sqrt{x}} + \dfrac{1}{1 - \sqrt{x}}$　　　　$(6)\, y = \dfrac{1}{x - \sqrt{x^2 - 1}}$

$(7)\, y = \dfrac{x}{\sqrt{x^2 + 1} + x}$　　　　$(8)\, y = \dfrac{\sin^2 x + \cos^2 x}{x + \sqrt{x^2 - 1}}$　　　　$(9)\, y = \sin x \cos x \cos 2x \cos 4x$

$(10)\, y = \ln\sqrt{1 - x^2}$　　　　$(11)\, y = \ln\sqrt{\dfrac{x^2 - 1}{x^2 + 1}}$

3. 求下列初等函数的导数.

（1）$y = x\arcsin x + \sqrt{1 - x^2}$　　　　（2）$y = \cos^3 x^2$　　　　（3）$y = x\arctan x - \dfrac{1}{2}\ln(1 + x^2)$

（4）$y = \dfrac{a^2}{2}\arcsin\dfrac{x}{a} + \dfrac{1}{2}x\,\sqrt{a^2 - x^2}$　　　　（5）$y = \dfrac{1}{2}x\,\sqrt{x^2 + a^2} + \dfrac{a^2}{2}\ln(\sqrt{x^2 + a^2} + x)$

4. 求下列幂指函数的导数.

（1）$y = \sqrt[x]{x}$　　　　（2）$y = x^{-x}$　　　　（3）$y = \left(\dfrac{x}{x + 1}\right)^x$　　　　（4）$y = x^{\sin x}$

5. 用隐函数求导法求下列函数的导数 $\dfrac{\mathrm{d}y}{\mathrm{d}x}$.

（1）$x\cos y = \sin(x + y)$　　　　　　（2）$y\mathrm{e}^x + \ln y = 1$

（3）$\ln x = \dfrac{y}{x} + 1$　　　　　　（4）$2x^2 y - xy^2 + y^3 = 6$

6. 设方程 $\mathrm{e}^y + xy = \mathrm{e}$ 确定了函数 $y = y(x)$，求 $y'\,\big|_{x=0}$.

7. 用对数求导法求下列函数的导数.

（1）$y = \dfrac{\sqrt{x + 2}\,(3 - x)^4}{(x + 5)^5}$　　　　　　（2）$x^y = y^x$　　　　　　（3）$y = \sqrt[5]{\dfrac{2x + 3}{\sqrt[3]{x^2 + 1}}}$

8. 求下列参数方程所确定函数的导数 $\dfrac{\mathrm{d}y}{\mathrm{d}x}$.

（1）$\begin{cases} x = 1 - t^2 \\ y = t - t^3 \end{cases}$　　　　　　（2）$\begin{cases} x = \ln(1 + t^2) \\ y = t + \arctan t \end{cases}$

9. 已知参数方程 $\begin{cases} x = \mathrm{e}^t \sin t \\ y = \mathrm{e}^t \cos t \end{cases}$，求 $\dfrac{\mathrm{d}y}{\mathrm{d}x}\bigg|_{t = \frac{\pi}{3}}$.

10. 根据导数的几何意义，确定下列曲线在（或过）给定点的切线方程.

(1) 求曲线 $y = x^3 + x^2 + x$ 在点 $x = 1$ 处的切线方程.

(2) 求曲线 $y = \sin x$ 在点 $\left(\dfrac{\pi}{3}, \dfrac{\sqrt{3}}{2}\right)$ 的切线方程.

(3) 求曲线 $y = x^3$ 过点 $(1, 0)$ 的切线方程.

(4) 求曲线 $y = x^3 - 1$ 过点 $A\left(\dfrac{2}{3}, -1\right)$ 的切线方程.

(5) 求曲线 $y = x^3 - 3x^2 - 9x - 5$ 过点 $(-1, 4)$ 的切线方程.

(6) 求曲线 $xy + \ln y = 1$ 在点 $(1, 1)$ 处的切线方程.

趣解数学

不会求导，这里能帮到你.

1.4 导数的应用

1.4.1 洛必达法则

洛必达法则 若 $\lim\dfrac{f(x)}{g(x)}$ 是 $\dfrac{0}{0}$ 或 $\dfrac{\infty}{\infty}$ 型极限，$g'(x)\neq 0$，且 $\lim\dfrac{f'(x)}{g'(x)}=A$（或 ∞），则

$$\lim\frac{f(x)}{g(x)}=\lim\frac{f'(x)}{g'(x)}=A（或\ \infty）$$

例 1 求 $\lim\limits_{x\to 0}\dfrac{e^x-\cos x}{2x-\sin x}$.

解 $\lim\limits_{x\to 0}\dfrac{e^x-\cos x}{2x-\sin x}=\lim\limits_{x\to 0}\dfrac{e^x+\sin x}{2-\cos x}=1$

例 2 求 $\lim\limits_{x\to 0}\dfrac{x-\sin x}{x^3}$.

解 $\lim\limits_{x\to 0}\dfrac{x-\sin x}{x^3}=\lim\limits_{x\to 0}\dfrac{1-\cos x}{3x^2}=\lim\limits_{x\to 0}\dfrac{\sin x}{6x}=\dfrac{1}{6}$

例 3 求 $\lim\limits_{x\to +\infty}\dfrac{x^2}{e^x+e^{-x}}$.

解 $\lim\limits_{x\to +\infty}\dfrac{x^2}{e^x+e^{-x}}=\lim\limits_{x\to +\infty}\dfrac{2x}{e^x-e^{-x}}=\lim\limits_{x\to +\infty}\dfrac{2}{e^x+e^{-x}}=0$

例 4 求 $\lim\limits_{x\to 0}x\cot x$

解 $\lim\limits_{x\to 0}x\cot x=\lim\limits_{x\to 0}\dfrac{x}{\tan x}=\lim\limits_{x\to 0}\dfrac{1}{\sec^2 x}=\lim\limits_{x\to 0}\cos^2 x=1$

注意 洛必达法则只适用于 $\dfrac{\infty}{\infty}$ 和 $\dfrac{0}{0}$ 型极限. 在求极限的过程中，可连续使用洛必达法则，但当极限已不再是 $\dfrac{\infty}{\infty}$ 和 $\dfrac{0}{0}$ 型时，就不能继续使用洛必达法则了，否则往往会得出错误结果. 对于 $0\cdot\infty$，$\infty-\infty$，1^∞，0^0 型的极限，可通过通分、用对数恒等式变换等方式，先转化为商的极限，再使用洛必达法则. 洛必达法则对于求 $\dfrac{\infty}{\infty}$ 和 $\dfrac{0}{0}$ 型极限也不是万能的，有时繁琐，如 $\lim\limits_{x\to 0}\dfrac{1-\cos x^2}{x^2\sin x^2}$，$\lim\limits_{x\to 1}\dfrac{x^2\sin^2(x-1)}{e^x(x-1)^2}$，$\lim\limits_{x\to\infty}\dfrac{x^4+5x^3+9x^2+7x+2}{x^4+2x^3-2x-1}$，$\lim\limits_{x\to\infty}\dfrac{(2x-1)^5(x-2)^6}{(x+1)^4(2x+2)^7}$；有时失效，如 $\lim\limits_{x\to\infty}\dfrac{x-\sin x}{x+\sin x}$，$\lim\limits_{x\to\infty}\dfrac{\sqrt{x^2+1}}{x}$，$\lim\limits_{x\to\infty}\dfrac{x}{x+\sqrt{x^2+1}}$，$\lim\limits_{x\to +\infty}\dfrac{3^x-2^x}{3^x+2^x}$. 此时，针对 $\dfrac{0}{0}$ 型极限可以考虑利用重要极限、等价无穷小代换或约去分子、分母中无穷小等方法；针对 $\dfrac{\infty}{\infty}$ 型极限可以考虑用分子、分母同除以趋近于无穷大最快的项的方法.

随堂练习 1

用洛必达法则求下列极限.

$(1)\lim\limits_{x\to 0}\dfrac{e^x-e^{-x}}{x}$　　　　$(2)\lim\limits_{x\to +\infty}\dfrac{x^2}{e^x}$　　　　$(3)\lim\limits_{x\to 0^+}x\ln x$

1.4.2　函数的单调性与曲线的凹凸性

1. 函数的单调性

定理 1（函数单调性判定定理）　设函数 $f(x)$ 在 $[a,b]$ 上连续,在 (a,b) 内可导.

（1）若在 (a,b) 内 $f'(x)>0$,则函数 $f(x)$ 在 $[a,b]$ 上单调递增;

（2）若在 (a,b) 内 $f'(x)<0$,则函数 $f(x)$ 在 $[a,b]$ 上单调递减.

注意　若把定理中的闭区间 $[a,b]$ 换成其他区间(包括无穷区间)定理仍成立.

例 5　讨论函数 $y=x^2$ 的单调性.

解　函数的定义域为 $(-\infty,+\infty)$,且 $y'=2x$,令 $y'=0$,得 $x=0$.

当 $x<0$ 时,$y'<0$,从而函数 $y=x^2$ 在 $(-\infty,0)$ 内单调递减;

当 $x>0$ 时,$y'>0$,从而函数 $y=x^2$ 在 $(0,+\infty)$ 内单调递增.

定义 1　若 $f'(x_0)=0$,则 $x=x_0$ 称为函数 $y=f(x)$ 的一个驻点.

例 6　讨论函数 $y=\sqrt[3]{x^2}$ 的单调性.

解　函数的定义域为 $(-\infty,+\infty)$,且 $y'=\dfrac{2}{3\cdot\sqrt[3]{x}}$.

当 $x=0$ 时,y' 不存在;

当 $x<0$ 时,$y'<0$,从而函数 $y=\sqrt[3]{x^2}$ 在 $(-\infty,0)$ 内单调递减;

当 $x>0$ 时,$y'>0$,从而函数 $y=\sqrt[3]{x^2}$ 在 $(0,+\infty)$ 内单调递增.

在上面两个例子中,$x=0$ 分别是函数单调区间的分界点:在例 5 中,$x=0$ 是函数的一个驻点;在例 6 中,$x=0$ 是函数的一个不可导点.

由以上两个例子可以看出,有些函数在它的定义域上往往不是单调的,但是当用函数的驻点或不可导点划分定义区间时,就会使得在划分后的各个部分区间上导数符号恒为正(或负),从而函数在各个部分区间上是单调的. 综上所述,得到讨论函数单调性的一般步骤:

（1）确定函数的定义域;

（2）求出导数 $f'(x)$,并找出驻点及不可导点;

（3）用上述各点将定义区间划分为若干部分区间,再判定各个部分区间上导数的符号,从而确定函数在各部分区间上的单调性.

例 7　讨论函数 $y=x^3$ 的单调性.

解　函数的定义域为 $(-\infty,+\infty)$,且 $y'=3x^2$,当 $x\neq0$ 时,恒有 $y'>0$,所以函数在 $(-\infty,0)$ 和 $(0,+\infty)$ 内均单调递增,从而函数在 $(-\infty,+\infty)$ 内单调递增.

此例说明:导数在某一区间上大于(或小于)零只是函数在该区间上单调递增(或单调递减)的充分条件,而非必要条件.

一般地,如果 $f'(x)$ 在某区间内的有限个点处为零,而在其余各点处均为正(或负),那么 $f(x)$ 在该区间上是单调递增(或单调递减)的.

定理 2（极值的第一充分条件）　设函数 $f(x)$ 在点 x_0 及其左、右近旁可导,且 $f'(x_0)=0$.

（1）如果当 x 取点 x_0 左侧近旁的值时, 有 $f'(x)>0$,当 x 取点 x_0 右侧近旁的值时,有 $f'(x)<0$,则函数 $f(x)$ 在点 x_0 处取得极大值 $f(x_0)$;

（2）如果当 x 取点 x_0 左侧近旁的值时,有 $f'(x) < 0$,当 x 取点 x_0 右侧近旁的值时,有 $f'(x) > 0$,则函数 $f(x)$ 在点 x_0 处取得极小值 $f(x_0)$.

注意 （1）当函数 $f(x)$ 在点 x_0 左、右近旁的导数同号时,函数在点 x_0 处不能取得极值.

（2）函数在它的导数不存在的点处也可能取得极值.例如,函数 $f(x) = |x|$ 在点 $x = 0$ 处不可导,但函数在该点取得极小值.

（3）函数在端点处不取得极值.

由此可见,如果函数 $f(x)$ 在所讨论的区间内连续,除个别点外处处可导,那么就可以按下列步骤来求 $f(x)$ 在该区间内的极值点和相应的极值：

（1）确定函数 $f(x)$ 的定义域；

（2）求函数的导数 $f'(x)$,令 $f'(x) = 0$,求出 $f(x)$ 的所有驻点,指出 $f(x)$ 不可导点；

（3）以求出的每一个驻点和不可导点作为分界点,列表进行判定；

（4）求出极值点和相应的极值.

例 8 求函数 $f(x) = 2x^3 - 3x^2 - 12x + 21$ 的极值.

解 （1）函数的定义域为 $(-\infty, +\infty)$；

（2）$f'(x) = 6x^2 - 6x - 12 = 6(x+1)(x-2)$,令 $f'(x) = 0$,得驻点 $x_1 = -1$, $x_2 = 2$；

（3）讨论结果见表1.5；

表1.5

x	$(-\infty, -1)$	-1	$(-1, 2)$	2	$(2, +\infty)$
$f'(x)$	+	0	−	0	+
$f(x)$	↗	极大值28	↘	极小值1	↗

（4）由表1.5可知,函数在 $x = -1$ 处取得极大值 $f(-1) = 28$,在 $x = 2$ 处取得极小值 $f(2) = 1$.

随堂练习 2

求函数 $f(x) = \dfrac{3}{8}x^{\frac{8}{3}} - \dfrac{3}{2}x^{\frac{2}{3}}$ 的极值.

2. 曲线的凹凸性及拐点

在研究函数曲线的变化时,了解函数的单调性和极值是很重要的,但这并不能完全反映其变化规律.如函数 $y = x^2$ 和 $y = \sqrt{x}$ 在 $(0, 1)$ 上的曲线,都是单调增加的,但它们图形的差别是明显的.为此,还需要在高中数学学习的基础上,研究曲线的凹凸性.

定义 2 在区间 (a, b) 内,如果曲线弧位于其每一点切线的上方,则称曲线在区间 (a, b) 内是凹的；如果曲线弧位于其每一点切线的下方,则称曲线在区间 (a, b) 内是凸的.

如图1.10所示,(a)图是凹的曲线弧,而(b)图是凸的曲线弧.

正如利用一阶导数的符号来讨论函数的单调性一样,下面将利用二阶导数的符号来讨论曲线的凹凸性.

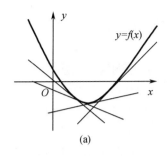 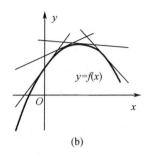

(a)　　　　　　　　　　　(b)

图 1.10

观察图 1.11(a)(b)可以看出:①如果曲线是凹的,那么切线的倾斜角随着自变量 x 的增大而增大,即切线的斜率是递增的;②由于切线的斜率就是函数 $y = f(x)$ 的导数 $f'(x)$,因此,如果曲线是凹的,那么导数 $f'(x)$ 必定是单调递增的,也就是 $f''(x) > 0$. 同样,分析曲线为凸的情况如图 1.11(c)(d)所示. 由此给出曲线凹凸性的判定定理.

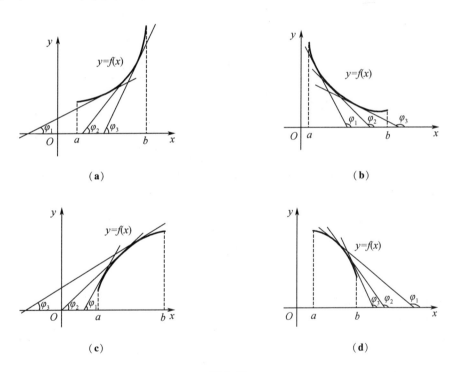

（a）　　　　　　　　　　　（b）

（c）　　　　　　　　　　　（d）

图 1.11

定理 3　设函数 $f(x)$ 在 (a,b) 内具有二阶导数 $f''(x)$.

(1)如果在 (a,b) 内 $f''(x) > 0$,那么曲线在 (a,b) 内是凹的;

(2)如果在 (a,b) 内 $f''(x) < 0$,那么曲线在 (a,b) 内是凸的.

例 9　判定曲线 $y = x^3$ 的凹凸性.

解　该函数的定义域为 $(-\infty, +\infty)$,且 $y' = 3x^2, y'' = 6x$.

令 $y'' = 0$,得 $x = 0$,它把定义域分成两个区间 $(-\infty, 0)$ 和 $(0, +\infty)$.

当 $x \in (0, +\infty)$ 时, $y'' > 0$,曲线是凹的;当 $x \in (-\infty, 0)$ 时, $y'' < 0$, 曲线是凸的. (这里

点(0,0)是凹与凸的交界点)

定义 4　连续曲线上凹、凸曲线弧的交界点称为曲线的拐点.

注　拐点是曲线上的点. 例如,点(0,0)就是曲线 $y = x^3$ 的拐点.

因为根据 $f''(x)$ 的正负可以断定曲线的凹凸,所以随着曲线的起伏,在 $f''(x)$ 的符号由负变正或由正变负的连续变化过程中,势必要经过一个使 $f''(x)$ 为 0 的点,曲线上的这个点 $(x_0, f(x_0))$ 就是它的一个拐点. 因此,可以按下面的步骤来判定曲线的拐点:

(1)确定函数 $y = f(x)$ 的定义域;

(2)求 $y = f(x)$ 的二阶导数 $f''(x)$,令 $f''(x) = 0$,求出定义域内的所有实根;

(3)(列表)讨论在各区间 $f''(x)$ 的符号和 $f(x)$ 的凹凸性;

(4)确定 $y = f(x)$ 的拐点.

例 10　判定曲线 $y = 2x^3 + 3x^2 - 12x + 14$ 的凹凸性并求其拐点.

解　(1)函数的定义域为 $(-\infty, +\infty)$;

(2) $y' = 6x^2 + 6x - 12$, $y'' = 12x + 6 = 6(2x + 1)$. 令 $y'' = 0$,得 $x = -\dfrac{1}{2}$;

(3)讨论结果见表 1.6.

表 1.6

x	$\left(-\infty, -\dfrac{1}{2}\right)$	$-\dfrac{1}{2}$	$\left(-\dfrac{1}{2}, +\infty\right)$
$f''(x)$	−	0	+
$f(x)$	∩	拐点 $\left(-\dfrac{1}{2}, \dfrac{41}{2}\right)$	∪

(4)由表 1.6 可知,曲线在 $\left(-\infty, -\dfrac{1}{2}\right)$ 内是凸的,在 $\left(-\dfrac{1}{2}, +\infty\right)$ 内是凹的,拐点为 $\left(-\dfrac{1}{2}, \dfrac{41}{2}\right)$.

例 11　求曲线 $y = \sqrt[3]{x}$ 的拐点.

解　函数的定义域为 $(-\infty, +\infty)$,且 $y' = \dfrac{1}{3 \cdot \sqrt[3]{x^2}}$, $y'' = -\dfrac{2}{9x \cdot \sqrt[3]{x^2}}$. 当 $x = 0$ 时, y'' 不存在;当 $x > 0$ 时, $y'' < 0$;当 $x < 0$ 时, $y'' > 0$. 所以点(0,0)是曲线的拐点.

注　二阶导数不存在的点对应曲线上的点也有可能为拐点.

前面利用函数的一阶导数讨论了函数的极值,当函数在驻点处的二阶导数存在且不为零时,也可以利用下面的定理,用二阶导数来判断函数在驻点处是取得极大值还是极小值.

定理 4(极值的第二充分条件)　设函数 $f(x)$ 在点 x_0 处具有二阶导数,且 $f'(x_0) = 0$, $f''(x_0) \neq 0$.

(1)当 $f''(x_0) < 0$ 时,函数 $f(x)$ 在 x_0 处取得极大值;

(2)当 $f''(x_0) > 0$ 时,函数 $f(x)$ 在 x_0 处取得极小值.

当 $f'(x_0) = 0$ 且 $f''(x_0) = 0$ 时, $f(x)$ 在点 x_0 处可能有极值,也可能没有极值. 例如,函数 $f(x) = x^4$, $f(x) = x^3$ 就分别属于这两种情况. 所以,当函数在驻点处的二阶导数为零时,只能用极值的第一充分条件,根据驻点左、右两侧一阶导数是否为异号来判断.

例12 用极值的第二充分条件求函数 $f(x) = -x^4 + 2x^2$ 的极值.

解 (1)函数的定义域为 $(-\infty, +\infty)$.

(2) $f'(x) = -4x(x+1)(x-1)$. 令 $f'(x) = 0$,得驻点 $x = -1, x = 0, x = 1$.

(3) $f''(x) = -12x^2 + 4$.

因为 $f''(-1) = -8 < 0$,所以函数的极大值为 $f(-1) = 1$;

因为 $f''(0) = 4 > 0$,所以函数的极小值为 $f(0) = 0$;

因为 $f''(1) = -8 < 0$,所以函数的极大值为 $f(1) = 1$.

例13 判定函数 $y = 3x^4 - 4x^3 + 1$ 的凹凸性并求极值和拐点.

解 (1)函数的定义域为 $(-\infty, +\infty)$.

(2) $y' = 12x^2(x-1), y'' = 12x(3x-2)$. 令 $y' = 0$,得驻点 $x = 0$ 和 $x = 1$;令 $y'' = 0$,得 $x = 0$ 和 $x = \dfrac{2}{3}$.

(3)讨论结果见表1.7.

表1.7

x	$(-\infty, 0)$	0	$\left(0, \dfrac{2}{3}\right)$	$\dfrac{2}{3}$	$\left(\dfrac{2}{3}, 1\right)$	1	$(1, +\infty)$
y'	$-$	0	$-$	$-$	$-$	0	$+$
y''	$+$	0	$-$	0	$+$	$+$	$+$
y	↘	拐点 $(0,1)$	↘	拐点 $\left(\dfrac{2}{3}, \dfrac{11}{27}\right)$	↘	极小值 $f(1) = 0$	↗

(4)由表1.7可知,曲线在 $(-\infty, 0)$ 和 $\left(\dfrac{2}{3}, +\infty\right)$ 内是凹的,在 $\left(0, \dfrac{2}{3}\right)$ 内是凸的,极小值为 $f(1) = 0$,拐点为 $(0,1)$ 和 $\left(\dfrac{2}{3}, \dfrac{11}{27}\right)$.

随堂练习3

求曲线 $y = (x-1) \cdot \sqrt[3]{x^2}$ 的凹凸区间及拐点.

习题 1.4

1.用洛必达法则求下列极限(Ⅰ).

(1) $\lim\limits_{x \to 0} \dfrac{\sin x}{x}$

(2) $\lim\limits_{x \to 0} \dfrac{\arcsin x}{x}$

(3) $\lim\limits_{x \to 0} \dfrac{\arctan x}{x}$

(4) $\lim\limits_{x \to 0} \dfrac{\tan x}{x}$

(5) $\lim\limits_{x \to 0} \dfrac{e^x - 1}{x}$

(6) $\lim\limits_{x \to 0} \dfrac{\ln(x+1)}{x}$

(7) $\lim\limits_{x \to 0} \dfrac{e^x - 1}{\sin x}$

(8) $\lim\limits_{x \to 0} \dfrac{\ln(x+1)}{e^x - 1}$

(9) $\lim\limits_{x \to 0} \dfrac{\sin 3x}{\sin 5x}$

（10）$\lim\limits_{x\to 0}\dfrac{1-\cos x}{x^2}$　　　　　　（11）$\lim\limits_{x\to a}\dfrac{\sin x-\sin a}{x-a}$　　　　　　（12）$\lim\limits_{x\to a}\dfrac{e^x-e^a}{x-a}$（$a$ 为常数）

（13）$\lim\limits_{x\to a}\dfrac{\arcsin x-\arcsin a}{x-a}$（$|a|\leqslant 1$）　　　　（14）$\lim\limits_{x\to a}\dfrac{\tan x-\tan a}{x-a}$（$a\neq k\pi+\dfrac{\pi}{2}$，$k\in\mathbf{Z}$）

（15）$\lim\limits_{x\to a}\dfrac{\ln x-\ln a}{x-a}$（$a>0$）　　（16）$\lim\limits_{x\to +\infty}\dfrac{x^5}{e^x}$　　　　　　（17）$\lim\limits_{x\to +\infty}\dfrac{\ln x}{\sqrt{x}}$

（18）$\lim\limits_{x\to +\infty}\dfrac{\ln x}{e^x}$　　　　　（19）$\lim\limits_{x\to +\infty}\dfrac{e^x}{x^n}$（$n$ 为正整数）

2. 用洛必达法则求下列极限（Ⅱ）.

（1）$\lim\limits_{x\to 0}\dfrac{e^x-e^{-x}}{\sin x}$　　　　　　（2）$\lim\limits_{x\to\frac{\pi}{4}}\dfrac{\tan x-1}{\sin 4x}$　　　　　　（3）$\lim\limits_{x\to\frac{\pi}{2}}\dfrac{\tan 6x}{\tan 2x}$

（4）$\lim\limits_{x\to 0^+}\dfrac{\ln x}{\ln\sin x}$　　　　　（5）$\lim\limits_{x\to 0}\dfrac{\sin x-x}{x^2}$　　　　　　（6）$\lim\limits_{x\to 0}\left(\dfrac{1}{x}-\dfrac{1}{e^x-1}\right)$

（7）$\lim\limits_{x\to 0}\left(\cot x-\dfrac{1}{x}\right)$　　　　（8）$\lim\limits_{x\to +\infty}\dfrac{e^x-e^{-x}}{e^x+e^{-x}}$　　　　　（9）$\lim\limits_{x\to 1}\left(\dfrac{x}{x-1}-\dfrac{1}{\ln x}\right)$

（10）$\lim\limits_{x\to 0}x\cot 2x$　　　　　　（11）$\lim\limits_{x\to 0^+}\sin x\cdot\ln x$

3. 确定下列函数的极值与拐点.

（1）$y=x^2 e^{-x}$　　　　　　（2）$y=\dfrac{1}{4}(x^4-6x^2+8x-4)$　　（3）$y=(x+1)(x-1)^3$

（4）$y=\dfrac{1}{6}x^2-\dfrac{1}{2}\cdot\sqrt[3]{x^2}$　　（5）$y=\sqrt{\ln^2(x+1)}$

4. 用极值第一充分条件求下列函数的极值.

（1）$y=(2x-1)^4+1$　　　　（2）$y=x^{2n}$（$n\geqslant 2$）　　　　（3）$y=\dfrac{\ln^2 x}{x}$

（4）$y=\sqrt[3]{(x-3)^2(x-6)}$　　（5）$y=(x^2-1)^3+1$　　　　（6）$y=x+\sqrt{1-x}$

5. 用极值第二充分条件求下列函数的极值.

（1）$y=-\dfrac{2}{3}\ln x-\dfrac{1}{6}x^2+x$　　（2）$y=2x^2-x^4$　　　　　（3）$y=2e^x+e^{-x}$

（4）$y=4x^3-3x^2-6x+2$　　（5）$y=x+\dfrac{1}{x}$　　　　　　（6）$y=x^4-8x^2+2$

（7）$y=\sin x-\cos x$（$0\leqslant x\leqslant 2\pi$）　　　　　（8）$y=\sqrt{3}\sin x-\cos x$（$0\leqslant x\leqslant 2\pi$）

6. 函数 $f(x)=\cos x-\dfrac{1}{2}\cos 2x$ 在点 $x=-\dfrac{\pi}{3}$ 处取得怎样的极值？

7. 分别用 A，B，C，D 填空.

设函数 $y=f(x)$ 在 (a,b) 内分别满足下列条件，则图形分别是（A 为递增的凸的；B 为递增的凹的；C 为递减的凸的；D 为递减的凹的）曲线段.

　　（1）$y'>0$，$y''>0$. _____；　　　　　　（2）$y'>0$，$y''<0$. _____；

　　（3）$y'<0$，$y''>0$. _____；　　　　　　（4）$y'<0$，$y''<0$. _____.

趣解数学

洛必达法则应用广泛,而关于法则本身却有着一段有趣的故事,感兴趣就来看看吧.

1.5　一元函数的微分

前面学习了导数这一微分学中的基本概念. 导数表示的是函数相对于自变量的变化快慢程度(即变化率问题). 而在数学研究、工程技术和经济生活中,还会遇到与导数密切相关的另一类问题,即函数本身的变化问题,特别是当自变量 x 作微小的变化 Δx 时,计算相应的函数 $y = f(x)$ 的改变量

$$\Delta y = f(x + \Delta x) - f(x)$$

对于比较复杂的函数来说,这个表达式中的 $f(x + \Delta x) - f(x)$ 是一个更加复杂的差值运算,函数 $y = f(x)$ 的改变量 Δy 的精确值不易求出. 数学问题的解决过程实质上就是一系列的转化过程:化繁为简、化难为易、化未知为已知、化陌生为熟悉,微分就是利用转化思想将 Δy 表示成 Δx 的线性函数,即实现线性化转化的一种数学模型.

1.5.1　微分的概念

先看一个简单的例子.

例 1　一块正方形金属薄片,当受温度变化影响时,其边长由 x_0 变到 $x_0 + \Delta x$(图 1.12),问此薄片的面积 A 改变了多少?

解　设此薄片的边长为 x,则 A 是 x 的函数:$A = x^2$,薄片受温度变化影响时,面积的改变量可以看成是自变量 x 在 x_0 取得增量 Δx 时,函数 $A = x^2$ 相应的增量 ΔA,即

$$\Delta A = (x_0 + \Delta x)^2 - x_0^2 = 2x_0\Delta x + (\Delta x)^2$$

从上式可以看出,ΔA 可分成两部分:一部分是 $2x_0\Delta x$,它是 Δx 的线性函数,即图 1.12 中带有斜线的两个矩形面积之和;另

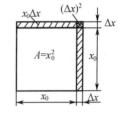

图 1.12

一部分是 $(\Delta x)^2$,在图中是带有交叉斜线的小正方形的面积. 显然,如图 1.12 所示,$2x_0\Delta x$ 是面积增量 ΔA 的主要部分,而 $(\Delta x)^2$ 是次要部分,当 $|\Delta x|$ 很小时,$(\Delta x)^2$ 部分比 $2x_0\Delta x$ 要小得多. 也就是说,当 $|\Delta x|$ 很小时,面积增量 ΔA 可以近似地用 $2x_0\Delta x$ 表示,即

$$\Delta A \approx 2x_0\Delta x$$

由此式作为 ΔA 的近似值,略去的部分 $(\Delta x)^2$ 是比 Δx 高阶的无穷小,即

$$\lim_{\Delta x \to 0} \frac{(\Delta x)^2}{\Delta x} = \lim_{\Delta x \to 0} \Delta x = 0$$

又因为 $A'\big|_{x = x_0} = (x^2)'\big|_{x = x_0} = 2x_0$,所以有

$$\Delta A \approx A'\big|_{x = x_0} \cdot \Delta x$$

从上式看出,函数的增量 ΔA 与自变量的增量 Δx 之间建立了一个简单的线性(一次)近似关系式,其中一次项的系数又恰好是函数 A 在点 x_0 处的导数,这是一个比较精确又便

于计算函数增量的近似表达式. 上述结论对于一般的函数 $y = f(x)$ 是否成立呢? 下面说明当函数 $y = f(x)$ 在所讨论的点可导时, 都有此结论.

设函数 $y = f(x)$ 在点 x 处可导, 对于 x 处的改变量 Δx, 相应地有改变量 Δy.

由 $\lim\limits_{\Delta x \to 0} \dfrac{\Delta y}{\Delta x} = f'(x)$, 根据极限与无穷小的关系, 有 $\dfrac{\Delta y}{\Delta x} = f'(x) + \alpha$ (其中 α 为无穷小, 即 $\lim\limits_{\Delta x \to 0} \alpha = 0$), 于是

$$\Delta y = f'(x)\Delta x + \alpha \Delta x$$

上式右端的第一部分 $f'(x)\Delta x$ 是 Δx 的线性函数; 第二部分, 因为 $\lim\limits_{\Delta x \to 0} \dfrac{\alpha \Delta x}{\Delta x} = 0$, 所以这部分是比 Δx 高阶的无穷小. 因此当 $|\Delta x|$ 很小时, 第二部分可以忽略, 于是第一部分就成了 Δy 的主要部分, 又由于 $f'(x)\Delta x$ 是 Δx 的线性函数, 所以通常把 $f'(x)\Delta x$ 称为 Δy 的线性主部, 并且有近似公式

$$\Delta y \approx f'(x)\Delta x$$

其中, $f'(x) \neq 0$ (不考虑 $f'(x) = 0$ 的特殊情况).

定义　如果函数 $y = f(x)$ 在 x 处具有导数 $f'(x)$, 那么 $f'(x)\Delta x$ 称为函数 $y = f(x)$ 在 x 处的微分, 记作 $\mathrm{d}y$ 或 $\mathrm{d}f(x)$, 即 $\mathrm{d}y = f'(x)\Delta x$, 此时称 $f(x)$ 在 x 处可微.

当函数 $f(x) = x$ 时, 函数的微分 $\mathrm{d}f(x) = \mathrm{d}x = x'\Delta x = \Delta x$, 即 $\mathrm{d}x = \Delta x$. 因此规定, 自变量的微分等于自变量的增量, 这样函数 $y = f(x)$ 的微分可以写成

$$\mathrm{d}y = f'(x)\Delta x = f'(x)\mathrm{d}x$$

上式两边同除以 $\mathrm{d}x$, 有

$$\frac{\mathrm{d}y}{\mathrm{d}x} = f'(x)$$

由此可见, 导数等于函数的微分与自变量的微分之商, 即 $f'(x) = \dfrac{\mathrm{d}y}{\mathrm{d}x}$, 正因为这样, 导数也称为"微商". 前面把 $\dfrac{\mathrm{d}y}{\mathrm{d}x}$ 当作一个整体记号, 现在有了微分概念, $\dfrac{\mathrm{d}y}{\mathrm{d}x}$ 可以作为分式来处理, 这给以后的运算带来了方便.

应当注意的是, 微分与导数虽然有着密切的联系, 但是它们是有区别的: 导数是函数在一点处的变化率, 而微分是函数在一点处由自变量增量所引起的函数变化量的主要部分; 导数的值只与 x 有关, 而微分的值与 x 和 Δx 都有关.

例 2　求函数 $y = x^2$ 当 x 由 2 改变到 2.01 时的微分.

解　先求函数在任意点 x 的微分, 得

$$\mathrm{d}y = (x^2)'\Delta x = 2x\Delta x$$

然后将 $x = 2, \Delta x = 0.01$ 代入上式, 得

$$\mathrm{d}y = 2 \times 2 \times 0.01 = 0.04$$

1.5.2　微分的几何意义

设图 1.13 为函数 $y = f(x)$ 的图形, 过曲线上一点 $M(x, y)$ 作切线 MT, 设 MT 的倾斜角为 α, 则

$$\tan\alpha = f'(x)$$

当自变量有增量 Δx 时, 切线 MT 的纵坐标相应地有增量

$$QP = \tan\alpha \cdot \Delta x = f'(x)\Delta x = \mathrm{d}y$$

因此,函数 $y = f(x)$ 在点 x 处的微分的几何意义就是曲线 $y = f(x)$ 在点 $M(x,y)$ 处的切线 MT 的纵坐标对应于 dx 的增量 QP.

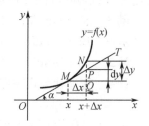

图 1.13

1.5.3　微分的计算方法

根据函数微分的定义

$$dy = f'(x)dx$$

可知,要计算函数的微分,只要求出函数的导数,再乘以自变量的微分即可. 由此可以得到基本初等函数的微分公式和微分法则.

1. 基本初等函数的微分公式

$(1) d(C) = 0$ $\qquad\qquad$ $(2) d(x^{\alpha}) = \alpha x^{\alpha - 1}dx$

$(3) d(\sqrt{x}) = \dfrac{1}{2\sqrt{x}}dx$ $\qquad$ $(4) d\left(\dfrac{1}{x}\right) = -\dfrac{1}{x^2}dx$

$(5) d(a^x) = a^x \ln a dx$ $\qquad$ $(6) d(e^x) = e^x dx$

$(7) d(\log_a x) = \dfrac{1}{x \ln a}dx$ $\qquad$ $(8) d(\ln x) = \dfrac{1}{x}dx$

$(9) d(\sin x) = \cos x dx$ $\qquad$ $(10) d(\cos x) = -\sin x dx$

$(11) d(\tan x) = \sec^2 x dx$ $\qquad$ $(12) d(\cot x) = -\csc^2 x dx$

$(13) d(\sec x) = \sec x \tan x dx$ $\qquad$ $(14) d(\csc x) = -\csc x \cot x dx$

$(15) d(\arcsin x) = \dfrac{1}{\sqrt{1 - x^2}}dx$ $\qquad$ $(16) d(\arccos x) = -\dfrac{1}{\sqrt{1 - x^2}}dx$

$(17) d(\arctan x) = \dfrac{1}{1 + x^2}dx$ $\qquad$ $(18) d(\text{arccot} x) = -\dfrac{1}{1 + x^2}dx$

2. 微分的四则运算法则

$(1) d(u \pm v) = du \pm dv$ $\qquad$ $(2) d(uv) = vdu + udv$

$(3) d(Cu) = Cdu$ $\qquad\qquad$ $(4) d\left(\dfrac{u}{v}\right) = \dfrac{vdu - udv}{v^2}$

3. 微分形式不变性

根据微分的定义,当 u 是自变量时,函数 $y = f(u)$ 的微分为

$$dy = f'(u)du \qquad\qquad\qquad (1.2)$$

如果 u 不是自变量而是 x 的可微函数 $u = \varphi(x)$,那么对于复合函数 $y = f(u)$,$u = \varphi(x)$,由微分定义和复合函数的求导法则,得

$$dy = y'_x dx = f'(u)\varphi'(x)dx$$

而 $\varphi'(x)dx = du$,故得 $dy = f'(u)du$,此式和(1.2)式完全一样. 这就表明:无论 u 是自变量还是中间变量,函数 $y = f(u)$ 的微分总保持同一形式,都是用 $f'(u)$ 与 du 的乘积来表示,这一性质称为微分形式不变性.

根据这个性质,把上面所列的微分基本公式中的 x 都可以换成可微函数 u. 例如,设 $y = \sin u$,u 是 x 的可微函数,则

$$dy = d(\sin u) = \cos u du$$

所以在求复合函数的微分时,既可根据微分的定义,先利用复合函数求导法则求出复合函

数的导数,再乘以自变量的微分,也可以利用微分形式不变性,直接用公式(1.2)进行运算.

例 3 求 $y = \sin(2x+1)$ 的微分 $\mathrm{d}y$.

解一 $\mathrm{d}y = [\sin(2x+1)]'\mathrm{d}x = \cos(2x+1) \cdot (2x+1)'\mathrm{d}x = 2\cos(2x+1)\mathrm{d}x$

解二 $\mathrm{d}y = \mathrm{d}\sin(2x+1) = \cos(2x+1)\mathrm{d}(2x+1) = 2\cos(2x+1)\mathrm{d}x$

例 4 在下列等式左端的括号中填入适当的函数,使等式成立.

$(1)\,\mathrm{d}(\quad) = x^2\mathrm{d}x$ 　　　　　　　　$(2)\,\mathrm{d}(\quad) = \sin\omega t\mathrm{d}t$

解 (1) 因为 $\mathrm{d}(x^3) = 3x^2\mathrm{d}x$,所以

$$x^2\mathrm{d}x = \frac{1}{3}\mathrm{d}(x^3) = \mathrm{d}\left(\frac{1}{3}x^3\right)$$

即

$$\mathrm{d}\left(\frac{1}{3}x^3\right) = x^2\mathrm{d}x$$

一般地,有

$$\mathrm{d}\left(\frac{1}{3}x^3 + C\right) = x^2\mathrm{d}x \quad (C\text{ 为任意常数})$$

故应填 $\frac{1}{3}x^3 + C$.

(2) 因为 $\mathrm{d}(\cos\omega t) = -\omega\sin\omega t\mathrm{d}t$,所以

$$\sin\omega t\mathrm{d}t = -\frac{1}{\omega}\mathrm{d}(\cos\omega t) = \mathrm{d}\left(-\frac{1}{\omega}\cos\omega t\right)$$

即

$$\mathrm{d}\left(-\frac{1}{\omega}\cos\omega t\right) = \sin\omega t\mathrm{d}t$$

一般地,有

$$\mathrm{d}\left(-\frac{1}{\omega}\cos\omega t + C\right) = \sin\omega t\mathrm{d}t \quad (C\text{ 为任意常数})$$

故应填 $-\frac{1}{\omega}\cos\omega t + C$.

习题 1.5

1. 设函数 $y = \arctan x$.

(1)求函数的微分;

(2)求函数在 $x = 1$ 点处的微分;

(3)当 x 从 1 变到 1.01 时,求函数的微分;

(4)当 x 从 1 变到 0.99 时,求函数值增量 Δy 的近似值.

2. 求下列微分(其中 x,t 均为自变量).

$(1)\,\mathrm{d}(\sqrt{x}+1)$ 　　　　　　　　　$(2)\,\mathrm{d}(\sin x + 1)$

$(3)\,\mathrm{d}(ax+b)$ 　　　　　　　　　　$(4)\,\mathrm{d}(a-bx)$

$(5)\,\mathrm{d}(x^2+a^2)$ 　　　　　　　　　$(6)\,\mathrm{d}(a^2-x^2)$

$(7)\,\mathrm{d}\left(\dfrac{1}{t}\right)$ 　　　　　　　　　　　$(8)\,\mathrm{d}(3^t)$

$(9)\,\mathrm{d}(\ln|t|)$ 　　　　　　　　　　$(10)\,\mathrm{d}(\cos t)$

3. 填空.

$(1)\,x^{\alpha}\mathrm{d}x = \mathrm{d}(\quad)$ 　　　　　　　　$(2)\,\dfrac{1}{2\sqrt{x}}\mathrm{d}x = \mathrm{d}(\quad)$

$(3) -\dfrac{1}{x^2}\mathrm{d}x = \mathrm{d}(\qquad)$　　　　$(4) \dfrac{1}{x}\mathrm{d}x = \mathrm{d}(\qquad)$

$(5) a^x\mathrm{d}x = \mathrm{d}(\qquad)$　　　　$(6) \mathrm{e}^x\mathrm{d}x = \mathrm{d}(\qquad)$

$(7) \sin x\mathrm{d}x = \mathrm{d}(\qquad)$　　　　$(8) \cos x\mathrm{d}x = \mathrm{d}(\qquad)$

$(9) \sec^2 x\mathrm{d}x = \mathrm{d}(\qquad)$　　　　$(10) -\csc^2 x\mathrm{d}x = \mathrm{d}(\qquad)$

$(11) \tan x\sec x\mathrm{d}x = \mathrm{d}(\qquad)$　　　　$(12) -\cot x\csc x\mathrm{d}x = \mathrm{d}(\qquad)$

$(13) \dfrac{1}{\sqrt{1-x^2}}\mathrm{d}x = \mathrm{d}(\qquad)$　　　　$(14) \dfrac{1}{1+x^2}\mathrm{d}x = \mathrm{d}(\qquad)$

4. 填空.

$(1) (\qquad) \sin\dfrac{x}{2}\mathrm{d}x = \sin\dfrac{x}{2}\mathrm{d}\left(\dfrac{x}{2}\right)$

$(2) (\qquad) \cos(2x+5)\mathrm{d}x = \cos(2x+5)\mathrm{d}(2x+5)$

$(3) (\qquad) x\sin x^2\mathrm{d}x = \sin x^2\mathrm{d}x^2$

$(4) (\qquad) x^2(x^3+1)^4\mathrm{d}x = (x^3+1)^4\mathrm{d}(x^3+1)$

$(5) (\qquad) \mathrm{e}^{3x-5}\mathrm{d}x = \mathrm{e}^{3x-5}\mathrm{d}(3x-5)$

$(6) (\qquad) x\mathrm{e}^{x^2+1}\mathrm{d}x = \mathrm{e}^{x^2+1}\mathrm{d}(x^2+1)$

$(7) (\qquad) \dfrac{1}{\sqrt{x}}\cos\sqrt{x}\,\mathrm{d}x = \cos\sqrt{x}\,\mathrm{d}\sqrt{x}$

$(8) (\qquad) \dfrac{1}{x^2}\sin\dfrac{1}{x}\mathrm{d}x = \sin\dfrac{1}{x}\mathrm{d}\left(\dfrac{1}{x}\right)$

$(9) (\qquad) x\,\dfrac{1}{\sqrt{x^2+1}}\mathrm{d}x = \dfrac{1}{\sqrt{x^2+1}}\mathrm{d}(x^2+1)$

$(10) (\qquad) x\,\dfrac{1}{\sqrt{4-x^2}}\mathrm{d}x = \dfrac{1}{\sqrt{4-x^2}}\mathrm{d}(4-x^2)$

5. 填空.

$(1) x\sin x\mathrm{d}x = -x\mathrm{d}(\qquad)$　　　　$(2) x\sec^2 x\mathrm{d}x = x\mathrm{d}(\qquad)$

$(3) x^2\cos x\mathrm{d}x = x^2\mathrm{d}(\qquad)$　　　　$(4) x\mathrm{e}^x\mathrm{d}x = x\mathrm{d}(\qquad)$

$(5) x^2\mathrm{e}^x\mathrm{d}x = x^2\mathrm{d}(\qquad)$　　　　$(6) x\mathrm{e}^{-x}\mathrm{d}x = -x\mathrm{d}(\qquad)$

$(7) x3^x\mathrm{d}x = (\qquad)x\mathrm{d}(3^x)$　　　　$(8) x5^x\mathrm{d}x = (\qquad)x\mathrm{d}(5^x)$

$(9) x\left(\dfrac{1}{2}\right)^x\mathrm{d}x = (\qquad)x\mathrm{d}\left(\dfrac{1}{2}\right)^x$　　　　$(10) x\sin x\mathrm{d}x = (\qquad)\mathrm{d}\cos x$

$(11) x\cos x\mathrm{d}x = (\qquad)\mathrm{d}\sin x$　　　　$(12) x\cos 2x\mathrm{d}x = (\qquad)\mathrm{d}\sin 2x$

$(13) \sin x\cos x\mathrm{d}x = (\qquad)\mathrm{d}\cos x$　　　　$(14) \sin x\cos x\mathrm{d}x = (\qquad)\mathrm{d}\sin x$

$(15) \dfrac{\sin x}{\cos x}\mathrm{d}x = (\qquad)\mathrm{d}\cos x$　　　　$(16) \dfrac{\cos x}{\sin x}\mathrm{d}x = (\qquad)\mathrm{d}\sin x$

$(17) \dfrac{\cos x}{1+\sin x}\mathrm{d}x = (\qquad)\mathrm{d}(1+\sin x)$　　　　$(18) \dfrac{\mathrm{e}^x}{\mathrm{e}^x+1}\mathrm{d}x = (\qquad)\mathrm{d}(\mathrm{e}^x+1)$

第2章 一元函数的不定积分

在微分学中,讨论了求已知函数导数(或微分)的问题,但是在生产实践、科学技术领域中往往还会遇到与此相反的问题,即已知一个函数的导数(或微分),求出此函数. 这种由函数的导数(或微分)求原来的函数的问题是积分学的一个基本问题——求不定积分. 本章将介绍不定积分的概念、性质、基本公式和积分方法.

2.1 不定积分的概念

2.1.1 原函数和不定积分的概念

1. 原函数的概念

定义 1 如果在某区间内,函数 $F(x)$ 满足 $F'(x) = f(x)$(或 $\mathrm{d}F(x) = f(x)\mathrm{d}x$),则称 $F(x)$ 为 $f(x)$ 在该区间内的原函数.

例如,因为 $(\sin x)' = \cos x$,所以 $\sin x$ 是 $\cos x$ 的一个原函数.

因为 $(\sin x + 1)' = \cos x$,所以 $\sin x + 1$ 也是 $\cos x$ 的一个原函数.

由此可见,一个函数的原函数不是唯一的.

定理 如果 $F(x)$ 是函数 $f(x)$ 在某区间内的一个原函数,则 $F(x) + C$ 是 $f(x)$ 在该区间内的全部原函数,其中 C 为任意常数.

2. 不定积分的概念

定义 2 若 $F(x)$ 是 $f(x)$ 在某区间内的一个原函数,则 $f(x)$ 的全部原函数 $F(x) + C$(C 为任意常数)称为 $f(x)$ 在该区间内的不定积分,记作 $\int f(x)\mathrm{d}x$,即

$$\int f(x)\mathrm{d}x = F(x) + C$$

其中,$\int$ 称为积分号,$f(x)$ 称为被积函数,$f(x)\mathrm{d}x$ 称为被积表达式,x 称为积分变量,C 称为积分常数.

3. 不定积分的性质

性质 1 $\left[\int f(x)\mathrm{d}x\right]' = f(x)$ 或 $\mathrm{d}\int f(x)\mathrm{d}x = f(x)\mathrm{d}x$

$$\int f'(x)\mathrm{d}x = f(x) + C \text{ 或 } \int \mathrm{d}f(x) = f(x) + C$$

由性质 1 可以看出微分运算与积分运算是互逆的.

性质 2 $\int kf(x)\mathrm{d}x = k\int f(x)\mathrm{d}x$($k$ 为不等于零的常数)

性质 3 $\int [f(x) \pm g(x)]\mathrm{d}x = \int f(x)\mathrm{d}x \pm \int g(x)\mathrm{d}x$

性质 3 可推广到有限多个函数的代数和的情形.

2.1.2　不定积分的基本公式

利用不定积分与导数(或微分)互逆的运算关系,可以由导数的基本公式得到不定积分的基本公式.

公式 1　$\displaystyle\int x^\alpha \mathrm{d}x = \frac{x^{\alpha+1}}{\alpha+1} + C(\alpha \neq -1)$

随堂练习 1

求下列不定积分.

(1) $\displaystyle\int \mathrm{d}x =$ 　　　　　　(2) $\displaystyle\int x^2 \mathrm{d}x =$ 　　　　　　(3) $\displaystyle\int x^3 \mathrm{d}x =$

(4) $\displaystyle\int x^5 \mathrm{d}x =$ 　　　　　　(5) $\displaystyle\int x^{10} \mathrm{d}x =$ 　　　　　(6) $\displaystyle\int x^\alpha \mathrm{d}x =$

(7) $\displaystyle\int x^{-4} \mathrm{d}x =$ 　　　　　(8) $\displaystyle\int \sqrt{x} \mathrm{d}x =$ 　　　　　(9) $\displaystyle\int \sqrt[3]{x} \mathrm{d}x =$

(10) $\displaystyle\int \sqrt[5]{x^2} \mathrm{d}x =$ 　　　　(11) $\displaystyle\int u^3 \mathrm{d}u =$ 　　　　　(12) $\displaystyle\int t^2 \mathrm{d}t =$

(13) $\displaystyle\int v^5 \mathrm{d}v =$ 　　　　　(14) $\displaystyle\int t^{-4} \mathrm{d}t =$ 　　　　(15) $\displaystyle\int \frac{1}{\sqrt{x}} \mathrm{d}x =$

(16) $\displaystyle\int \frac{1}{x^2} \mathrm{d}x =$ 　　　　(17) $\displaystyle\int \frac{1}{2\sqrt{u}} \mathrm{d}u =$ 　　　(18) $\displaystyle\int \frac{1}{2\sqrt{v}} \mathrm{d}v =$

(19) $\displaystyle\int \frac{1}{\sqrt{t}} \mathrm{d}t =$ 　　　　(20) $\displaystyle\int \frac{k}{\sqrt{x}} \mathrm{d}x =$ 　　　(21) $\displaystyle\int \frac{1}{u^2} \mathrm{d}u =$

(22) $\displaystyle\int \frac{1}{t^2} \mathrm{d}t =$ 　　　　(23) $\displaystyle\int \frac{1}{v^2} \mathrm{d}v =$ 　　　(24) $\displaystyle\int \frac{k}{x^2} \mathrm{d}x =$

公式 2　$\displaystyle\int a^x \mathrm{d}x = \frac{a^x}{\ln a} + C$

随堂练习 2

求下列不定积分.

(1) $\displaystyle\int a^x \mathrm{d}x =$ 　　　　　(2) $\displaystyle\int 3^x \mathrm{d}x =$ 　　　　　(3) $\displaystyle\int 2^x \mathrm{d}x =$

(4) $\displaystyle\int 5^x \mathrm{d}x =$ 　　　　　(5) $\displaystyle\int \mathrm{e}^x \mathrm{d}x =$ 　　　　(6) $\displaystyle\int 10^x \mathrm{d}x =$

(7) $\displaystyle\int 3^u \mathrm{d}u =$ 　　　　　(8) $\displaystyle\int 2^v \mathrm{d}v =$ 　　　　(9) $\displaystyle\int 4^t \mathrm{d}t =$

(10) $\displaystyle\int \mathrm{e}^t \mathrm{d}t =$ 　　　　(11) $\displaystyle\int (2\mathrm{e})^x \mathrm{d}x =$ 　　　(12) $\displaystyle\int \left(\frac{1}{2}\right)^x \mathrm{d}x =$

(13) $\displaystyle\int \left(\frac{1}{3}\right)^x \mathrm{d}x =$ 　　　(14) $\displaystyle\int \left(\frac{1}{\mathrm{e}}\right)^x \mathrm{d}x =$ 　　(15) $\displaystyle\int \left(\frac{1}{5}\right)^x \mathrm{d}x =$

公式 3　$\displaystyle\int \frac{1}{x} \mathrm{d}x = \ln|x| + C$

随堂练习 3

求下列不定积分.

(1) $\displaystyle\int \frac{1}{u} \mathrm{d}u =$ 　　　　　(2) $\displaystyle\int \frac{1}{t} \mathrm{d}t =$ 　　　　(3) $\displaystyle\int \frac{1}{v} \mathrm{d}v =$

(4) $\int \dfrac{k}{x}\mathrm{d}x =$ (5) $\int \dfrac{1}{3x}\mathrm{d}x =$

公式 4

(1) $\int \sin x\mathrm{d}x = -\cos x + C$ (2) $\int \cos x\mathrm{d}x = \sin x + C$

(3) $\int \sec^2 x\mathrm{d}x = \tan x + C$ (4) $\int \csc^2 x\mathrm{d}x = -\cot x + C$

(5) $\int \sec x\tan x\mathrm{d}x = \sec x + C$ (6) $\int \csc x\cot x\mathrm{d}x = -\csc x + C$

随堂练习 4

求下列不定积分.

(1) $\int \sin x\mathrm{d}x =$ (2) $\int \cos x\mathrm{d}x =$ (3) $\int \sec^2 x\mathrm{d}x =$

(4) $\int \csc^2 x\mathrm{d}x =$ (5) $\int \sec x\tan x\mathrm{d}x =$ (6) $\int \csc x\cot x\mathrm{d}x =$

(7) $\int \sin t\mathrm{d}t =$ (8) $\int \cos u\mathrm{d}u =$ (9) $\int \sin v\mathrm{d}v =$

(10) $\int \cos y\mathrm{d}y =$ (11) $\int \sec^2 u\mathrm{d}u =$ (12) $\int \csc^2 t\mathrm{d}t =$

(13) $\int k\sin u\mathrm{d}u =$ (14) $\int 2\cos t\mathrm{d}t =$

公式 5

(1) $\int \dfrac{1}{\sqrt{1-x^2}}\mathrm{d}x = \arcsin x + C$ (2) $\int \dfrac{1}{1+x^2}\mathrm{d}x = \arctan x + C$

随堂练习 5

求下列不定积分.

(1) $\int \dfrac{1}{\sqrt{1-t^2}}\mathrm{d}t =$ (2) $\int \dfrac{1}{1+t^2}\mathrm{d}t =$

(3) $\int \dfrac{3}{1+u^2}\mathrm{d}u =$ (4) $\int \dfrac{k}{\sqrt{1-u^2}}\mathrm{d}u =$

不定积分的基本公式是计算不定积分的基础,必须熟记. 利用不定积分的基本公式和不定积分的性质可以求出一些简单函数的不定积分,这种求不定积分的方法称为直接积分法.

例 1 求 $\int \left(3x^2 + \cos x + 2^x + \dfrac{1}{2\sqrt{x}} - \dfrac{1}{x}\right)\mathrm{d}x$.

解 $\int \left(3x^2 + \cos x + 2^x + \dfrac{1}{2\sqrt{x}} - \dfrac{1}{x}\right)\mathrm{d}x$

$= \int 3x^2\,\mathrm{d}x + \int \cos x\,\mathrm{d}x + \int 2^x\,\mathrm{d}x + \int \dfrac{1}{2\sqrt{x}}\,\mathrm{d}x - \int \dfrac{1}{x}\,\mathrm{d}x$

$= x^3 + \sin x + \dfrac{2^x}{\ln 2} + \sqrt{x} - \ln|x| + C$

逐项求积分后,每个不定积分都含有任意常数,由于任意常数之和仍为任意常数,所以只需写一个任意常数 C 即可.

在进行不定积分的计算时,有时需要先把被积函数作适当变形,然后再利用不定积分的性质和基本公式进行积分.

例 2　求 $\int 3^x \mathrm{e}^x \mathrm{d}x$.

解　$\int 3^x \mathrm{e}^x \mathrm{d}x = \int (3\mathrm{e})^x \mathrm{d}x = \dfrac{(3\mathrm{e})^x}{\ln(3\mathrm{e})} + C = \dfrac{3^x \mathrm{e}^x}{\ln 3 + 1} + C$

例 3　求 $\int \dfrac{(x-1)^2}{x} \mathrm{d}x$.

解　$\int \dfrac{(x-1)^2}{x} \mathrm{d}x = \int \dfrac{x^2 - 2x + 1}{x} \mathrm{d}x = \int \left(x - 2 + \dfrac{1}{x} \right) \mathrm{d}x$

$\qquad\qquad = \int x \mathrm{d}x - 2 \int \mathrm{d}x + \int \dfrac{1}{x} \mathrm{d}x = \dfrac{1}{2} x^2 - 2x + \ln|x| + C$

例 4　求 $\int \dfrac{x^4}{1+x^2} \mathrm{d}x$.

解　$\int \dfrac{x^4}{1+x^2} \mathrm{d}x = \int \dfrac{(x^4 - 1) + 1}{1+x^2} \mathrm{d}x = \int \dfrac{(x^2+1)(x^2-1) + 1}{1+x^2} \mathrm{d}x$

$\qquad\qquad = \int \left(x^2 - 1 + \dfrac{1}{1+x^2} \right) \mathrm{d}x = \int x^2 \mathrm{d}x - \int \mathrm{d}x + \int \dfrac{\mathrm{d}x}{1+x^2}$

$\qquad\qquad = \dfrac{1}{3} x^3 - x + \arctan x + C$

例 5　求 $\int \tan^2 x \mathrm{d}x$.

解　$\int \tan^2 x \mathrm{d}x = \int (\sec^2 x - 1) \mathrm{d}x = \int \sec^2 x \mathrm{d}x - \int \mathrm{d}x = \tan x - x + C$

例 6　求 $\int \cos^2 \dfrac{x}{2} \mathrm{d}x$.

解　$\int \cos^2 \dfrac{x}{2} \mathrm{d}x = \dfrac{1}{2} \int (1 + \cos x) \mathrm{d}x = \dfrac{1}{2} \int \mathrm{d}x + \dfrac{1}{2} \int \cos x \mathrm{d}x = \dfrac{1}{2} x + \dfrac{1}{2} \sin x + C$

习题 2.1

用直接积分法求下列不定积分.

(1) $\int \left(x^6 + 10^x + \dfrac{1}{x} + \sin x + \dfrac{1}{\sqrt{1-x^2}} \right) \mathrm{d}x$

(2) $\int \left(\dfrac{1}{\sqrt{x}} + \mathrm{e}^x - \cos x + \dfrac{1}{x} + \dfrac{1}{1+x^2} \right) \mathrm{d}x$

(3) $\int \left(\sec^2 x - \dfrac{1}{x^2} + \dfrac{1}{\mathrm{e}^x} + \dfrac{1}{\sqrt{1-x^2}} + \ln 10 \right) \mathrm{d}x$

(4) $\int \left(x^{-3} + 4^x + \dfrac{1}{x} + \cos x + \dfrac{1}{1+x^2} \right) \mathrm{d}x$

(5) $\int \left(\dfrac{1}{2\sqrt{x}} + 3^x - \sin x + \dfrac{1}{\sqrt{1-x^2}} + 1 \right) \mathrm{d}x$

$(6) \int \left(x^{10} + 2^x + \dfrac{1}{x} - \csc^2 x + \dfrac{1}{1+x^2} \right) \mathrm{d}x$

$(7) \int \left(\cos x + \dfrac{1}{x} + \dfrac{1}{1+x^2} + 2x + \mathrm{e}^2 + \dfrac{1}{\sqrt{1-x^2}} \right) \mathrm{d}x$

$(8) \int \dfrac{3x^4 + x^2\sqrt{x} - x\sqrt{x} + x - 1}{x^2} \mathrm{d}x$

$(9) \int \dfrac{1-x+x^2}{x(1+x^2)} \mathrm{d}x$ $\qquad (10) \int \sin^2 \dfrac{x}{2} \mathrm{d}x$ $\qquad (11) \int \dfrac{1}{1-\cos 2x} \mathrm{d}x$

$(12) \int \dfrac{1}{1+\cos 2x} \mathrm{d}x$ $\qquad (13) \int \dfrac{1}{\sin^2 x \cos^2 x} \mathrm{d}x$ $\qquad (14) \int \dfrac{(1-x)^2}{\sqrt{x}} \mathrm{d}x$

$(15) \int \dfrac{1+\cos^2 x}{1+\cos 2x} \mathrm{d}x$ $\qquad (16) \int (\tan x + \cot x)^2 \mathrm{d}x$

趣解数学

今天就来说一说微积分学的奠基者——牛顿.

2.2　换元积分法

可以用直接积分法计算的不定积分是十分有限的. 本节介绍的换元积分法,是将复合函数的求导法则逆过来用于不定积分,通过适当的变量代换(换元),把某些不定积分化为可以利用不定积分基本公式的形式,再计算出所求的不定积分.

先分析下面的积分.

例1　求 $\int \cos 2x \mathrm{d}x$.

解　因为被积函数 $\cos 2x$ 中的变量是 $2x$,不是 x ,故不能直接用不定积分的基本公式 $\int \cos x \mathrm{d}x = \sin x + C$,为了应用这一公式,我们尝试作如下变形:

$$\int \cos 2x \mathrm{d}x = \int \cos 2x \cdot \dfrac{1}{2} \cdot \mathrm{d}(2x) = \dfrac{1}{2} \int \cos 2x \mathrm{d}(2x)$$

令 $u = 2x$,则

$$\int \cos 2x \mathrm{d}x = \dfrac{1}{2} \int \cos u \mathrm{d}u = \dfrac{1}{2} \sin u + C = \dfrac{1}{2} \sin 2x + C$$

因为 $\left(\dfrac{1}{2} \sin 2x + C \right)' = \cos 2x$,所以上面的尝试是正确的.

上述方法的关键是通过变量代换 $u = 2x$,再利用基本积分公式 $\int \cos u \mathrm{d}u = \sin u + C$,从而得到结果.

一般地,有下面的定理.

定理　设 $\int f(u)\,\mathrm{d}u = F(u) + C$，且 $u = \varphi(x)$ 为可导函数，则有换元公式

$$\int f[\varphi(x)]\varphi'(x)\,\mathrm{d}x = \int f[\varphi(x)]\,\mathrm{d}[\varphi(x)] = \int f(u)\,\mathrm{d}u$$

$$= F(u) + C = F[\varphi(x)] + C$$

此方法称为换元积分法，也称为凑微分法. 用凑微分法计算积分时，关键是把被积表达式分成两个部分，使其中一部分为 $\varphi(x)$ 的函数 $f[\varphi(x)]$，另一部分凑成 $\varphi(x)$ 的微分 $\mathrm{d}[\varphi(x)]$.

定理表明，在不定积分的基本公式中，当把积分变量 x 换成任意可导函数 $u = \varphi(x)$ 时，公式仍成立，即若 $\int f(x)\,\mathrm{d}x = F(x) + C$，则 $\int f(u)\,\mathrm{d}u = F(u) + C$. 以公式 $\int \mathrm{e}^x\,\mathrm{d}x = \mathrm{e}^x + C$ 为例，其标准形式是 $\int \mathrm{e}^{\varphi(x)}\,\mathrm{d}\varphi(x) = \mathrm{e}^{\varphi(x)} + C$，其中 $\varphi(x)$ 是积分变量. 由此我们能够得出：$\int \mathrm{e}^{\sqrt{x}}\,\mathrm{d}\sqrt{x} = \mathrm{e}^{\sqrt{x}} + C$，$\int \mathrm{e}^{\sin x}\,\mathrm{d}\sin x = \mathrm{e}^{\sin x} + C$，$\int \mathrm{e}^{2x^3+5x}\,\mathrm{d}(2x^3 + 5x) = \mathrm{e}^{2x^3+5x} + C$ 等. 这里，分别把 $\sqrt{x}$，$\sin x$ 和 $2x^3 + 5x$ 看成积分变量.

下面举例说明这一方法的应用.

例 2　求 $\int x\mathrm{e}^{x^2}\,\mathrm{d}x$.

解　因为 $\int x\mathrm{e}^{x^2}\,\mathrm{d}x = \dfrac{1}{2}\int \mathrm{e}^{x^2}\,\mathrm{d}(x^2)$，所以，令 $x^2 = u$，则

$$\int x\mathrm{e}^{x^2}\,\mathrm{d}x = \frac{1}{2}\int \mathrm{e}^u\,\mathrm{d}u = \frac{1}{2}\mathrm{e}^u + C = \frac{1}{2}\mathrm{e}^{x^2} + C$$

例 3　求 $\int \dfrac{\ln x}{x}\,\mathrm{d}x$.

解　因为 $\int \dfrac{\ln x}{x}\,\mathrm{d}x = \int \ln x\,\mathrm{d}(\ln x)$，所以，令 $\ln x = u$，则

$$\int \frac{\ln x}{x}\,\mathrm{d}x = \int u\,\mathrm{d}u = \frac{1}{2}u^2 + C = \frac{1}{2}\ln^2 x + C$$

注　凑微分法就是首先合理地将积分式"凑"成基本公式的标准形式，然后根据公式积分的方法.

使用凑微分法时，变量代换的目的是为了便于使用不定积分的基本公式，当运算比较熟练后，就可以略去设中间变量和还原的步骤，使解题过程更简便. 因此在可能的情况下，通常总是尽量避免明显换元.

例 4　求 $\int \dfrac{\cos\sqrt{x}}{\sqrt{x}}\,\mathrm{d}x$.

解　$\int \dfrac{\cos\sqrt{x}}{\sqrt{x}}\,\mathrm{d}x = 2\int \cos\sqrt{x}\,\mathrm{d}(\sqrt{x}) = 2\sin\sqrt{x} + C$

例 5　求 $\int \tan x\,\mathrm{d}x$.

解　$\int \tan x\,\mathrm{d}x = \int \dfrac{\sin x}{\cos x}\,\mathrm{d}x = -\int \dfrac{\mathrm{d}(\cos x)}{\cos x} = -\ln|\cos x| + C$

例6 求 $\int \csc x \mathrm{d}x$.

解 $\int \csc x \mathrm{d}x = \int \dfrac{\mathrm{d}x}{\sin x} = \int \dfrac{\mathrm{d}x}{2\sin\frac{x}{2}\cos\frac{x}{2}} = \int \dfrac{\mathrm{d}\left(\frac{x}{2}\right)}{\tan\frac{x}{2}\cos^2\frac{x}{2}} = \int \dfrac{\sec^2\frac{x}{2}}{\tan\frac{x}{2}}\mathrm{d}\left(\frac{x}{2}\right)$

$\qquad\qquad = \int \dfrac{\mathrm{d}\left(\tan\frac{x}{2}\right)}{\tan\frac{x}{2}} = \ln\left|\tan\frac{x}{2}\right| + C$

因为

$$\tan\frac{x}{2} = \frac{\sin\frac{x}{2}}{\cos\frac{x}{2}} = \frac{2\sin^2\frac{x}{2}}{\sin x} = \frac{1 - \cos x}{\sin x} = \csc x - \cot x$$

所以

$$\int \csc x \mathrm{d}x = \ln|\csc x - \cot x| + C$$

例7 求 $\int \dfrac{\mathrm{d}x}{x^2 - a^2}$.

解 $\int \dfrac{\mathrm{d}x}{x^2 - a^2} = \dfrac{1}{2a}\int\left(\dfrac{1}{x - a} - \dfrac{1}{x + a}\right)\mathrm{d}x = \dfrac{1}{2a}\left(\int \dfrac{\mathrm{d}x}{x - a} - \int \dfrac{\mathrm{d}x}{x + a}\right)$

$\qquad\qquad = \dfrac{1}{2a}\left[\int \dfrac{\mathrm{d}(x - a)}{x - a} - \int \dfrac{\mathrm{d}(x + a)}{x + a}\right]$

$\qquad\qquad = \dfrac{1}{2a}(\ln|x - a| - \ln|x + a|) + C$

$\qquad\qquad = \dfrac{1}{2a}\ln\left|\dfrac{x - a}{x + a}\right| + C$

注 "换元"的目的是要使积分式满足基本公式的标准形式. 需要"换元"的直接原因往往是去分母、简化分母、去根号、变复合函数为基本初等函数等, 通过"换元"使被积函数变成基本公式中的函数, 然后根据公式积分.

例8 求 $\int \dfrac{1}{1 + \sqrt{x}}\mathrm{d}x$.

解 设 $t = \sqrt{x}$, 则 $x = t^2$, $\mathrm{d}x = 2t\mathrm{d}t$, 于是

$\int \dfrac{1}{1 + \sqrt{x}}\mathrm{d}x = \int \dfrac{1}{1 + t} \cdot 2t\mathrm{d}t = 2\int \dfrac{1 + t - 1}{1 + t}\mathrm{d}t = 2\int \mathrm{d}t - 2\int \dfrac{1}{1 + t}\mathrm{d}(1 + t)$

$\qquad\qquad = 2t - 2\ln|1 + t| + C = 2\sqrt{x} - 2\ln|1 + \sqrt{x}| + C$

不定积分的基本公式, 除了前面给出的 5 组之外, 再补充 1 组.

公式6

(1) $\int \tan x \mathrm{d}x = -\ln|\cos x| + C$ $\qquad\qquad$ (2) $\int \cot x \mathrm{d}x = \ln|\sin x| + C$

(3) $\int \sec x \mathrm{d}x = \ln|\sec x + \tan x| + C$ $\qquad$ (4) $\int \csc x \mathrm{d}x = \ln|\csc x - \cot x| + C$

趣解数学

任意常数 $C = 2C$?

习题 2.2

求下列不定积分.

(1) $\displaystyle\int\left(\tan x + \frac{1}{1 + x^2} - \frac{1}{x^2} + \frac{1}{x} + 3^x\right)\mathrm{d}x$

(2) $\displaystyle\int\left(\sec x + \frac{1}{\sqrt{1 - x^2}} + \frac{1}{2\sqrt{x}} - \frac{1}{x} + 2^x\right)\mathrm{d}x$

(3) $\displaystyle\int\left(\cot x + \frac{1}{\sqrt{1 - x^2}} + x^5 + \frac{1}{x} + 3^x\right)\mathrm{d}x$

(4) $\displaystyle\int x^2(x^3 + 1)^2 \mathrm{d}x$ 　　(5) $\displaystyle\int \frac{1}{x^2}\sin\frac{1}{x}\mathrm{d}x$ 　　(6) $\displaystyle\int \frac{1}{\sqrt{x}}\mathrm{e}^{\sqrt{x}}\mathrm{d}x$

(7) $\displaystyle\int \frac{1}{1 + \mathrm{e}^x}\mathrm{d}x$ 　　(8) $\displaystyle\int \frac{\mathrm{d}x}{\mathrm{e}^{-x} + \mathrm{e}^x}$ 　　(9) $\displaystyle\int \frac{x\mathrm{d}x}{\sqrt{x^2 - a^2}}$

(10) $\displaystyle\int x\sqrt{x^2 + 1}\mathrm{d}x$ 　　(11) $\displaystyle\int \cos^2 x\mathrm{d}x$ 　　(12) $\displaystyle\int \sin^3 x\mathrm{d}x$

(13) $\displaystyle\int \cos^5 x\mathrm{d}x$ 　　(14) $\displaystyle\int \frac{\sin x\mathrm{d}x}{1 + \cos^2 x}$ 　　(15) $\displaystyle\int \frac{4\cos x\mathrm{d}x}{3 + 4\sin x}$

(16) $\displaystyle\int \frac{x}{\sqrt{x^2 + 1}}\sin\sqrt{x^2 + 1}\mathrm{d}x$ 　　(17) $\displaystyle\int \frac{x + 1}{x(1 + x\mathrm{e}^x)}\mathrm{d}x$ 　　(18) $\displaystyle\int \frac{(x + 1)\mathrm{d}x}{x^2 + 4x + 13}$

(19) $\displaystyle\int \frac{\mathrm{d}x}{1 - \cos x}$ 　　(20) $\displaystyle\int \frac{\mathrm{d}x}{1 + \cos x}$ 　　(21) $\displaystyle\int \frac{\mathrm{d}x}{1 + \sin x}$

(22) $\displaystyle\int \frac{\mathrm{d}x}{1 - \sin x}$ 　　(23) $\displaystyle\int \frac{2\mathrm{d}x}{1 + \tan x}$ 　　(24) $\displaystyle\int \frac{2\mathrm{d}x}{1 - \tan x}$

(25) $\displaystyle\int \frac{1}{\sqrt{x}(1 + x)}\mathrm{d}x$ 　　(26) $\displaystyle\int \sec x\mathrm{d}x$ 　　(27) $\displaystyle\int \frac{\mathrm{d}x}{x^2 + 2x + 2}$

(28) $\displaystyle\int \frac{(\arctan x)^2}{1 + x^2}\mathrm{d}x$ 　　(29) $\displaystyle\int \frac{(1 + x)\mathrm{e}^x}{1 + x^2\mathrm{e}^{2x}}\mathrm{d}x$ 　　(30) $\displaystyle\int \sec^4 x\mathrm{d}x$

(31) $\displaystyle\int \frac{1}{(\sin x + \cos x)^2}\mathrm{d}x$ 　　(32) $\displaystyle\int \sqrt{\mathrm{e}^x - 1}\mathrm{d}x$ 　　(33) $\displaystyle\int \frac{\sqrt{x + 1}}{1 + \sqrt{x + 1}}\mathrm{d}x$

(34) $\displaystyle\int \frac{\mathrm{d}x}{x + \sqrt{x}}$

2.3 分部积分法

上节所介绍的换元积分法虽然可以解决很多积分的计算问题,但有些积分,如 $\int xe^x dx$,$\int \ln x dx$ 等仍无法解决.本节要介绍另一种积分方法——分部积分法.

分部积分法常用于被积函数是两种不同类型函数乘积的积分,它是由微分的乘法公式得到的积分方法.

设函数 $u = u(x)$,$v = v(x)$ 都是连续可微的,由微分的乘法公式有

$$d(uv) = udv + vdu$$

移项,得

$$udv = d(uv) - vdu$$

两边同时积分,则有

$$\int udv = \int d(uv) - \int vdu$$

即

$$\int udv = uv - \int vdu$$

上式称为分部积分公式,利用分部积分公式求积分的方法称为分部积分法,它把积分 $\int udv$ 转化为积分 $\int vdu$.当后者容易计算时,分部积分公式就显示出它的优越性.运用分部积分法的关键是如何选择 u 和 dv,一般原则是:

(1)v 要容易求出;

(2)$\int vdu$ 要比 $\int udv$ 容易积出.

例1 求 $\int xe^x dx$.

解 设 $u = x$,$dv = e^x dx = de^x$,则 $du = dx$,$v = e^x$,因此

$$\int xe^x dx = xe^x - \int e^x dx = xe^x - e^x + C$$

求解本题时,若设 $u = e^x$,$dv = xdx = d\left(\frac{x^2}{2}\right)$,则 $du = e^x dx$,$v = \frac{x^2}{2}$,因此

$$\int xe^x dx = \frac{x^2}{2}e^x - \frac{1}{2}\int x^2 e^x dx$$

上式右端的积分 $\int x^2 e^x dx$ 比原积分 $\int xe^x dx$ 更难求,所以,如果 u 和 dv 选取不当,将会使积分的计算变得更加复杂.一般情况下,可以采用"指三幂对反"选择法,即由五种基本初等函数中两种函数的积构成的被积函数,可以依照上述顺序选择次序在后的那个函数为 u,余下的函数连同 dx 一起设为 dv,按此方法选择 u 和 dv 是十分有效的.

例2 求 $\int x\ln x dx$.

解 设 $u = \ln x$,$dv = xdx = d\left(\frac{1}{2}x^2\right)$,则 $du = \frac{1}{x}dx$,$v = \frac{1}{2}x^2$,于是有

$$\int x\ln x dx = \frac{1}{2}x^2 \ln x - \int \frac{1}{2}x^2 \cdot \frac{1}{x}dx = \frac{1}{2}x^2 \ln x - \frac{1}{4}x^2 + C$$

解题时一般分成两个步骤进行:首先将积分式转化成 $\int udv$ 的形式,然后使用分部积分

公式求出结果. 当分部积分法运用比较熟练以后,可以不设出 u 和 $\mathrm{d}v$.

有些函数的积分需要连续多次应用分部积分法.

例 3　求 $\int e^x \cos x \mathrm{d}x$.

解　$\int e^x \cos x \mathrm{d}x = \int \cos x \mathrm{d}(e^x) = e^x \cos x - \int e^x \mathrm{d}(\cos x) = e^x \cos x + \int e^x \sin x \mathrm{d}x$

$$= e^x \cos x + \int \sin x \mathrm{d}(e^x) = e^x \cos x + e^x \sin x - \int e^x \mathrm{d}(\sin x)$$

$$= e^x \cos x + e^x \sin x - \int e^x \cos x \mathrm{d}x$$

移项,得

$$2\int e^x \cos x \mathrm{d}x = e^x \cos x + e^x \sin x + C_1$$

$$\int e^x \cos x \mathrm{d}x = \frac{1}{2}(e^x \cos x + e^x \sin x) + C\left(C = \frac{C_1}{2}\right)$$

分部积分法也用于被积函数是对数函数或反三角函数的积分.

例 4　求 $\int \ln x \mathrm{d}x$.

解　$\int \ln x \mathrm{d}x = x \ln x - \int x \mathrm{d}(\ln x) = x \ln x - \int x \cdot \frac{1}{x} \mathrm{d}x = x \ln x - \int \mathrm{d}x = x \ln x - x + C$

例 5　求 $\int e^{\sqrt{x}} \mathrm{d}x$.

解　被积函数 $e^{\sqrt{x}}$ 中含有二次根式 $\sqrt{x}$,因此应先采用换元法,令 $\sqrt{x} = t, x = t^2, \mathrm{d}x = 2t\mathrm{d}t$,则

$$\int e^{\sqrt{x}} \mathrm{d}x = \int e^t \cdot 2t\mathrm{d}t = 2\int te^t \mathrm{d}t = 2\int t\mathrm{d}(e^t)$$

$$= 2te^t - 2\int e^t \mathrm{d}t = 2te^t - 2e^t + C$$

$$= 2\sqrt{x}e^{\sqrt{x}} - 2e^{\sqrt{x}} + C$$

此题是两种积分方法的结合,先用换元法,再用分部积分法,因此,解积分题时,可综合运用积分方法.

习题 2.3

用分部积分法求下列不定积分.

(1) $\int x \cos x \mathrm{d}x$ 　　　(2) $\int x \sec^2 x \mathrm{d}x$ 　　　(3) $\int x \sec x \tan x \mathrm{d}x$ 　　　(4) $\int x 2^x \mathrm{d}x$

(5) $\int x e^{-x} \mathrm{d}x$ 　　　(6) $\int 2x \ln x \mathrm{d}x$ 　　　(7) $\int \frac{\ln x}{2\sqrt{x}} \mathrm{d}x$ 　　　(8) $\int \frac{\ln x}{x^2} \mathrm{d}x$

(9) $\int x \cos 2x \mathrm{d}x$ 　　　(10) $\int x \sin \frac{x}{2} \mathrm{d}x$ 　　　(11) $\int x e^{2x} \mathrm{d}x$ 　　　(12) $\int x^2 e^x \mathrm{d}x$

(13) $\int x^2 \cos x \mathrm{d}x$ 　　　(14) $\int \frac{x e^{-x}}{(x-1)^2} \mathrm{d}x$ 　　　(15) $\int e^x \sin x \mathrm{d}x$ 　　　(16) $\int \arcsin x \mathrm{d}x$

(17) $\int \arctan x \mathrm{d}x$ 　　　(18) $\int \ln^2 x \mathrm{d}x$ 　　　(19) $\int \ln(1+x^2) \mathrm{d}x$ 　　　(20) $\int \sin \sqrt{x} \mathrm{d}x$

2.4 简易积分表的使用

可以看出,积分运算比微分运算要复杂得多,为了使用方便,把常用的积分汇编成表——简易积分表(见附录七).简易积分表是按照被积函数的类型编排的,求积分时,可根据被积函数的类型直接地或经简单变形后,在表中查得所需的结果.下面举例说明简易积分表的使用方法.

1. 直接从表中查到结果

例1 求 $\displaystyle\int \frac{\mathrm{d}x}{x^2(5+4x)}$.

解 属于表中(一)类含有 $ax+b$ 的积分,按照公式6,当 $b=5,a=4$ 时,有

$$\int \frac{\mathrm{d}x}{x^2(5+4x)} = -\frac{1}{5x} + \frac{4}{25}\ln\left|\frac{5+4x}{x}\right| + C$$

例2 求 $\displaystyle\int \frac{\mathrm{d}x}{4x^2+4x-3}$.

解 属于表中(五)类含有 $ax^2+bx+c(a>0)$ 的积分,按照公式28,当 $a=4,b=4,c=-3$ 时,有 $b^2>4ac$,于是

$$\int \frac{\mathrm{d}x}{4x^2+4x-3} = \frac{1}{8}\ln\left|\frac{2x-1}{2x+3}\right| + C$$

2. 先进行变量代换,然后再查表求积分

例3 求 $\displaystyle\int \sqrt{4x^2+9}\,\mathrm{d}x$.

解 表中不能直接查到,若令 $2x=u$,则 $\displaystyle\int \sqrt{4x^2+9}\,\mathrm{d}x = \frac{1}{2}\int \sqrt{u^2+3^2}\,\mathrm{d}u$,可应用表中(六)类的公式38,于是

$$\int \sqrt{4x^2+9}\,\mathrm{d}x = \frac{1}{2}\left[\frac{u}{2}\sqrt{u^2+9} + \frac{9}{2}\ln(u+\sqrt{u^2+9})\right] + C$$

$$= \frac{x}{2}\sqrt{4x^2+9} + \frac{9}{4}\ln(2x+\sqrt{4x^2+9}) + C.$$

3. 利用递推公式在表中查到所求积分

例4 求 $\displaystyle\int \cos^5 x\,\mathrm{d}x$.

解 查表中(十一)类公式96,有 $\displaystyle\int \cos^n x\,\mathrm{d}x = \frac{\cos^{n-1}x\sin x}{n} + \frac{n-1}{n}\int \cos^{n-2}x\,\mathrm{d}x$.

就本例而言,利用这个公式并不能求出最后结果,但用一次就可使被积函数的幂指数减少二次,重复使用这个公式直到求出最后结果,这种公式称为递推公式.

运用公式96,得

$$\int \cos^5 x\,\mathrm{d}x = \frac{\cos^4 x\sin x}{5} + \frac{4}{5}\int \cos^3 x\,\mathrm{d}x = \frac{\cos^4 x\sin x}{5} + \frac{4}{5}\left(\frac{\cos^2 x\sin x}{3} + \frac{2}{3}\int \cos x\,\mathrm{d}x\right)$$

$$= \frac{1}{5}\cos^4 x\sin x + \frac{4}{15}\cos^2 x\sin x + \frac{8}{15}\sin x + C$$

习题 2.4

利用简易积分表求下列不定积分.

(1) $\displaystyle\int \frac{\mathrm{d}x}{x(2+x)^2}$

(2) $\displaystyle\int \frac{\mathrm{d}x}{x^2+2x+5}$

(3) $\displaystyle\int \frac{\mathrm{d}x}{5-4\cos x}$

(4) $\displaystyle\int x\arcsin\frac{x}{2}\,\mathrm{d}x$

(5) $\displaystyle\int \sqrt{9x^2+4}\,\mathrm{d}x$

(6) $\displaystyle\int x^3\ln^2 x\,\mathrm{d}x$

第3章　定积分及其应用

积分学起源于求图形的面积和体积等实际问题. 17 世纪中叶, 牛顿和莱布尼茨先后提出了定积分的概念, 并发现了积分与微分之间的内在联系, 给出了计算定积分的一般方法, 从而才使定积分成为解决有关实际问题的有力工具, 并使各自独立的微分学与积分学联系在一起, 构成完整的理论体系——微积分学. 本章首先由实际问题引入定积分的概念, 然后讨论定积分的性质、微积分基本定理、定积分的计算方法及其在几何、物理上的一些简单应用.

3.1　定积分的概念

3.1.1　定积分的基本思想

1. 曲边梯形的面积

由连续曲线 $y = f(x)(f(x) \geq 0)$, 直线 $x = a, x = b$ 和 x 轴所围成的平面图形称为曲边梯形 (图 3.1).

如何求曲边梯形的面积呢?

矩形的面积 = 底 × 高, 而曲边梯形在底边上各点的高在区间 $[a, b]$ 上是变化的, 故它的面积不能直接按矩形的面积公式来计算. 但是, 由于 $f(x)$ 在区间 $[a, b]$ 上是连续变化的, 在很小一段区间上它的变化也很小, 因此, 若把区间 $[a, b]$ 划分为若干个小区间, 在每个小区间上用其中某一点处的高来近似代替同一小区间上的小曲边梯形的高, 则每个小曲边梯形就可以近似看成小矩形, 就以所有这些小矩形的面积之和作为曲边梯形面积的近似值. 当把区间 $[a, b]$ 无限细分, 使得每个小区间的长度

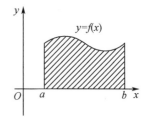

图 3.1

趋近于零时, 所有小矩形面积之和的极限就可以定义为曲边梯形的面积. 具体做法如下.

（1）分割　在区间内任意取 $n - 1$ 个分点

$$a = x_0 < x_1 < x_2 < \cdots < x_{i-1} < x_i < \cdots < x_{n-1} < x_n = b$$

把 $[a, b]$ 分成 n 个小区间

$$[x_0, x_1], [x_1, x_2], \cdots, [x_{i-1}, x_i], \cdots, [x_{n-1}, x_n]$$

记每个小区间的长度为 $\Delta x_i = x_i - x_{i-1}(i = 1, 2, \cdots, n)$. 过各分点作平行于 y 轴的直线, 把曲边梯形相应分成 n 个小曲边梯形 (图 3.2), 它们的面积记为 $\Delta A_i(i = 1, 2, \cdots, n)$.

（2）近似　在每个小区间 $[x_{i-1}, x_i]$ 上任取一点 $\xi_i(x_{i-1} \leq \xi_i \leq x_i)$, 对应的小曲边梯形的面积 ΔA_i 可用以 Δx_i 为底, $f(\xi_i)$ 为高的小矩形面积来近似代替, 即

$$\Delta A_i \approx f(\xi_i) \Delta x_i (i = 1, 2, \cdots, n)$$

（3）求和　把 n 个小矩形的面积相加, 就得到曲边梯形面积 A 的近似值, 即

$$A = \sum_{i=1}^{n} \Delta A_i \approx \sum_{i=1}^{n} f(\xi_i) \Delta x_i$$

（4）取极限　各小区间的长度越小，A 的近似值越精确. 记 $\lambda = \max\limits_{1 \le i \le n} \{\Delta x_i\}$，当 $\lambda \to 0$ 时，和式 $\sum\limits_{i=1}^{n} f(\xi_i) \Delta x_i$ 的极限就是曲边梯形面积的精确值，即

$$A = \lim_{\lambda \to 0} \sum_{i=1}^{n} f(\xi_i) \Delta x_i$$

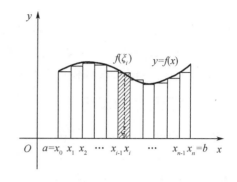

图 3.2

2. 变速直线运动的路程

匀速直线运动的路程 = 速度 × 时间，现在考察变速直线运动. 设物体作变速直线运动，已知速度 $v = v(t)$ 是时间间隔 $[T_1, T_2]$ 上 t 的连续函数，且 $v(t) \ge 0$，求物体在 $[T_1, T_2]$ 内所经过的路程.

在这个问题中，速度随时间 t 而变化，因此，所求路程不能直接按匀速直线运动的公式来计算. 然而，由于 $v(t)$ 是连续变化的，在很短一段时间内，速度的变化也很小，可近似看作是匀速的，因此，若把时间间隔划分为若干个小时间段，在每个小时间段内，以匀速运动代替变速运动，则可以计算出在每个小时间段内路程的近似值；再求和，则得到整个路程的近似值；最后，利用求极限的方法算出路程的精确值. 具体步骤如下.

（1）分割　在时间间隔 $[T_1, T_2]$ 内任意取 $n - 1$ 个分点（图 3.3）

$$T_1 = t_0 < t_1 < t_2 < \cdots < t_{i-1} < t_i < \cdots < t_{n-1} < t_n = T_2$$

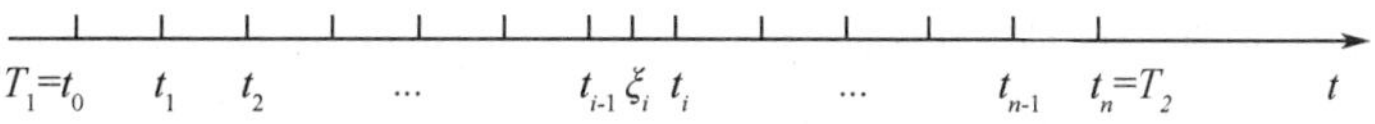

图 3.3

把 $[T_1, T_2]$ 分成 n 个小时间段，即

$$[t_0, t_1], [t_1, t_2], \cdots, [t_{i-1}, t_i], \cdots, [t_{n-1}, t_n]$$

记每个小时间段的长度为 $\Delta t_i = t_i - t_{i-1}(i = 1, 2, \cdots, n)$. 相应地，物体在每个小时间段内经过的路程记作 $\Delta s_i (i = 1, 2, \cdots, n)$.

（2）近似　在每个小时间段 $[t_{i-1}, t_i]$ 上任取一时刻 $\xi_i (t_{i-1} \le \xi_i \le t_i)$，以该时刻的速度 $v(\xi_i)$ 来近似代替 $[t_{i-1}, t_i]$ 上各个时刻的速度，得到物体在 $[t_{i-1}, t_i]$ 内经过的路程 Δs_i 的近似值，即

$$\Delta s_i \approx v(\xi_i) \Delta t_i (i = 1, 2, \cdots, n)$$

（3）求和　把各小时间段内的路程 Δs_i 的近似值加起来，就得到物体在时间间隔 $[T_1, T_2]$ 内经过的路程 s 的近似值，即

$$s = \sum_{i=1}^{n} \Delta s_i \approx \sum_{i=1}^{n} v(\xi_i) \Delta t_i$$

（4）取极限　记 $\lambda = \max\limits_{1 \le i \le n} \{\Delta t_i\}$，当 $\lambda \to 0$ 时，和式 $\sum\limits_{i=1}^{n} v(\xi_i) \Delta t_i$ 的极限就是 s 的精确值，即

$$s = \lim_{\lambda \to 0} \sum_{i=1}^{n} v(\xi_i) \Delta t_i$$

上面两个问题尽管实际背景不同,但解决问题的方法和步骤却完全相同,最终都归结为求同一种和式的极限.在科学技术中,类似的问题还有很多.抛开这些问题的实际意义,把这种求和式极限的过程抽象出来,就可以得到定积分的概念.

3.1.2　定积分的概念

定义　设函数 $f(x)$ 是定义在区间 $[a,b]$ 上的有界函数,在 $[a,b]$ 内任意取 $n-1$ 个分点

$$a = x_0 < x_1 < x_2 < \cdots < x_{i-1} < x_i < \cdots < x_{n-1} < x_n = b$$

把区间 $[a,b]$ 分成 n 个小区间 $[x_0,x_1]$,$[x_1,x_2]$,$\cdots$,$[x_{i-1},x_i]$,$\cdots$,$[x_{n-1},x_n]$,记每个小区间的长度为 $\Delta x_i = x_i - x_{i-1}(i=1,2,\cdots,n)$.在每个小区间 $[x_{i-1},x_i]$ 上任取一点 $\xi_i(x_{i-1} \leq \xi_i \leq x_i)$,作乘积 $f(\xi_i)\Delta x_i(i=1,2,\cdots,n)$,并作和式 $\sum_{i=1}^{n} f(\xi_i)\Delta x_i$.记 $\lambda = \max_{1 \leq i \leq n}\{\Delta x_i\}$,如果不论对区间 $[a,b]$ 怎样划分,也不论在小区间 $[x_{i-1},x_i]$ 上点 ξ_i 如何选取,极限 $\lim_{\lambda \to 0} \sum_{i=1}^{n} f(\xi_i)\Delta x_i$ 都存在,则此极限值称为函数 $f(x)$ 在区间 $[a,b]$ 上的定积分,记作 $\int_a^b f(x)\mathrm{d}x$,即

$$\int_a^b f(x)\mathrm{d}x = \lim_{\lambda \to 0} \sum_{i=1}^{n} f(\xi_i)\Delta x_i$$

其中,$f(x)$ 称为被积函数,$f(x)\mathrm{d}x$ 称为被积表达式,x 称为积分变量,$\int$ 称为积分号,$[a,b]$ 称为积分区间,a 称为积分下限,b 称为积分上限.如果函数 $f(x)$ 在 $[a,b]$ 上的定积分存在,则称 $f(x)$ 在 $[a,b]$ 上可积,否则称为不可积.

关于定积分的定义,作如下几点说明:

(1)定积分的结果是一个数,它只与被积函数 $f(x)$ 和积分区间 $[a,b]$ 有关,而与积分变量用什么字母表示无关,即

$$\int_a^b f(x)\mathrm{d}x = \int_a^b f(t)\mathrm{d}t = \int_a^b f(u)\mathrm{d}u$$

(2)在定积分的定义中,假定 $a<b$,若 $a>b$,$a=b$,补充如下规定:

①当 $a>b$ 时,$\int_a^b f(x)\mathrm{d}x = -\int_b^a f(x)\mathrm{d}x$;

②当 $a=b$ 时,$\int_a^b f(x)\mathrm{d}x = 0$.

函数 $f(x)$ 在 $[a,b]$ 上满足怎样的条件才能可积?关于这个问题,给出下面两个定理.

定理1　如果函数 $f(x)$ 在 $[a,b]$ 上连续,则 $f(x)$ 在 $[a,b]$ 上可积.

定理2　如果函数 $f(x)$ 在 $[a,b]$ 上有界,且只有有限个间断点,则 $f(x)$ 在 $[a,b]$ 上可积.

根据定积分的定义,前面两个例子可以用定积分表示.

由连续曲线 $y=f(x)(f(x) \geq 0)$,直线 $x=a$,$x=b$ 和 x 轴所围成的曲边梯形的面积可表示为

$$A = \int_a^b f(x)\mathrm{d}x$$

物体以变速 $v=v(t)(v(t) \geq 0)$ 作直线运动,从时刻 $t=T_1$ 到时刻 $t=T_2$ 所经过的路程可

表示为

$$s = \int_{T_1}^{T_2} v(t)\,\mathrm{d}t$$

3.1.3　定积分的几何意义

由前面讨论曲边梯形面积的计算可知,当 $f(x) \geqslant 0$ 时,由连续曲线 $y = f(x)$,直线 $x = a$, $x = b$ 和 x 轴所围成的曲边梯形在 x 轴上方,定积分 $\int_a^b f(x)\,\mathrm{d}x$ 表示该曲边梯形的面积,即

$$\int_a^b f(x)\,\mathrm{d}x = A(A \text{ 为该曲边梯形的面积})$$

当 $f(x) < 0$ 时,由连续曲线 $y = f(x)$,直线 $x = a, x = b$ 及 x 轴所围成的曲边梯形在 x 轴下方,定积分 $\int_a^b f(x)\,\mathrm{d}x$ 表示该曲边梯形的面积的负值,即

$$\int_a^b f(x)\,\mathrm{d}x = -A$$

当 $f(x)$ 在 $[a,b]$ 上有正有负时,将在 x 轴上方部分面积值赋予" $+$ "号,在 x 轴下方部分面积值赋予" $-$ "号,则定积分 $\int_a^b f(x)\,\mathrm{d}x$ 表示这些部分面积值的代数和(图 3.4),即

$$\int_a^b f(x)\,\mathrm{d}x = A_1 - A_2 + A_3$$

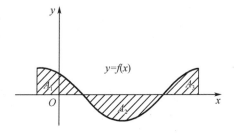

图 3.4

由定积分的几何意义可得:若 $f(x)$ 在 $[a,b]$ 上连续,则

(1)当 $f(x)$ 为偶函数时,有 $\int_{-a}^a f(x)\,\mathrm{d}x = 2\int_0^a f(x)\,\mathrm{d}x$;

(2)当 $f(x)$ 为奇函数时,有 $\int_{-a}^a f(x)\,\mathrm{d}x = 0$.

例　利用定积分的几何意义,说明下列等式:

(1) $\int_0^1 2x\mathrm{d}x = 1$;　　　　　　　　(2) $\int_0^{2\pi} \sin x\mathrm{d}x = 0$.

解　(1)由定积分的几何意义知, $\int_0^1 2x\mathrm{d}x$ 在几何上表示由直线 $y = 2x, x = 0, x = 1$ 和 x 轴所围成图形的面积(图 3.5),而该直角三角形的面积为 1,所以 $\int_0^1 2x\mathrm{d}x = 1$.

(2)由定积分的几何意义知, $\int_0^{2\pi} \sin x\mathrm{d}x$ 在几何上表示由曲线 $y = \sin x$,直线 $x = 0, x = 2\pi$ 和 x 轴所围成图形面积的代数和(图 3.6).注意到该图形在 x 轴上方的面积和 x 轴下方的面积相等,而 $\int_0^{2\pi} \sin x\mathrm{d}x$ 的值为 x 轴上方面积与 x 轴下方面积之差,所以 $\int_0^{2\pi} \sin x\mathrm{d}x = 0$.

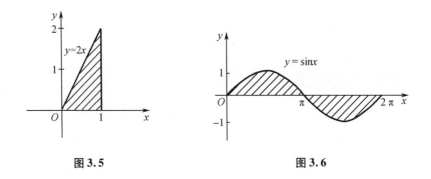

图 3.5   图 3.6

随堂练习 1

根据定积分的几何意义,用定积分表示下列各图中阴影部分的面积.

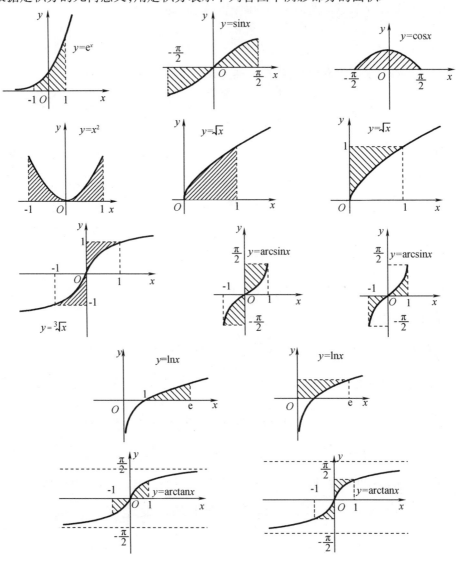

习题 3.1

1. 填空题.

(1) 设有一质量非均匀的细棒,长度为 l,取棒的一端为原点,假设细棒上任一点处的线密度为 $\rho(x)$,用定积分表示细棒的质量 $M = \underline{\hspace{2cm}}$.

(2) 当 $f(x)$ _____ 时,定积分 $\int_a^b f(x)\mathrm{d}x$ 表示由 $y = f(x)$,$x = a$,$x = b$ 与 $y = 0$ 所围成的曲边梯形的面积;当 $f(x)$ _____ 时,定积分 $\int_a^b f(x)\mathrm{d}x$ 的值等于曲边梯形面积前面加上一个 _____ 号.

(3) 由曲线 $y = \ln x$,直线 $x = 1$,$x = \mathrm{e}$ 及 x 轴所围成的曲边梯形的面积,用定积分表示为 _____.

(4) $\int_{\frac{1}{2}}^1 x^2 \ln x \mathrm{d}x$ 的值的符号为 _____.

(5) 利用定积分的几何意义,填写定积分值: $\int_0^1 \sqrt{1 - x^2}\, \mathrm{d}x = \underline{\hspace{2cm}}$.

2. 单项选择题.

(1) 函数 $f(x)$ 在闭区间 $[a,b]$ 上连续是 $f(x)$ 在 $[a,b]$ 上可积的 (　　).

A. 充分条件　　　　B. 必要条件　　　　C. 充分必要条件　　　　D. 既非充分又非必要条件

(2) 定积分 $\int_a^b f(x)\mathrm{d}x$ 的值与 (　　) 无关.

A. 积分变量 x　　　B. 积分区间 $[a,b]$　C. 被积函数　　　　D. 以上结论都不对

(3) 设函数 $f(x)$ 在闭区间 $[a,b]$ 上连续,则 $\int_a^b f(x)\mathrm{d}x - \int_a^b f(t)\mathrm{d}t$ (　　).

A. 小于零　　　　　B. 等于零　　　　　C. 大于零　　　　　D. 不确定

(4) 下列定积分其值为负数的是 (　　).

A. $\int_0^{\frac{\pi}{2}} \sin x \mathrm{d}x$　　　B. $\int_{\frac{\pi}{2}}^{\pi} \sin x \mathrm{d}x$　　　C. $\int_0^1 x^3 \mathrm{d}x$　　　D. $\int_{-\frac{\pi}{2}}^0 \sin x \mathrm{d}x$

(5) 设函数 $f(x)$ 在 $[a,b]$ 上连续,则由曲线 $y = f(x)$ 与直线 $x = a$,$x = b$,$y = 0$ 所围平面图形的面积为 (　　).

A. $\int_a^b f(x)\mathrm{d}x$　　　B. $\left| \int_a^b f(x)\mathrm{d}x \right|$　　　C. $\int_a^b |f(x)|\mathrm{d}x$　　　D. $-\int_a^b f(x)\mathrm{d}x$

3. 利用定积分的几何意义,推出下列定积分的值.

(1) $\int_0^1 x \mathrm{d}x$ 　　　　　　　　　(2) $\int_a^b \mathrm{d}x$

(3) $\int_0^{\pi} \cos x \mathrm{d}x$ 　　　　　　　(4) $\int_{-1}^1 x^3 \mathrm{d}x$

4. 一物体以速度 $v = gt(\mathrm{m/s})$ 作自由落体运动,用定积分表示该物体从第 2 s 开始,经 10 s 后所经过的路程.

5. 已知电流强度 I 与时间 t 的函数关系是连续函数 $I = I(t)$,试用定积分表示从时刻 $t = 0$ 到 $t = T$ 这一段时间内流过导体横截面的电量 Q.

6. 用定积分表示由曲线 $y = x^2 + 1$ 与直线 $x = 1, x = 3$ 及 x 轴所围成的曲边梯形的面积.

7. 一物体以速度 $v = 2t + 1$ 作直线运动,用定积分表示该物体在时间 $[1,3]$ 内所经过的路程 s,说明几何意义,并利用几何意义算出定积分的值.

8. 质点作圆周运动,在时刻 t 的角速度为 $\omega = \omega(t)$,试用定积分表示该质点从时刻 t_1 到时刻 t_2 所转过的角度 θ.

9. 用定积分表示由曲线 $y = x^3$,直线 $x = 1, x = 2$ 及 $y = 0$ 所围成的曲边梯形的面积.

10. 利用定积分的几何意义说明下列各式.

(1) $\int_{-\pi}^{\pi} \sin x \, \mathrm{d}x = 0$ 　　　　　　　　(2) $\int_{-\frac{\pi}{2}}^{\frac{\pi}{2}} \cos x \, \mathrm{d}x = 2\int_{0}^{\frac{\pi}{2}} \cos x \, \mathrm{d}x$

(3) $\int_{0}^{a} \sqrt{a^2 - x^2} \, \mathrm{d}x = \dfrac{\pi a^2}{4}$ 　　　　　(4) $\int_{0}^{1} (1 - x) \, \mathrm{d}x = \dfrac{1}{2}$

趣解数学

定积分和不定积分二者分不清楚? 是时候看看这个二维码了.

3.2　定积分的性质和微积分基本定理

3.2.1　定积分的基本性质

下面介绍定积分的基本性质,它们是对定积分进行计算和估计的基础. 假设以下所涉及函数在所讨论的区间上都是可积的.

性质1(线性性质)　设 k_1, k_2 为任意常数,则

$$\int_{a}^{b} \left[k_1 f_1(x) + k_2 f_2(x) \right] \mathrm{d}x = k_1 \int_{a}^{b} f_1(x) \, \mathrm{d}x + k_2 \int_{a}^{b} f_2(x) \, \mathrm{d}x$$

这个性质可以推广到有限个函数的情形.

性质2(区间可加性)　$\int_{a}^{b} f(x) \, \mathrm{d}x = \int_{a}^{c} f(x) \, \mathrm{d}x + \int_{c}^{b} f(x) \, \mathrm{d}x$

性质3(积分不等式)　若在 $[a,b]$ 上有 $f(x) \leqslant g(x)$,则

$$\int_{a}^{b} f(x) \, \mathrm{d}x \leqslant \int_{a}^{b} g(x) \, \mathrm{d}x$$

性质4(估值定理)　若在区间 $[a,b]$ 上,$f(x)$ 的最大值与最小值分别是 M 和 m,则

$$m(b - a) \leqslant \int_{a}^{b} f(x) \, \mathrm{d}x \leqslant M(b - a)$$

性质5(中值定理)　如果函数 $f(x)$ 在闭区间 $[a,b]$ 上连续,则在区间 $[a,b]$ 上至少存在一点 ξ,使得

$$\int_{a}^{b} f(x) \, \mathrm{d}x = f(\xi)(b - a) \quad (a \leqslant \xi \leqslant b)$$

性质4、性质5 的几何意义如图 3.7、图 3.8 所示.

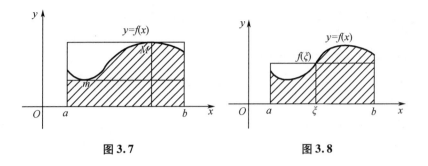

图 3.7　　　　　　　　　　　　图 3.8

3.2.2　微积分基本定理

在上一节中学习了定积分的定义. 但是,直接用定义计算定积分往往是非常困难的,有时甚至是不可能的. 因此,必须寻求简便有效的计算定积分的方法.

定理 1　若函数 $F(x)$ 是连续函数 $f(x)$ 在区间 $[a,b]$ 上的一个原函数,则

$$\int_a^b f(x)\,dx = F(b) - F(a) \tag{3.1}$$

这个定理称为微积分基本定理,它充分揭示了微分与积分之间的内在联系. 式(3.1)称为微积分基本公式或牛顿 – 莱布尼茨公式,它巧妙地把定积分的计算问题与不定积分联系起来,把定积分的计算问题转化为求被积函数的一个原函数在区间 $[a,b]$ 上的增量的问题.

式(3.1)也常记作

$$\int_a^b f(x)\,dx = F(x)\,\Big|_a^b = F(b) - F(a)$$

例 1　求 $\int_0^1 x^2 dx$.

解　因为 $\dfrac{x^3}{3}$ 是 x^2 的一个原函数,所以由牛顿 – 莱布尼茨公式得

$$\int_0^1 x^2 dx = \frac{x^3}{3}\,\Big|_0^1 = \frac{1}{3}$$

其几何意义如图 3.9 所示.

例 2　求 $\int_0^\pi \sin x dx$.

解　因为 $-\cos x$ 是 $\sin x$ 的一个原函数,所以由牛顿 – 莱布尼茨公式得

$$\int_0^\pi \sin x dx = -\cos x\,\Big|_0^\pi = -\cos\pi + \cos 0 = 2$$

其几何意义如图 3.10 所示.

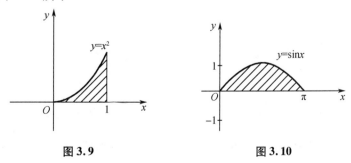

图 3.9　　　　　　　　　　　　图 3.10

3.2.3 定积分的计算

1. 直接利用牛顿－莱布尼茨公式

例 3 求 $\int_0^2 |1 - x| \, dx$.

解 $\int_0^2 |1 - x| \, dx = \int_0^1 (1 - x) \, dx + \int_1^2 (x - 1) \, dx = \left(x - \frac{1}{2} x^2 \right) \Big|_0^1 + \left(\frac{1}{2} x^2 - x \right) \Big|_1^2 = 1$

注 当被积函数带有绝对值时,需先去掉绝对值,可以应用定积分的区间可加性,把原积分变成若干个积分的和.

例 4 求 $\int_{-2}^2 \left(x^2 |x| + \frac{x \cos x}{\sqrt{1 + x^4}} \right) dx$.

解 $\int_{-2}^2 \left(x^2 |x| + \frac{x \cos x}{\sqrt{1 + x^4}} \right) dx = \int_{-2}^2 x^2 |x| \, dx + \int_{-2}^2 \frac{x \cos x}{\sqrt{1 + x^4}} dx$

因为积分区间 $[-2, 2]$ 关于原点对称,且 $\frac{x \cos x}{\sqrt{1 + x^4}}$ 是奇函数,$x^2 |x|$ 是偶函数,所以

$$\int_{-2}^2 \left(x^2 |x| + \frac{x \cos x}{\sqrt{1 + x^4}} \right) dx = 0 + 2 \int_0^2 x^2 |x| \, dx = 2 \int_0^2 x^3 \, dx = \frac{x^4}{2} \Big|_0^2 = 8$$

2. 定积分的换元积分法

定理 若函数 $f(x)$ 在 $[a, b]$ 上连续,函数 $x = \varphi(t)$ 在以 α, β 为端点的区间上单调且具有连续的导数,又 $\varphi(\alpha) = a, \varphi(\beta) = b$,则

$$\int_a^b f(x) \, dx = \int_\alpha^\beta f[\varphi(t)] \varphi'(t) \, dt$$

例 5 求 $\int_0^\pi \sqrt{\sin x - \sin^3 x} \, dx$.

解 $\int_0^\pi \sqrt{\sin x - \sin^3 x} \, dx = \int_0^\pi \sqrt{\sin x} \, |\cos x| \, dx$

$$= \int_0^{\frac{\pi}{2}} \sqrt{\sin x} \cos x \, dx - \int_{\frac{\pi}{2}}^\pi \sqrt{\sin x} \cos x \, dx$$

$$= \int_0^{\frac{\pi}{2}} \sqrt{\sin x} \, d(\sin x) - \int_{\frac{\pi}{2}}^\pi \sqrt{\sin x} \, d(\sin x)$$

$$= \frac{2}{3} (\sin x)^{\frac{3}{2}} \Big|_0^{\frac{\pi}{2}} - \frac{2}{3} (\sin x)^{\frac{3}{2}} \Big|_{\frac{\pi}{2}}^\pi = \frac{4}{3}$$

例 6 求 $\int_0^{\ln 2} \sqrt{e^x - 1} \, dx$.

解 令 $\sqrt{e^x - 1} = t$,则 $x = \ln(t^2 + 1)$,$dx = \frac{2t}{t^2 + 1} dt$. 当 $x = 0$ 时,$t = 0$;当 $x = \ln 2$ 时,$t = 1$. 于是

$$\int_0^{\ln 2} \sqrt{e^x - 1} \, dx = \int_0^1 t \cdot \frac{2t}{t^2 + 1} dt = 2 \int_0^1 \left(1 - \frac{1}{t^2 + 1} \right) dt = 2(t - \arctan t) \Big|_0^1 = 2 - \frac{\pi}{2}$$

注 用换元积分法时,如果引入新的变量,则换元要换限,求得关于新变量的原函数

后,直接将新的积分上、下限代入新的积分变量计算即可.使用凑微分法时,如果没有换元过程,就无须换限,只需求出原函数后,将积分上、下限直接代入原积分变量计算即可.

3. 定积分的分部积分法

设函数 $u(x)$ 和 $v(x)$ 在区间 $[a,b]$ 上都是连续可微的,则有 $\mathrm{d}(uv) = u\mathrm{d}v + v\mathrm{d}u$.移项得

$$u\mathrm{d}v = \mathrm{d}(uv) - v\mathrm{d}u$$

对等式两端分别在 $[a,b]$ 上求定积分,得

$$\int_a^b u\mathrm{d}v = \int_a^b \mathrm{d}(uv) - \int_a^b v\mathrm{d}u$$

由牛顿 - 莱布尼茨公式有

$$\int_a^b u\mathrm{d}v = uv \Big|_a^b - \int_a^b v\mathrm{d}u$$

上式称为定积分的分部积分公式.与不定积分的分部积分公式不同的是,这里可将 uv 先代上、下限求值,这样做比完全把原函数求出来再代上、下限简便一些.

例 7　求 $\int_0^{\frac{\pi}{2}} x\cos x\,\mathrm{d}x$.

解　$\int_0^{\frac{\pi}{2}} x\cos x\,\mathrm{d}x = \int_0^{\frac{\pi}{2}} x\mathrm{d}(\sin x) = x\sin x \Big|_0^{\frac{\pi}{2}} - \int_0^{\frac{\pi}{2}} \sin x\,\mathrm{d}x = \frac{\pi}{2} + \cos x \Big|_0^{\frac{\pi}{2}} = \frac{\pi}{2} - 1$

习题 3.2

1. 求下列定积分.

(1) $\int_0^{\frac{1}{2}} \dfrac{1}{\sqrt{1-x^2}}\mathrm{d}x$

(2) $\int_{-2}^{-1} \dfrac{1}{x}\mathrm{d}x$

(3) $\int_0^1 (\mathrm{e}^x + \mathrm{e}^{-x})\mathrm{d}x$

(4) $\int_0^1 (3x^2 - 2x + 1)\mathrm{d}x$

(5) $\int_0^1 \dfrac{3x^4 + 3x^2 + 1}{x^2 + 1}\mathrm{d}x$

(6) $\int_0^{\frac{\pi}{4}} \tan^2 x\,\mathrm{d}x$

(7) $\int_{-\frac{\pi}{2}}^{\frac{\pi}{2}} (\sin x - \cos x)\mathrm{d}x$

(8) $\int_0^{\pi} \sqrt{1 + \cos 2x}\,\mathrm{d}x$

(9) $\int_0^{2\pi} |\sin x|\,\mathrm{d}x$

(10) $\int_{-1}^1 |x|\,\mathrm{d}x$

(11) $\int_0^{\frac{\pi}{2}} |\sin x - \cos x|\,\mathrm{d}x$

(12) $\int_0^{\frac{\pi}{4}} \sec^4 x\tan x\,\mathrm{d}x$

(13) $\int_{-1}^1 \dfrac{\mathrm{e}^x}{1 + \mathrm{e}^x}\mathrm{d}x$

(14) $\int_0^1 \dfrac{x}{\sqrt{4 - x^2}}\mathrm{d}x$

(15) $\int_{-\frac{\pi}{2}}^{\frac{\pi}{2}} \sqrt{\cos x - \cos^3 x}\,\mathrm{d}x$

(16) $\int_0^3 \dfrac{x}{1 + \sqrt{1 + x}}\mathrm{d}x$

(17) $\int_0^4 \dfrac{1 - \sqrt{x}}{1 + \sqrt{x}}\mathrm{d}x$

(18) $\int_{-\pi}^{\pi} x^4\sin x\,\mathrm{d}x$

2. 求下列定积分.

(1) $\int_1^{\mathrm{e}} \ln x\,\mathrm{d}x$

(2) $\int_0^1 \arctan x\,\mathrm{d}x$

(3) $\int_0^1 \arcsin x\,\mathrm{d}x$

(4) $\int_1^4 \dfrac{\ln x}{\sqrt{x}}\mathrm{d}x$

(5) $\int_{-1}^1 \dfrac{x\mathrm{d}x}{\sqrt{5 - 4x}}$

(6) $\int_0^{\pi^2} \sin\sqrt{x}\,\mathrm{d}x$

(7) $\int_0^1 x\mathrm{e}^{-x}\mathrm{d}x$

(8) $\int_0^{2\pi} \mathrm{e}^x\cos x\,\mathrm{d}x$

(9) $\int_0^{\frac{\pi}{2}} x\sin 2x\,\mathrm{d}x$

$(10)\displaystyle\int_0^{\frac{\pi}{2}}\mathrm{e}^x\sin x\mathrm{d}x$

3.3 定积分的应用

3.3.1 元素法

定积分是求某种总量的数学模型,它在几何学、物理学、经济学、社会学等方面都有着广泛的应用,显示了它的巨大魅力.也正是这些广泛的应用,推动了积分学的不断发展和完善,因此,在学习的过程中,不仅要掌握某些计算实际问题的公式,更重要地还在于深刻领会用定积分解决实际问题的基本思想和方法——元素法(或微元法),不断积累和提高数学的应用能力.

在实际问题中,所求量 A 能用定积分表示须满足如下条件:

(1)A 与某个变量 x 及其变化区间 $[a,b]$ 有关;

(2)当区间 $[a,b]$ 被任意分成若干个部分区间时,A 相应地被分成若干个部分量 ΔA,且 $A = \sum \Delta A$,这时称所求量 A 对于变量的变化区间 $[a,b]$ 具有可加性.

A 满足上述条件,由定积分定义有 $A = \displaystyle\int_a^b f(x)\mathrm{d}x$.

具体求解过程如下:

(1)根据实际问题确定定积分变量 x 及积分区间 $[a,b]$;

(2)在 $[a,b]$ 内任取区间元素 $[x,x+\mathrm{d}x]$,求其对应的部分量 ΔA 的近似值 $\mathrm{d}A$,$\mathrm{d}A$ 称为所求量 A 的元素(或微元);

根据实际问题,寻找 A 的元素 $\mathrm{d}A$ 时,常采用"以直代曲""以不变代变"等方法,使 $\mathrm{d}A$ 表达为某个连续函数 $f(x)$ 与 $\mathrm{d}x$ 的乘积形式,即

$$\Delta A \approx \mathrm{d}A = f(x)\mathrm{d}x$$

(3)将 A 的元素 $\mathrm{d}A$ 在 $[a,b]$ 上积分,即得所求量 A.

$$A = \int_a^b \mathrm{d}A = \int_a^b f(x)\mathrm{d}x$$

这种用定积分表达具有可加性量问题的方法称为元素法(或微元法).

3.3.2 定积分在几何上的应用

1. 平面图形的面积

设函数 $y=f(x)$,$y=g(x)$ 均在区间 $[a,b]$ 上连续,且 $f(x) \geqslant g(x)$,$x \in [a,b]$,计算由 $y=f(x)$,$y=g(x)$,$x=a$,$x=b$ 所围成的平面图形的面积.

分析求解如下:

(1)如图 3.11 所示,该图形对应变量 x 的变化区间为 $[a,b]$,所求平面图形的面积 A 对区间 $[a,b]$ 具有可加性;

(2)在区间 $[a,b]$ 内,任取一小区间 $[x,x+\mathrm{d}x]$,其所对应的小曲边图形的面积可用以 $\mathrm{d}x$ 为底 $f(x) - g(x)$ 为高的小矩形的面积(图 3.11 中阴影部分的面积)近似代替,即面积微元为

$$\mathrm{d}A = [f(x) - g(x)]\mathrm{d}x$$

（3）所求图形的面积

$$A = \int_a^b [f(x) - g(x)] dx$$

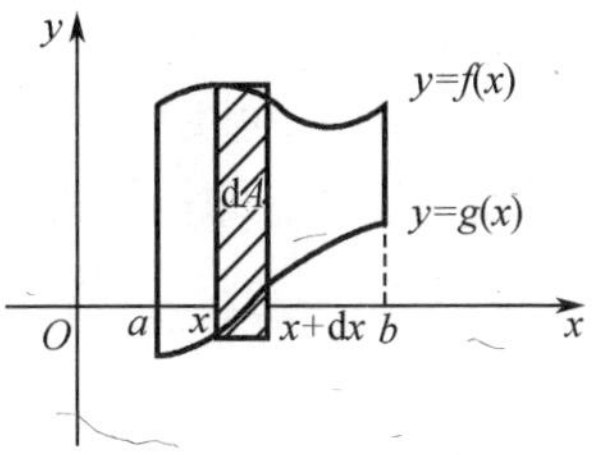

例 1 求由曲线 $y = x^2$ 及 $y = 2 - x^2$ 所围成的平面图形的面积.

解 如图 3.12 所示，由 $\begin{cases} y = x^2 \\ y = 2 - x^2 \end{cases}$ 求出交点坐标为 $(-1, 1), (1, 1)$，积分变量 x 的变化区间为 $[-1, 1]$，面积微元

$$dA = (2 - x^2 - x^2) dx = 2(1 - x^2) dx$$

于是所求面积为

$$A = \int_{-1}^1 2(1 - x^2) dx = 4 \int_0^1 (1 - x^2) dx = 4 \left(x - \frac{x^3}{3} \right) \Big|_0^1 = \frac{8}{3}$$

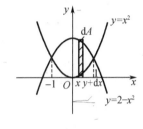

图 3.11

若平面图形是由连续曲线 $x = \varphi(y), x = \psi(y) (\psi(y) \leq \varphi(y)), y = c, y = d (c < d)$ 围成的，其面积如何表达呢？分析求解如下：

（1）如图 3.13 所示，该图形对应变量 y 的变化区间为 $[c, d]$，且所求面积 A 对区间 $[c, d]$ 具有可加性；

（2）在 y 的变化区间 $[c, d]$ 内，任取一小区间 $[y, y + dy]$，其所对应的小曲边图形的面积可用以 $\varphi(y) - \psi(y)$ 为长，以 dy 为宽的小矩形面积近似代替，即面积微元为

$$dA = [\varphi(y) - \psi(y)] dy$$

于是所求面积

$$A = \int_c^d [\varphi(y) - \psi(y)] dy$$

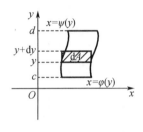

图 3.12

图 3.13

例 2 求由曲线 $x = y^2$，直线 $y = x - 2$ 所围成的平面图形的面积.

解 如图 3.14 所示，由 $\begin{cases} x = y^2 \\ y = x - 2 \end{cases}$ 解得交点坐标为 $(1, -1)$, $(4, 2)$，则该图形对应变量 y 的变化区间为 $[-1, 2]$，面积微元

$$dA = (y + 2 - y^2) dy$$

于是所求面积

$$A = \int_{-1}^2 dA = \int_{-1}^2 (y + 2 - y^2) dy$$

$$= \left(\frac{1}{2} y^2 + 2y - \frac{y^3}{3} \right) \Big|_{-1}^2 = \frac{9}{2}$$

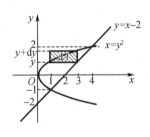

图 3.14

2. 旋转体的体积

一平面图形绕着该平面内的一条定直线旋转一周所成的几何体称为旋转体，这条定直线称为旋转体的轴. 如圆柱、圆锥、球等都是旋转体.

设一旋转体是由连续曲线 $y = f(x)$，直线 $x = a, x = b (a < b)$ 及 x 轴所围成的曲边梯形绕 x 轴旋转一周所成的（图 3.15），下面用元素法求其体积 V_x.

取 x 为积分变量,其变化区间为 $[a,b]$,在 $[a,b]$ 上任取一小区间 $[x,x+\mathrm{d}x]$,其上相应小曲边梯形绕 x 轴旋转一周而成的小薄片的体积可用以 $f(x)$ 为底面半径,以 $\mathrm{d}x$ 为高的小圆柱的体积近似代替,即得体积元素为

$$\mathrm{d}V_x = \pi f^2(x)\mathrm{d}x$$

从而

$$V_x = \pi\int_a^b f^2(x)\mathrm{d}x$$

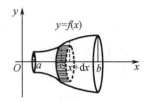

图 3.15

同理,由连续曲线 $x=\varphi(y)$,直线 $y=c,y=d(c<d)$ 及 y 轴所围成的曲边梯形绕 y 轴旋转一周而成的旋转体(图 3.16)的体积为

$$V_y = \pi\int_c^d \varphi^2(y)\mathrm{d}y$$

例 3 求椭圆 $\dfrac{x^2}{a^2}+\dfrac{y^2}{b^2}=1$ 分别绕 x 轴和 y 轴旋转而成的椭球体的体积.

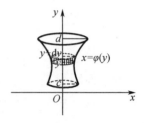

图 3.16

解 如图 3.17 所示,若椭圆绕 x 轴旋转,积分变量 x 的变化区间为 $[-a,a]$,因为 $y=f(x)=\dfrac{b}{a}\sqrt{a^2-x^2}$,于是体积

$$V_x = \int_{-a}^a \pi\left(\frac{b}{a}\sqrt{a^2-x^2}\right)^2\mathrm{d}x = \frac{2b^2}{a^2}\pi\int_0^a(a^2-x^2)\mathrm{d}x$$

$$= \frac{2b^2}{a^2}\pi\left(a^2x-\frac{x^3}{3}\right)\Big|_0^a = \frac{4}{3}\pi ab^2$$

若椭圆绕 y 轴旋转,积分变量 y 的变化区间为 $[-b,b]$,因为 $x=\varphi(y)=\dfrac{a}{b}\sqrt{b^2-y^2}$,于是体积

$$V_y = \int_{-b}^b \pi\left(\frac{a}{b}\sqrt{b^2-y^2}\right)^2\mathrm{d}y = \frac{2a^2}{b^2}\pi\int_0^b(b^2-y^2)\mathrm{d}y$$

$$= \frac{2a^2}{b^2}\pi\left(b^2y-\frac{y^3}{3}\right)\Big|_0^b = \frac{4}{3}\pi a^2 b$$

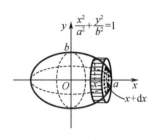

图 3.17

例 4 求由两条抛物线 $y=x^2,y^2=x$ 所围成的平面图形绕 x 轴旋转一周所成的旋转体的体积.

解 所求体积应为两个旋转体的体积之差(图 3.18).

$$V_x = \pi\int_0^1 x\mathrm{d}x - \pi\int_0^1 x^4\mathrm{d}x = \pi\cdot\frac{x^2}{2}\Big|_0^1 - \pi\cdot\frac{x^5}{5}\Big|_0^1$$

$$= \pi\left(\frac{1}{2}-\frac{1}{5}\right) = \frac{3}{10}\pi$$

3.3.3　定积分在物理学上的应用

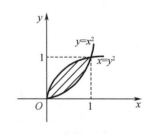

图 3.18

1. 变力所做的功

如果一个物体在恒力 F 的作用下沿力 F 的方向移动距离 s,则力 F 对物体所做的功为 $W=Fs$.

如果一个物体在变力 $F(x)$ 的作用下作直线运动,不妨设其沿 Ox 轴运动,那么当物体由 Ox 轴上的点 a 移动到点 b 时,变力 $F(x)$ 对物体所做的功是多少呢?

仍采用元素法,所求功 W 对区间 $[a,b]$ 具有可加性,设变力 $F(x)$ 是连续变化的,分割区间 $[a,b]$,任取一小区间 $[x,x+\mathrm{d}x]$,由 $F(x)$ 的连续性,当物体在 $\mathrm{d}x$ 这一小段路径上移动时,$F(x)$ 的变化很小,可近似看作是不变的,则变力 $F(x)$ 在小段路径 $\mathrm{d}x$ 上所做的功可近似看作是恒力做功的问题,于是得到功的元素为

$$\mathrm{d}W = F(x)\mathrm{d}x$$

将元素在 $[a,b]$ 上积分,得到整个区间上力所做的功

$$W = \int_a^b F(x)\mathrm{d}x$$

用元素法解决变力做功问题,关键是正确确定变力 $F(x)$ 及 x 的变化区间 $[a,b]$.

例5　有一弹簧,用4N 的力可以把它拉长 0.01 m,求把弹簧拉长 0.2 m 拉力所做的功.

解　由胡克定律知,在弹性限度内,弹簧拉长的长度与所受外力成正比,即

$$F(x) = kx(k \text{ 为比例系数})$$

由已知当 $x = 0.01$ m 时,$F(x) = 4$ N,代入上式得

$$k = \frac{F(x)}{x} = \frac{4}{0.01} = 400 \text{ N/m}$$

故 $F(x) = 400x$,所以拉力所做的功为

$$W = \int_0^{0.2} 400x\mathrm{d}x = 200x^2 \Big|_0^{0.2} = 8 \text{ J}$$

2. 液体的压力

现有一面积为 A 的平板,水平置于密度为 ρ、深度为 h 的液体中,则平板一侧所受的压力为

$$F = \text{压强} \times \text{面积} = pA = h\rho gA(p \text{ 为水深 } h \text{ 处的压强})$$

若将平板垂直放于该液体中,对应不同的液体深度,压强也不同,那么平板所受压力该如何求解呢?

如图 3.19 所示,建立直角坐标系,设平板边缘的曲线方程为 $y = f(x)(a \leqslant x \leqslant b)$,则所求压力 F 对区间 $[a,b]$ 具有可加性,现用元素法来求解.

在 $[a,b]$ 上任取一小区间 $[x,x+\mathrm{d}x]$,其对应的小窄条上各点液面深度可近似看成 x,且液体对它的压力可近似看成长为 $f(x)$、宽为 $\mathrm{d}x$ 的小矩形所受的压力,即压力微元为

$$\mathrm{d}F = \rho gxf(x)\mathrm{d}x$$

于是所求压力为

$$F = \int_a^b \rho gxf(x)\mathrm{d}x$$

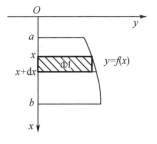

图 3.19

例6　设水渠的闸门与水面垂直,水渠的纵切面是等腰梯形,下底长 4 m,上底长 6 m,高 6 m,当水渠灌满水时,求闸门所受的水压力.

解　如图 3.20 所示,建立直角坐标系,直线 AB 的方程为 $y = -\frac{1}{6}x + 3$. 取 x 为积分变量,积分区间为 $[0,6]$,压力元素为

$$dF = 2\rho g x\left(-\frac{1}{6}x + 3\right)dx$$

所以闸门所受压力为

$$F = \int_0^6 2\rho g x\left(-\frac{1}{6}x + 3\right)dx = 2\rho g\left(\frac{3}{2}x^2 - \frac{1}{18}x^3\right)\Big|_0^6$$

$$= 84\rho g \approx 8.232 \times 10^5 \text{ N} \quad (\rho = 10^3 \text{ kg/m}^3)$$

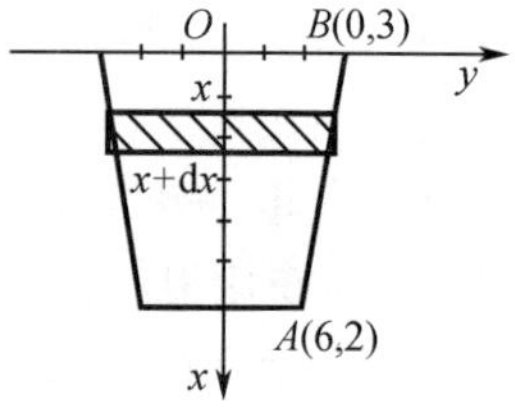

3. 平均值

由积分中值定理：$\int_a^b f(x)dx = f(\xi)(b-a)(a \le \xi \le b)$，可

得

$$f(\xi) = \frac{1}{b-a}\int_a^b f(x)dx$$

数值 $\frac{1}{b-a}\int_a^b f(x)dx$ 的几何意义为连续曲线 $f(x)$ 在区间 $[a,b]$ 上的平均高度,称为函数 $f(x)$ 在区间 $[a,b]$ 上的平均值. 这一概念是对有限个数的平均值概念的拓展,可以用它来计算作变速直线运动的物体在指定时间间隔内的平均速度等.

例 7 设一物体作自由落体运动,计算从 0 s 到 T s 这段时间内的平均速度.

解 自由落体运动的速度 $v = gt$,故所求平均速度为

$$\bar{v} = \frac{1}{T-0}\int_0^T gt\,dt = \frac{1}{2T}gt^2\Big|_0^T = \frac{1}{2}gT$$

习题 3.3

1. 填空题.

(1)由曲线 $y = \cos x$ 及 x 轴围成的介于 0 与 2π 之间的平面图形的面积,利用定积分应表示为_____.

(2)求由曲线 $y^2 = x$ 与直线 $y = -x + 2$ 所围成的平面图形面积时,选_____为积分变量,计算比较简单.

(3)由连续曲线 $y = f(x)(f(x) \ge 0)$,直线 $x = a$, $x = b(a < b)$ 及 Ox 轴所围成的平面图形绕 Ox 轴旋转而成的旋转体的体积 $V =$ _____.

(4)由曲线 $y = \sqrt{x}$,直线 $y = 1$ 及 y 轴围成的平面图形绕 y 轴旋转而成的旋转体的体积为_____.

(5)设某产品总产量的变化率为 $\frac{dQ}{dt} = f(t)$,则从 $t = a$ 时刻到 $t = b$ 时刻的总产量 $Q =$ _____.

2. 单项选择题.

(1)求由曲线 $y = e^x$,直线 $x = 2$, $y = 1$ 围成的平面图形的面积时,若选择 x 为积分变量,则积分区间为( ).

A. $[0, e^2]$ B. $[0, 2]$ C. $[1, 2]$ D. $[0, 1]$

(2)由曲线 $y = x^2$,直线 $x = -1$, $x = 1$, $y = 0$ 围成的平面图形的面积为( ).

A. $\int_{-1}^1 x^2 dx$ B. $\int_0^1 x^2 dx$ C. $\int_0^1 \sqrt{y}\,dy$ D. $2\int_0^1 \sqrt{y}\,dy$

图 3.20

（3）由曲线 $y=\sqrt{x}$，直线 $x=1$，$y=0$ 围成的平面图形绕 x 轴旋转所成的旋转体的体积为（　　）．

A. $\int_0^1 \pi y \mathrm{d}y$　　　　　B. $\int_0^1 x^2 \mathrm{d}x$　　　　　C. $\int_0^1 \pi y^2 \mathrm{d}y$　　　　　D. $\int_0^1 \pi x \mathrm{d}x$

（4）由曲线 $y=x^2$，直线 $y=x$ 围成的平面图形绕 x 轴旋转所成的旋转体的体积为（　　）．

A. $\int_0^1 \pi(x^2-x)\mathrm{d}x$　　　B. $\int_0^1 \pi(x^2-x^4)\mathrm{d}x$　　　C. $\int_0^1 \pi(x-x^2)\mathrm{d}x$　　　D. $\int_0^1 \pi(x-x^4)\mathrm{d}x$

（5）将边长为 1 m 的正方形薄片垂直放于密度为 ρ 的液体中，使其上边与液面距离为 2 m，则该正方形薄片所受液体压力为（　　）．

A. $\int_2^3 x\rho g \mathrm{d}x$　　　　B. $\int_1^2 (x+2)\rho g \mathrm{d}x$　　　C. $\int_0^1 x\rho g \mathrm{d}x$　　　D. $\int_2^3 (x+1)\rho g \mathrm{d}x$

3. 求由曲线 $y=x^2$，直线 $x=1$ 及 x 轴所围图形分别绕 x 轴及 y 轴旋转所成旋转体的体积.

4. 弹簧在拉伸过程中，需要的力 F（单位：N）与伸长量 s（单位：m）成正比，即 $F=ks$（k 为弹性系数），试计算将弹簧由原长拉伸 6 cm 所做的功.

5. 设水渠的闸门和水面垂直，水渠的纵切面是等腰梯形，它的上底边长 10 m，下底边长 6 m，高 10 m，较长的底边与水面相齐，计算闸门的一侧所受的水压力.

6. 求函数 $f(x)=3x^2+2x+1$ 在区间 $[1,2]$ 上的平均值.

7. 求由曲线 $y=\ln x$ 与直线 $x=\mathrm{e}$，$y=0$ 所围成的平面图形分别绕 x 轴和 y 轴旋转所得旋转体的体积.

8. 一个横放着的圆柱形水桶，桶内盛有半桶水，设桶的底面半径为 R，水的密度为 ρ，计算桶的一端面上所受的压力.

第4章 常微分方程初步

利用函数关系对客观事物的规律性进行研究是经常用到的方法.然而,在许多问题中,往往不能直接找出所需要的函数关系,却可以根据问题所提供的情况列出未知函数及其导数(或微分)的关系式,这种关系式就是微分方程.本章主要讨论微分方程的基本概念、一些简单微分方程的解法及微分方程在几何、物理等方面的应用.

4.1 微分方程的概念

4.1.1 微分方程的基本概念

1.引例

例1 已知一曲线经过点$(1,0)$,且曲线上任意一点$M(x,y)$处切线的斜率为$3x^2$,求该曲线的方程.

解 设所求曲线的方程为$y=f(x)$.根据导数的几何意义可知:未知函数$y=f(x)$应满足关系式

$$\frac{dy}{dx} = 3x^2 \tag{1}$$

由于曲线过点$(1,0)$,因此有

$$\text{当}\ x = 1\ \text{时},y = 0 \tag{2}$$

对式(1)两端积分,得

$$y = \int 3x^2 dx$$

$$y = x^3 + C \tag{3}$$

将式(2)代入式(3)得$C = -1$.即所求曲线方程为

$$y = x^3 - 1 \tag{4}$$

2.微分方程的基本概念

(1)微分方程

含有未知函数的导数(或微分)的等式称为微分方程.

未知函数是一元函数的微分方程称为常微分方程.

未知函数是多元函数的微分方程称为偏微分方程.

例如,例1中式(1)为常微分方程.本章只讨论常微分方程的简单知识,并将其简称为微分方程.

(2)微分方程的阶

在一个微分方程中,未知函数的导数或微分的最高阶数称为微分方程的阶.

例如,例1中式(1)是一阶微分方程,$y'' + y' - 12y = 0$是二阶微分方程,$y''' = 3x$是三阶微分方程.

（3）微分方程的解

如果把某个函数以及它的各阶导数代入微分方程，能使微分方程成为恒等式，则这个函数称为微分方程的解.

例如，例 1 中式（4）是微分方程（1）的解.

若微分方程的解中含有任意常数，且相互独立的任意常数的个数正好与方程的阶数相同，这样的解称为微分方程的通解.

若微分方程的解中不含任意常数，则该解称为微分方程的特解.

例如，例 1 中式（3）是微分方程（1）的通解，式（4）是微分方程（1）的特解.

求微分方程解的过程称为解微分方程.

（4）初始条件

由于通解中含有任意常数，所以它不能完全确定地反映某一客观事物的规律性，有时需要确定这些常数的值. 为此要根据问题的实际情况，提出确定这些常数的条件. 例如，例 1 中的条件（2）便是这样的条件，称为初始条件.

设微分方程中的未知函数为 $y = y(x)$，如果微分方程是一阶的，通常用来确定任意常数的初始条件为

$$当\ x = x_0\ 时, y = y_0$$

或写成 $y\big|_{x=x_0} = y_0$，其中 x_0, y_0 都是给定的值. 如果微分方程是二阶的，通常用来确定任意常数的初始条件为

$$当\ x = x_0\ 时, y = y_0, y' = y_0'$$

或写成 $y\big|_{x=x_0} = y_0, y'\big|_{x=x_0} = y_0'$，其中 x_0, y_0, y_0' 都是给定的值.

例 2　已知微分方程 $\dfrac{\mathrm{d}y}{\mathrm{d}x} + 3x^2 y = 0$.

（1）指出该方程的阶；

（2）验证 $y = C\mathrm{e}^{-x^3}$ 是否为该方程的通解；

（3）求满足初始条件 $y\big|_{x=0} = 1$ 的特解.

解　（1）该方程未知函数的导数的最高阶数是一阶，所以为一阶微分方程.

（2）将 $y = C\mathrm{e}^{-x^3}$ 代入微分方程左端，得

$$-3Cx^2\mathrm{e}^{-x^3} + 3x^2(C\mathrm{e}^{-x^3}) = 0$$

所以 $y = C\mathrm{e}^{-x^3}$ 是微分方程的解，而且解中含有一个任意常数，与该微分方程的阶数相同，故其为方程的通解.

（3）把初始条件 $y\big|_{x=0} = 1$ 代入 $y = C\mathrm{e}^{-x^3}$，得 $C = 1$，所以，特解为 $y = \mathrm{e}^{-x^3}$.

4.1.2　微分方程解的几何意义

在例 1 中，微分方程 $y' = 3x^2$ 通解是 $y = x^3 + C$. 当 C 取任意值时，就可以得到一族曲线（如图 4.1）. 在这一族曲线中，过点 $(1,0)$ 的曲线是 $y = x^3 - 1$. 由此可知，由于微分方程的通解中含有任意常数，因此它表示一族函数，在几何上就是一族曲线，称为该微分方程的积分曲线族. 族中的每一条曲线称为该微分方程的一条积分曲线，它对应

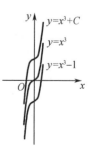

图 4.1

于该微分方程的一个特解.

4.1.3 最简单的微分方程 $y^{(n)} = f(x)$

例 3 求微分方程 $y''' = 3x$ 的通解.

解 方程两边积分一次,得

$$y'' = \int 3x \mathrm{d}x = \frac{3}{2}x^2 + C_1$$

将上式两边再积分一次,得

$$y' = \int \left(\frac{3}{2}x^2 + C_1 \right) \mathrm{d}x = \frac{1}{2}x^3 + C_1 x + C_2$$

将上式两边再积分一次即为通解

$$y = \frac{1}{8}x^4 + \frac{1}{2}C_1 x^2 + C_2 x + C_3$$

一般地,形如 $y^{(n)} = f(x)$ 的微分方程求解时,可将两端积分一次,得到一个 $n-1$ 阶微分方程,即

$$y^{(n-1)} = \int f(x) \mathrm{d}x + C_1$$

再积分一次,得 $\qquad y^{(n-2)} = \int \left[\int f(x) \mathrm{d}x + C_1 \right] \mathrm{d}x + C_2$

照此办法,依次进行 n 次积分,便可求出原方程含有 n 个任意常数的通解.

随堂练习 1

求下列微分方程的通解.

$(1) y^{(4)} = x$ $\qquad\qquad\qquad\qquad (2) y''' = x^2$

4.1.4 可分离变量的微分方程

形如 $\dfrac{\mathrm{d}y}{\mathrm{d}x} = f(x)g(y)$ 的微分方程称为可分离变量的微分方程. 其中 $f(x), g(y)$ 是已知的连续函数.

可分离变量微分方程的解法如下:

(1) 分离变量,得 $\dfrac{\mathrm{d}y}{g(y)} = f(x) \mathrm{d}x$;

(2) 两边积分,得 $\displaystyle\int \dfrac{\mathrm{d}y}{g(y)} = \int f(x) \mathrm{d}x$;

(3) 求出积分,得到通解.

例 4 求微分方程 $y' = 2xy$ 的通解.

解 将所给方程分离变量,得

$$\frac{\mathrm{d}y}{y} = 2x \mathrm{d}x$$

两边积分,得

$$\int \frac{\mathrm{d}y}{y} = \int 2x \mathrm{d}x$$

$$\ln|y| = x^2 + C_1$$

从而

$$|y| = \mathrm{e}^{x^2 + C_1} = \mathrm{e}^{x^2} \cdot \mathrm{e}^{C_1}$$

即
$$y = \pm e^{C_1} \cdot e^{x^2}$$

由于 $\pm e^{C_1}$ 仍然是任意常数,可记为 C,于是方程的通解为
$$y = Ce^{x^2}$$

注意　以后为了运算方便起见,可把 $\ln|y|$ 写成 $\ln y$.

例 5　求微分方程 $(x^2 - 1)y' + 2xy^2 = 0$ 的通解.

解　原方程分离变量,得
$$\frac{dy}{y^2} = \frac{-2x}{x^2 - 1}dx$$

两边积分,得
$$\int \frac{dy}{y^2} = \int \frac{-2x}{x^2 - 1}dx$$

$$-\frac{1}{y} = -\ln(x^2 - 1) - C$$

所以
$$y = \frac{1}{\ln(x^2 - 1) + C}$$

例 6　求微分方程 $y' = e^y \sin x$ 的通解.

解　方程改写为
$$\frac{dy}{dx} = e^y \sin x$$

分离变量,得
$$\frac{dy}{e^y} = \sin x\, dx$$

两边积分,得
$$\int \frac{dy}{e^y} = \int \sin x\, dx$$

$$-\int e^{-y} d(-y) = -\cos x$$

$$-e^{-y} = -\cos x - C$$

$$e^{-y} = \cos x + C$$

随堂练习 2

求下列可分离变量微分方程的通解.

(1) $y' = e^{x-y}$ 　　　　(2) $y' = -3x^2 y^2$ 　　　　(3) $y' = 2x \sec y$

(4) $3y^2 y' = 1$ 　　　　(5) $x\,dy + y\,dx = 0$ 　　　　(6) $y' + y \sin x = 0$

习题 4.1

1. 单项选择题.

(1)(　　)是微分方程.

A. $(\cos x)''' = \sin x$ 　　　　B. $y^2 + 5y + 7 = 0$ 　　　　C. $y' = 2$ 　　　　D. $\sin x + x^2 = y$

(2)微分方程 $(y')^2 + 5x^2 y + 9 = 0$ 的阶数为(　　).

A. 0 　　　　　　　　B. 1 　　　　　　　　C. 2 　　　　　　　　D. 3

(3)微分方程 $5dy + xdx = 0$ 的阶数为(　　).

A. 0 　　　　　　　　B. 1 　　　　　　　　C. 2 　　　　　　　　D. 3

(4)微分方程 $xy' - 2y = 0$ 的解为(　　).

A. $y = \sin x$ 　　　　B. $y = 5x^2$ 　　　　C. $y = Cx$ 　　　　D. $x + y = 1$

2. 说明下列微分方程的阶数.

$(1)\dfrac{\mathrm{d}^3 y}{\mathrm{d}x^3} - 2x^4 = 0$

$(2)(y')^3 + 3xy = 0$

$(3)2x\mathrm{d}y - y\mathrm{d}x = 3$

$(4)x'' + 3x' + 1 = 0$

$(5)\mathrm{d}y = (4x - 1)\mathrm{d}x$

$(6)x(y')^2 + 2yy' + x = 0$

3. 判断下列函数是否为所给方程的解.

$(1)4y' = 2y - x, y = Ce^{-\frac{1}{2}x}$

$(2)\dfrac{\mathrm{d}^2 y}{\mathrm{d}x^2} = 4y, y = e^{2x}$

$(3)\dfrac{\mathrm{d}y}{\mathrm{d}x} = 2xy, y = Ce^{x^2}$

4. 求下列可分离变量微分方程的通解.

$(1)2yy' = e^x$

$(2)y' = -2x\csc y$

$(3)y' = 6x^2\sqrt{y}$

$(4)y' = 2x\cos^2 y$

$(5)y' + y = 0$

$(6)y' + \dfrac{1}{x^2}y = 0$

$(7)y' - \dfrac{1}{x}y = 0$

$(8)y' + y\cos x = 0$

趣解数学

想要系统了解微分方程的分类? 这个二维码里有你想要的.

4.2　一阶线性微分方程

在一阶微分方程中,如果未知函数及其导数都是一次的,即所谓"线性",那么这类方程称为一阶线性微分方程. 它的一般形式为

$$\dfrac{\mathrm{d}y}{\mathrm{d}x} + p(x)y = Q(x) \tag{4.1}$$

其中 $P(x), Q(x)$ 是已知的连续函数.

当 $Q(x) \equiv 0$ 时,方程(4.1)变为

$$\dfrac{\mathrm{d}y}{\mathrm{d}x} + p(x)y = 0 \tag{4.2}$$

称为一阶线性齐次微分方程.

当 $Q(x) \neq 0$ 时,方程(4.1)称为一阶线性非齐次微分方程. 方程(4.2)称为对应于一阶线性非齐次微分方程(4.1)的一阶线性齐次微分方程.

例如,方程

$$y' + y = e^{-x}$$

是一阶线性非齐次微分方程,与它对应的一阶线性齐次微分方程是

$$y' + y = 0$$

注意 在一阶线性微分方程的一般形式 $y' + P(x)y = Q(x)$ 中,左端两项之间是 "$+$"号.

4.2.1 一阶线性齐次微分方程的解法

一阶线性齐次微分方程 $\dfrac{dy}{dx} + p(x)y = 0$ 是可分离变量方程,分离变量,得

$$\frac{dy}{y} = -p(x)dx$$

两边积分,得

$$\ln y = -\int p(x)dx + \ln C$$

化简,得

$$y = Ce^{-\int p(x)dx} \tag{4.3}$$

式(4.3)即为一阶线性齐次微分方程(4.2)的通解公式.

例 1 求微分方程 $\dfrac{dy}{dx} = \dfrac{y}{x}$ 的通解.

解 原方程即 $\dfrac{dy}{dx} - \dfrac{1}{x}y = 0$,其中,$P(x) = -\dfrac{1}{x}$. 由通解公式得 $y = Ce^{\int \frac{1}{x}dx}$,即 $y = Ce^{\ln x}$,所以原方程的通解为 $y = Cx$.

注 在使用公式法求微分方程的通解过程中,积分运算不再另行考虑积分常数.

随堂练习 1

用公式法求下列微分方程的通解.

(1) $y' = y\cos x$

标准化_____ $\qquad P(x) = $ _____ $\qquad$ 通解 $y = $ _____

(2) $y' = \dfrac{3y}{x}$

标准化_____ $\qquad P(x) = $ _____ $\qquad$ 通解 $y = $ _____

(3) $y' = -\dfrac{4}{x}y$

标准化_____ $\qquad P(x) = $ _____ $\qquad$ 通解 $y = $ _____

(4) $y' = \dfrac{5y}{x^2}$

标准化_____ $\qquad P(x) = $ _____ $\qquad$ 通解 $y = $ _____

(5) $y' = y\cot x$

标准化_____ $\qquad P(x) = $ _____ $\qquad$ 通解 $y = $ _____

(6) $y' = ky$

标准化_____ $\qquad P(x) = $ _____ $\qquad$ 通解 $y = $ _____

4.2.2 一阶线性非齐次微分方程的解法

一阶线性非齐次微分方程的通解公式为

$$y = e^{-\int P(x)dx}\left[\int Q(x)e^{\int P(x)dx}dx + C\right] \tag{4.4}$$

例 2 求微分方程 $xy' + 2y = \dfrac{1}{x}$ 的通解.

解 方程可变形为 $y' + \dfrac{2}{x}y = \dfrac{1}{x^2}$，其中

$$P(x) = \frac{2}{x}, Q(x) = \frac{1}{x^2}$$

代入通解公式(4.4)，得

$$y = \mathrm{e}^{-2\int \frac{1}{x}\mathrm{d}x} \left(\int \frac{1}{x^2}\mathrm{e}^{2\int \frac{1}{x}\mathrm{d}x}\mathrm{d}x + C \right)$$

所以原方程的通解为 $y = \dfrac{1}{x^2}(x + C)$.

随堂练习 2

用公式法求下列微分方程的通解.

(1) $y' + y\sin x = \mathrm{e}^{\cos x}$

$P(x) = $ _____ $\quad\quad$ $Q(x) = $ _____ $\quad\quad$ 通解 $y = $ _____

(2) $y' + y\tan x = \cos x$

$P(x) = $ _____ $\quad\quad$ $Q(x) = $ _____ $\quad\quad$ 通解 $y = $ _____

(3) $y' - 2xy = \mathrm{e}^{x^2}$

$P(x) = $ _____ $\quad\quad$ $Q(x) = $ _____ $\quad\quad$ 通解 $y = $ _____

(4) $y' - \dfrac{3}{x}y = x^3$

$P(x) = $ _____ $\quad\quad$ $Q(x) = $ _____ $\quad\quad$ 通解 $y = $ _____

(5) $xy' - y = x^2\mathrm{e}^x$

$P(x) = $ _____ $\quad\quad$ $Q(x) = $ _____ $\quad\quad$ 通解 $y = $ _____

(6) $y' + ky = \mathrm{e}^{-kx}$

$P(x) = $ _____ $\quad\quad$ $Q(x) = $ _____ $\quad\quad$ 通解 $y = $ _____

4.2.3 一阶线性非齐次微分方程解的结构

对于一阶线性非齐次微分方程，有下述定理.

定理 一阶线性非齐次微分方程的通解，等于它的任意一个特解加上与其相对应的一阶线性齐次微分方程的通解.

习题 4.2

求下列一阶线性微分方程的通解.

(1) $xy' + y = \mathrm{e}^x$ $\quad\quad\quad$ (2) $y' + y = \mathrm{e}^{-x}$ $\quad\quad\quad$ (3) $y' - y = \mathrm{e}^x$

(4) $y' + 2xy = 2x$ $\quad\quad\quad$ (5) $y' + \dfrac{y}{x} = \dfrac{\sin x}{x}$ $\quad\quad\quad$ (6) $xy' + y = 3x^2 - 2x + 1$

(7) $y' + y\cos x = \mathrm{e}^{-\sin x}$ $\quad\quad$ (8) $y' - \dfrac{y}{x} = x\cos x$ $\quad\quad$ (9) $y' - \dfrac{2y}{x+1} = (x+1)^3$

趣解数学

由此解锁求一阶线性微分方程通解的另一种做法.

4.3　二阶常系数线性微分方程

二阶常系数线性微分方程的一般形式是

$$y'' + py' + qy = f(x) \tag{4.5}$$

其中 p,q 是常数, $f(x)$ 是已知的连续函数.

当 $f(x) \equiv 0$ 时, 方程(4.5)变为

$$y'' + py' + qy = 0 \tag{4.6}$$

称为二阶常系数线性齐次微分方程.

当 $f(x) \neq 0$ 时, 方程(4.5)称为二阶常系数线性非齐次微分方程. 方程(4.6)称为对应于二阶常系数线性非齐次微分方程(4.5)的二阶常系数线性齐次微分方程.

4.3.1　二阶常系数线性微分方程解的结构

对于二阶常系数线性微分方程, 有下述两个定理.

定理 1　若 y_1, y_2 是二阶常系数线性齐次微分方程(4.6)的两个特解, 且满足 $\dfrac{y_2}{y_1} \neq$ 常数 (此时称 y_1, y_2 线性无关), 那么 $y = C_1 y_1 + C_2 y_2$ 是这个方程的通解, 其中 C_1, C_2 为任意常数.

定理 2　若 $\bar{y}$ 是二阶常系数线性非齐次微分方程(4.5)的一个特解, Y 是对应齐次微分方程(4.6)的通解, 则 $y = Y + \bar{y}$ 是该非齐次微分方程的通解.

4.3.2　二阶常系数线性齐次微分方程的解法

$r^2 + pr + q = 0$ 称为二阶常系数线性微分方程的特征方程, 特征方程的根 r_1, r_2 称为特征根.

由定理 1 可知, 求方程 $y'' + py' + qy = 0$ 的通解, 关键在于求出它的两个线性无关的特解 $y_1, y_2 \left(\text{即} \dfrac{y_2}{y_1} \neq 常数 \right)$. 下面给出该齐次微分方程的通解公式, 见表 4.1.

表 4.1

特征方程 $r^2 + pr + q = 0$ 的两个根 r_1, r_2	微分方程 $y'' + py' + qy = 0$ 的通解
两个不相等的实根 r_1, r_2	$y = C_1 \mathrm{e}^{r_1 x} + C_2 \mathrm{e}^{r_2 x}$
两个相等的实根 $r_1 = r_2 = r$	$y = (C_1 + C_2 x) \mathrm{e}^{rx}$
一对共轭虚根 $r_{1,2} = \alpha \pm \beta \mathrm{i}$	$y = \mathrm{e}^{\alpha x}(C_1 \cos\beta x + C_2 \sin\beta x)$

例 1 求 $y'' + y' - 12y = 0$ 的通解.

解 方程为二阶常系数线性齐次微分方程,其特征方程为 $r^2 + r - 12 = 0$. 特征根 $r_1 = 3$, $r_2 = -4$,所以,原方程的通解为 $y = C_1 \mathrm{e}^{3x} + C_2 \mathrm{e}^{-4x}$.

随堂练习 1

求下列微分方程的通解.

$(1) y'' + 2y' - 15y = 0$

特征方程＿＿＿＿ 特征根 $r_1 = $ ＿＿＿＿ $r_2 = $ ＿＿＿＿ 通解 $y = $ ＿＿＿＿

$(2) y'' - 6y' + 8y = 0$

特征方程＿＿＿＿ 特征根 $r_1 = $ ＿＿＿＿ $r_2 = $ ＿＿＿＿ 通解 $y = $ ＿＿＿＿

$(3) y'' + 4y' - 5y = 0$

特征方程＿＿＿＿ 特征根 $r_1 = $ ＿＿＿＿ $r_2 = $ ＿＿＿＿ 通解 $y = $ ＿＿＿＿

$(4) y'' - 8y = 0$

特征方程＿＿＿＿ 特征根 $r_1 = $ ＿＿＿＿ $r_2 = $ ＿＿＿＿ 通解 $y = $ ＿＿＿＿

例 2 求方程 $y'' - 4y' + 4y = 0$ 的通解.

解 方程为二阶常系数线性齐次微分方程,其征解方程为 $r^2 - 4r + 4 = 0$. 特征根 $r = 2$,则原方程的通解为

$$y = (C_1 + C_2 x) \mathrm{e}^{2x}$$

随堂练习 2

求下列微分方程的通解.

$(1) y'' + 6y' + 9y = 0$

特征方程＿＿＿＿ 特征重根 $r = $ ＿＿＿＿ 通解 $y = $ ＿＿＿＿

$(2) y'' - 2y' + y = 0$

特征方程＿＿＿＿ 特征重根 $r = $ ＿＿＿＿ 通解 $y = $ ＿＿＿＿

$(3) y'' - 8y' + 16y = 0$

特征方程＿＿＿＿ 特征重根 $r = $ ＿＿＿＿ 通解 $y = $ ＿＿＿＿

$(4) y'' + 10y' + 25y = 0$

特征方程＿＿＿＿ 特征重根 $r = $ ＿＿＿＿ 通解 $y = $ ＿＿＿＿

例 3 求方程 $y'' + 2y' + 5y = 0$ 的通解.

解 方程为二阶常系数线性齐次微分方程,其特征方程为

$$r^2 + 2r + 5 = 0$$

它有一对共轭虚根 $\qquad r_1 = -1 + 2\mathrm{i}, r_2 = -1 - 2\mathrm{i}$

于是方程的通解为 $\qquad y = \mathrm{e}^{-x}(C_1 \cos 2x + C_2 \sin 2x)$

随堂练习 3

求下列微分方程的通解.

$(1) y'' + 4y' + 6y = 0$

特征方程＿＿＿＿ 特征根 $r_{1,2} = $ ＿＿＿＿ 通解 $y = $ ＿＿＿＿

$(2) y'' + 3y' + 6y = 0$

特征方程＿＿＿＿ 特征根 $r_{1,2} = $ ＿＿＿＿ 通解 $y = $ ＿＿＿＿

$(3) y'' - 5y' + 7y = 0$

特征方程＿＿＿＿ 特征根 $r_{1,2} = $ ＿＿＿＿ 通解 $y = $ ＿＿＿＿

（4）$y'' + 9y = 0$

特征方程_____　　　　　　特征根 $r_{1,2} = $ _____　　　　　　通解 $y = $ _____

4.3.3　二阶常系数线性非齐次微分方程的特解形式

由于二阶常系数线性齐次微分方程的通解问题已经解决，所以根据定理 2 可知，为求出非齐次微分方程的通解，只需再求出该非齐次微分方程的任一特解. 下面给出当 $f(x)$ 为以下三种常见形式的函数时，非齐次微分方程（4.5）的一个特解的设定方式，见表 4.2.

表 4. 2

$f(x)$ 形式	条件	特解 $\bar{y}$ 的形式
$f(x) = P_n(x)$	$q \neq 0$	$\bar{y} = Q_n(x)$
	$q = 0, p \neq 0$	$\bar{y} = xQ_n(x)$
	$p = q = 0$	$\bar{y} = x^2 Q_n(x)$
$f(x) = P_n(x)e^{\lambda x}$	λ 不是特征方程的根	$\bar{y} = Q_n(x)e^{\lambda x}$
	λ 是特征方程的单根	$\bar{y} = xQ_n(x)e^{\lambda x}$
	λ 是特征方程的重根	$\bar{y} = x^2 Q_n(x)e^{\lambda x}$
$f(x) = e^{\lambda x}[P_l(x)\cos\omega x + P_m(x)\sin\omega x]$	$\lambda \pm \omega i$ 不是特征方程的根	$\bar{y} = e^{\lambda x}[Q_n^{(1)}(x)\cos\omega x + Q_n^{(2)}(x)\sin\omega x]$ $n = \max\{m, l\}$
	$\lambda \pm \omega i$ 是特征方程的根	$\bar{y} = xe^{\lambda x}[Q_n^{(1)}(x)\cos\omega x + Q_n^{(2)}(x)\sin\omega x]$ $n = \max\{m, l\}$

例 4　设出方程 $y'' + 3y' = 5x^2 - x$ 的一个特解.

解　由于方程中 $q = 0, p \neq 0$，所以设方程的一个特解为

$$\bar{y} = x(Ax^2 + Bx + C)$$

例 5　设出方程 $y'' - 2y' - 3y = e^{3x}$ 的一个特解.

解　特征方程为 $r^2 - 2r - 3 = 0$，特征根 $r_1 = -1, r_2 = 3$. 因为 $\lambda = 3$ 是特征单根，所以设方程的一个特解为

$$\bar{y} = Axe^{3x}$$

例 6　设出方程 $y'' + 2y' + 2y = xe^{-x}\cos x$ 的一个特解.

解　特征方程为 $r^2 + 2r + 2 = 0$，特征根 $r_{1,2} = -1 \pm i$. 因为 $\lambda = -1, \omega = 1, \lambda \pm \omega i = -1 \pm i$ 是特征方程的根，所以设方程的一个特解为

$$\bar{y} = xe^{-x}[(Ax + B)\cos x + (Cx + D)\sin x]$$

随堂练习 4

设出下列微分方程的一个特解.

（1）$y'' + 2y' + 5y = x^3 + 4$

$q = $ _____　　　　　　　　　　　　　　　　设特解 $\bar{y} = $ _____

（2）$y'' + 4y' = x^2 - 2x$

$q = $ _____　　　　　$p = $ _____　　　　　　设特解 $\bar{y} = $ _____

(3) $y'' - 5y' + 6y = 3x^2 e^{4x}$

特征方程_____ $\lambda =$ _____   设特解 $\bar{y} =$ _____

(4) $y'' - 3y' + 2y = xe^{2x}$

特征方程_____ $\lambda =$ _____   设特解 $\bar{y} =$ _____

(5) $y'' + 4y' + 4y = x^2 e^{-2x}$

特征方程_____ $\lambda =$ _____   设特解 $\bar{y} =$ _____

(6) $y'' - 2y' + 4y = xe^{-x}\sin\sqrt{3}x$

特征方程_____ $\lambda \pm \omega i =$ _____   设特解 $\bar{y} =$ _____

(7) $y'' + 4y' + 5y = e^{-2x}\cos x$

特征方程_____ $\lambda \pm \omega i =$ _____   设特解 $\bar{y} =$ _____

习题 4.3

1. 求下列常系数线性齐次微分方程的通解.

(1) $y'' - 3y' - 4y = 0$ (2) $y'' + 2y' + y = 0$

(3) $y'' + 2y' + 10y = 0$ (4) $2y'' - 5y' + 2y = 0$

(5) $y'' + 2y' + 3y = 0$ (6) $y'' + 12y' + 36y = 0$

2. 设出下列常系数线性非齐次微分方程的一个特解.

(1) $y'' - 2y' - 3y = 3x^2 + 1$ (2) $y'' - 5y' = 2x^2 - 1$

(3) $y'' + y' - 2y = 3xe^{-2x}$ (4) $y'' - 2y' + y = 2xe^x$

(5) $y'' - 3y' - 4y = 5x^2 e^{3x}$ (6) $y'' + 4y = 3xe^{5x}$

(7) $y'' + 6y' + 13y = 5e^{-3x}\cos 2x$ (8) $y'' + 2y' - 3y = xe^x\sin 3x$

4.4 微分方程的应用举例

在科学技术和经济管理等许多领域中,对某些问题的研究往往会涉及到微分方程,通过针对实际问题建立微分方程数学模型来成功地解决问题. 本节将讨论如何用微分方程解决物理学、电工学等方面的典型问题.

例1 某物体作直线运动的速度与物体到原点的距离成正比,已知物体在 10 s 时与原点相距 100 m,在 20 s 时与原点相距 200 m,求物体的运动规律.

解 设该物体的位移与时间的函数关系为 $s = s(t)$,依题意可建立微分方程如下:

$$s' = ks$$

即

$$\frac{ds}{dt} = ks$$

分离变量

$$\frac{ds}{s} = kdt$$

两端积分

$$\ln s = \int k dt$$

$$\ln s = kt + \ln C$$

所以 $$s = Ce^{kt}$$

将初始条件 $s\big|_{t=10} = 100, s\big|_{t=20} = 200$ 代入,得

$$\begin{cases} 100 = Ce^{10k} \\ 200 = Ce^{20k} \end{cases}$$

解得 $\begin{cases} k = \dfrac{1}{10}\ln2 \\ C = 50 \end{cases}$,所以,物体运动规律为 $s = 50e^{\frac{\ln2}{10}t} = 50 \cdot 2^{\frac{t}{10}}$.

例2　如图 4.2 所示,有一质量为 $m(\text{kg})$ 的小球,用弹簧固定,放置于水平光滑的滑槽内(设阻力系数 $u = 0$),弹簧的另一端固定(弹簧质量忽略不计).当小球受到 $mg(\text{N})$ 的拉力时,弹簧伸长了 $a(\text{m})$.若将处在平衡位置 O 的小球拉长 $b(\text{m})$,然后放开,求弹簧的运动规律.

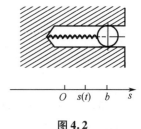

图 4.2

解　取平衡点 O 为原点,s 轴的正向向右,设 t 时刻小球对原点的位移为 $s(t)$.由牛顿第二定律 $F = m\dfrac{\mathrm{d}^2 s}{\mathrm{d}t^2}$,因为阻力忽略不计,所以 $F = F'$(F' 为弹性恢复力).因为弹性恢复力 F' 与位移 s 成正比且二者方向相反,所以 $F' = -ks$(k 为弹性系数).由题意知,当小球受到 $mg(\text{N})$ 的拉力时,弹簧伸长 $a(\text{m})$,则 $mg = -ka$,所以 $k = \dfrac{-mg}{a}$,依题意列方程

$$m\frac{\mathrm{d}^2 s}{\mathrm{d}t^2} = -\frac{mg}{a}s$$

整理,得

$$s'' + \frac{g}{a}s = 0$$

这是一个二阶常系数线性齐次微分方程,其特征方程为 $r^2 + \dfrac{g}{a} = 0$,它有一对共轭虚根 $r_{1,2} = \pm\sqrt{\dfrac{g}{a}}\mathrm{i}$,所以方程通解为 $s = C_1\cos\sqrt{\dfrac{g}{a}}t + C_2\sin\sqrt{\dfrac{g}{a}}t$.代入初始条件

$$s\big|_{t=0} = b, s'\big|_{t=0} = 0$$

求得 $\begin{cases} C_1 = b \\ C_2 = 0 \end{cases}$,所以所求运动规律为

$$s(t) = b\cos\sqrt{\frac{g}{a}}t$$

例3　物体的冷却速度正比于物体温度与环境温度之差.用开水泡速溶咖啡,3 min 后咖啡的温度是 85 ℃,若房间温度为 20 ℃,问几分钟后咖啡温度为 60 ℃?

解　设物体的温度 $y = y(t)$,则

$$\frac{\mathrm{d}y}{\mathrm{d}t} = k(y - 20)$$

$$\frac{\mathrm{d}y}{y - 20} = k\mathrm{d}t$$

$$\ln(y - 20) = kt + \ln C$$

$$y = Ce^{kt} + 20$$

代入初始条件 $y\big|_{t=0}=100$,得 $C=80$. 由

$$y\big|_{t=3}=85,得 k=\frac{1}{3}\ln\frac{13}{16}$$

所以
$$y=80\mathrm{e}^{\left(\frac{1}{3}\ln\frac{13}{16}\right)t}+20$$

即
$$y=80\cdot\left(\frac{13}{16}\right)^{\frac{t}{3}}+20$$

当 $y=60$ 时,则

$$60=80\cdot\left(\frac{13}{16}\right)^{\frac{t}{3}}+20,\frac{1}{2}=\left(\frac{13}{16}\right)^{\frac{t}{3}}$$

$$\ln\frac{1}{2}=\frac{t}{3}\ln\frac{13}{16},t=\frac{3\ln\frac{1}{2}}{\ln\frac{13}{16}}\approx10$$

即约 10 分钟后咖啡温度为 60 ℃.

例 4 如图 4.3 所示. 电路中已知 $E=20$ V,$C=0.5\times10^{-6}$ F,$L=0.1$ H,$R=2\ 000$ Ω.

(1)当开关 K 被拨向 A 时,求电容 C 上的电压随时间的变化规律 U_C;

(2)当 K 拨向 A 达到稳定以后再将开关 K 拨向 B,求电压 $U_C(t)$.

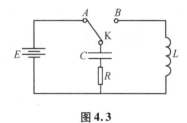

图 4.3

解 (1)当开关 K 被拨向 A 时,便形成了一个充电电路,电容开始充电.

当 K 被拨向 A 后,设电路中的电流为 $i(t)$,电容器上的电量为 $Q(t)$,电容器上的电压为 $U_C(t)$. 由克希霍夫定律可知:电阻上的电压降 + 电容上的电压降 = 外加电压降,即

$$U_R+U_C=E$$

因电路中的电流 $i(t)$ 为 $i=\dfrac{\mathrm{d}Q}{\mathrm{d}t}$,而电容器上的 $Q(t)=CU_C(t)$,所以 $i=C\dfrac{\mathrm{d}U_C}{\mathrm{d}t}$,则上式为

$$RC\frac{\mathrm{d}U_C}{\mathrm{d}t}+U_C=E$$

将 R,C,E 值代入得

$$2\ 000\times0.5\times10^{-6}U_C{}'+U_C=20$$
$$U_C{}'+1\ 000U_C=20\ 000$$

$$U_C=\mathrm{e}^{-\int1\ 000\mathrm{d}t}\left(\int20\ 000\mathrm{e}^{\int1\ 000\mathrm{d}t}\mathrm{d}t+C\right)=\mathrm{e}^{-1\ 000t}(20\mathrm{e}^{1\ 000t}+C)=20+C\mathrm{e}^{-1\ 000t}$$

代入初始条件 $U_C\big|_{t=0}=0$,得 $C=-20$,所以 $U_C=20(1-\mathrm{e}^{-1\ 000t})$.

上式表明,随着时间 t 的增大,电容器上的电压 U_C 将逐渐接近电源电压 E,即充电较长时间以后达到稳定状态 $U_C=E$.

(2)当电路达到稳定状态以后,再把开关 K 拨向 B,这时电路又形成了一个放电电路,并且因回路上的电容器储存的电场能与电感线圈储存的磁能相互转换而产生电路系统的电磁振荡. 由克希霍夫定律可知

$$U_L+U_R+U_C=0$$

因为
$$U_R = Ri = RC \frac{dU_C}{dt}$$

$$U_L = L \frac{di}{dt} = LC \frac{d^2 U_C}{dt^2}$$

所以
$$LC \frac{d^2 U_C}{dt^2} + RC \frac{dU_C}{dt} + U_C = 0$$

代入 L, C, R 值,得
$$0.1 \times 0.5 \times 10^{-6} U_C'' + 2\,000 \times 0.5 \times 10^{-6} U_C' + U_C = 0$$

整理,得
$$U_C'' + 20\,000 U_C' + 2 \times 10^7 U_C = 0$$

这是一个二阶常系数线性齐次微分方程,特征根为
$$r_{1,2} = -10\,000 \pm 4\sqrt{5} \times 10^3$$

通解为
$$U_C = C_1 e^{(-10\,000 + 4\sqrt{5} \times 10^3)t} + C_2 e^{(-10\,000 - 4\sqrt{5} \times 10^3)t}$$

代入初始条件
$$U_C \big|_{t=0} = E = 20, \quad U_C' \big|_{t=0} = 0$$

解得
$$C_1 = 10 + 5\sqrt{5}, \quad C_2 = 10 - 5\sqrt{5}$$

所以
$$U_C = (10 + 5\sqrt{5}) e^{(-10\,000 + 4\sqrt{5} \times 10^3)t} + (10 - 5\sqrt{5}) e^{(-10\,000 - 4\sqrt{5} \times 10^3)t}$$

综上所述,用微分方程解决物理、电工学等方面的实际问题时,应首先根据实际问题建立合理的微分方程数学模型,再求解微分方程,得到实际问题的解.

建立微分方程数学模型的常用方法有:

(1)从任一瞬时状态着手,找出实际问题中未知量的变化率、未知变量和已知量的关系,列出微分方程;

(2)从某一变量的微小改变着手,找出实际问题中未知量的微分、未知变量和已知量的关系,列出微分方程.

习题 4.4

1.列车在平直线路上以 20 m/s 的速度行驶,当制动时列车获得的加速度为 -0.4 m/s^2,问开始制动后多少时间列车才能停住? 停住前行驶了多少米?

2.设降落伞从跳伞塔下落后,所受空气阻力与速度成正比,并设降落伞离开跳伞塔时 $(t=0)$ 速度为零,求降落伞下落速度与时间的函数关系.

3.一弹簧悬挂质量为 2 kg 的物体时伸长了 0.098 m,当弹簧受到强迫力 $f = 100\sin 10t$ (N)作用后,物体产生振动,阻力与速度成正比,阻力系数 $u = 24$ N/(m/s).物体的初始位置在它的平衡位置,初速度为零,求物体的振动规律.

趣解数学

微分方程的应用不止如此,扫码扩展认知.

第5章　多元函数微积分学

在前面各章中,讨论的函数都只有一个自变量,这种函数称为一元函数.但在许多实际问题中所遇到的函数,往往并不仅仅依赖于一个自变量,而是依赖于多个自变量,这就提出了多元函数以及多元函数的微积分问题.本章将在一元函数微积分的基础上,讨论多元函数的微积分及其应用.重点研究两个自变量的函数(称为二元函数),在掌握了二元函数的有关理论和方法之后,二元以上的函数问题就可以类推.

5.1　二　元　函　数

5.1.1　二元函数的概念

1.二元函数的定义

在很多自然现象和实际问题中,经常会遇到多个变量之间的依赖关系,举例如下.

例1　圆柱体的体积 V 和它的底面半径 r、高 h 之间具有如下关系:

$$V = \pi r^2 h$$

当变量 r, h 在一定范围内($r > 0, h > 0$)取定一对数值(r, h)时,V 就有唯一确定的值与之对应,V 的值依赖于 r, h 两个变量.

例2　设 R 是电阻 R_1, R_2 并联后的总电阻,由电学知道,它们之间具有如下关系:

$$R = \frac{R_1 R_2}{R_1 + R_2}$$

当变量 R_1, R_2 在一定范围内($R_1 > 0, R_2 > 0$)取定一对数值(R_1, R_2)时,总电阻 R 的对应值就随之唯一确定.

上面两个例子虽然具体意义各不相同,但它们都有共同的性质,抽出这些共性就可得出以下二元函数的定义.

定义1　设有三个变量 x, y, z,如果当变量 x, y 在一定范围内任取一组值时,按照一定的对应关系,变量 z 总有唯一确定的值与之对应,则变量 z 称为变量 x, y 的二元函数,记作:

$$z = f(x, y)$$

其中,x, y 称为自变量,z 称为因变量,自变量 x, y 的取值范围称为函数 z 的定义域,函数 z 的取值范围称为函数的值域.

类似地,可以定义三元函数 $u = f(x, y, z)$ 以及三元以上的函数.

二元及二元以上的函数统称为多元函数.

求二元函数定义域的方法与一元函数类似,$z = f(x, y)$ 的定义域就是使函数有意义的自变量 x, y 的取值范围.

例3　求二元函数 $z = \dfrac{1}{x^2 + y^2}$ 的定义域.

解　要使函数有意义,必须满足 $x^2 + y^2 \neq 0$,即函数的定义域为

$$D = \{(x,y) \mid x^2 + y^2 \neq 0\}$$

它表示平面上除原点$(0,0)$外的所有点的集合,如图5.1所示.

例4　求二元函数$z = \ln(x+y)$的定义域.

解　函数的定义域为

$$D = \{(x,y) \mid x+y > 0\}$$

它表示直线$x+y=0$的右上方平面部分所有点的集合,如图5.2所示.

例5　求二元函数$z = \dfrac{1}{\sqrt{4-x^2-y^2}} + \ln(x^2+y^2-1)$的定义域.

解　要使函数有意义,必须满足不等式组

$$\begin{cases} 4 - x^2 - y^2 > 0 \\ x^2 + y^2 - 1 > 0 \end{cases}$$

即$1 < x^2 + y^2 < 4$,所以函数的定义域为

$$D = \{(x,y) \mid 1 < x^2 + y^2 < 4\}$$

它表示以原点为圆心,以1为半径的圆和以2为半径的圆所形成的圆环内部点的集合,如图5.3所示.

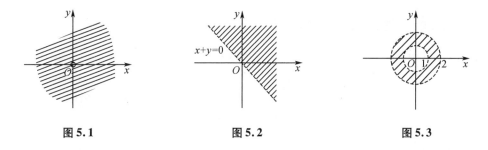

图5.1　　　　　　　　　　图5.2　　　　　　　　　　图5.3

由上面三例可见,二元函数$z = f(x,y)$的定义域是使函数有确定值z的自变量x,y所确定的平面点集. 下面介绍用以描述平面点集的有关概念.

(1)邻域

定义2　设$P_0(x_0,y_0)$是xOy平面上的一个点,δ是任意正数. 以点$P_0(x_0,y_0)$为中心,δ为半径的圆的内部的点$P(x,y)$的全体,称为点P_0的δ邻域. 即适合不等式

$$(x-x_0)^2 + (y-y_0)^2 < \delta^2$$

的所有点(x,y)的集合. 如果邻域中不包含(x_0,y_0)点,则称为点P_0的去心邻域.

(2)区域

定义3　设E是平面上的一个点集,P是平面上的一个点,如果存在P的某一邻域它完全包含在点集E内,则称P是点集E的一个内点.

如果点集E的每一点都是内点,则称E为开集. 如果点P的任一邻域内既有属于E的点,也有不属于E的点,则称P是E的边界点,点集E的全体边界点组成的集合称为E的边界.

如例3,点集$E = \{(x,y) \mid 1 < x^2 + y^2 < 4\}$中的每个点都是$E$的内点,因此$E$是开集,$E$的边界是圆周$x^2 + y^2 = 1$和$x^2 + y^2 = 4$.

设点集E是开集,如果对于E内任何两点,都可用折线连接起来,且该折线上的点都属于E,则称开集E是连通的,连通的开集称为开区域. 例如$\{(x,y) \mid x+y > 0\}$及

$\{(x,y)\,|\,1<x^2+y^2<4\}$ 都是开区域. 开区域连同它的边界一起, 称为闭区域. 例如 $\{(x,y)\,|\,x+y\geqslant0\}$ 及 $\{(x,y)\,|\,1\leqslant x^2+y^2\leqslant4\}$ 都是闭区域.

对任一点集 E, 若它能包含在原点的某一邻域内, 则称 E 是有界点集, 否则称 E 是无界点集. 例如 $\{(x,y)\,|\,1\leqslant x^2+y^2\leqslant4\}$ 是有界闭区域, $\{(x,y)\,|\,x+y>0\}$ 是无界开区域.

由此, 二元函数的定义域就可用平面区域来进行描述.

2. 二元函数的几何意义

设函数 $z=f(x,y)$ 的定义域为 D, 对于任意取定的点 $P(x,y)\in D$, 对应函数值 $z=f(x,y)$, 这样, 以 x 为横坐标, y 为纵坐标, $z=f(x,y)$ 为竖坐标, 在空间就可确定一点 $M(x,y,z)$, 当 (x,y) 取遍 D 上的所有点时, 便得到一个空间点集

$$\{(x,y,z)\,|\,z=f(x,y),(x,y)\in D\}$$

这个点集称为二元函数 $z=f(x,y)$ 的图形. 通常也说二元函数的图形是一张曲面(如图 5.4).

例如, 由空间解析几何知道, 二元函数 $z=ax+by+c$ 的图形是一张平面; 二元函数 $z=\sqrt{a^2-x^2-y^2}\ (a>0)$ 的图形是球心在原点、半径为 a 的球的上半球面, 它的定义域是圆形区域 $D=\{(x,y)\,|\,x^2+y^2\leqslant a^2\}$.

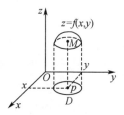

图 5.4

5.1.2　二元函数的极限与连续

定义 4　设函数 $z=f(x,y)$ 在点 $P_0(x_0,y_0)$ 的某一邻域内有定义, $P(x,y)$ 是该邻域内异于 P_0 的任意一点. 如果点 P 以任何方式趋近于 P_0 时, 函数的对应值 $f(x,y)$ 趋近于一个确定的常数 A, 则称 A 是函数 $z=f(x,y)$ 当 $x\to x_0,y\to y_0$ 时的极限, 又称二重极限. 记作

$$\lim_{\substack{x\to x_0\\y\to y_0}}f(x,y)=A \text{ 或 } f(x,y)\to A(x\to x_0,y\to y_0)$$

定义 5　设函数 $z=f(x,y)$ 在点 $P_0(x_0,y_0)$ 的某一邻域内有定义, 如果

$$\lim_{\substack{x\to x_0\\y\to y_0}}f(x,y)=f(x_0,y_0)$$

则称函数 $f(x,y)$ 在点 $P_0(x_0,y_0)$ 连续.

如果函数 $z=f(x,y)$ 在平面区域 D 内每一点都连续, 则称函数 $z=f(x,y)$ 在区域 D 内连续, 或称 $f(x,y)$ 是 D 内的连续函数.

若函数 $z=f(x,y)$ 在点 $P_0(x_0,y_0)$ 不连续, 则称 P_0 为函数 $f(x,y)$ 的间断点.

习题 5.1

1. 填空题.

(1) 函数 $z=\sqrt{-x}+\lg(x+y)$ 的定义域为_____.

(2) 函数 $z=\arcsin\dfrac{x^2+y^2}{4}+\sqrt{x^2+y^2-1}$ 的定义域为_____.

(3) 二元函数 $z=\dfrac{1}{\ln(x+y-1)}$ 的定义域为_____.

(4) 设 $f(x,y)=\dfrac{xy}{x^2+y^2}$, 则 $f(-2,4)=$_____, $f\left(\dfrac{y}{x},1\right)=$_____.

（5）设函数 $f(x,y) = \dfrac{x+y}{xy}$，则 $f(x+y, x-y) =$ _____.

（6）设 $f(x+y, x-y) = xy + y^2$，则 $f(x,y) =$ _____.

2. 求下列函数的定义域.

（1）$z = \dfrac{1}{\sqrt{x+y}} + \dfrac{1}{\sqrt{x-y}}$ 　　　　　（2）$z = \sqrt{1-x^2} + \sqrt{y^2-1}$

（3）$z = \ln(9 - x^2 - y^2)$ 　　　　　（4）$z = \ln(y-x) + \dfrac{\sqrt{x}}{\sqrt{1-x^2-y^2}}$

5.2　多元函数的微分

5.2.1　偏导数

1. 偏导数的定义

在一元函数中，从一元函数的变化率引入了一元函数的导数概念. 对于二元函数 $z = f(x,y)$ 同样需要讨论它的变化率. 但二元函数有 x,y 两个自变量，因变量与自变量的关系要比一元函数更复杂. 如果只考虑二元函数 $z = f(x,y)$ 关于其中一个自变量的变化率，即只有自变量 x 变化，而自变量 y 固定不变（即看作常数），这时 $z = f(x,y)$ 就是 x 的一元函数，这个函数对 x 的导数，就称为二元函数对于 x 的偏导数，即有如下定义.

定义 1　设函数 $z = f(x,y)$ 在点 (x_0, y_0) 的某一邻域内有定义，当 y 固定在 y_0 而 x 在 x_0 处有增量 Δx 时，相应的函数有增量 $f(x_0 + \Delta x, y_0) - f(x_0, y_0)$，如果 $\lim\limits_{\Delta x \to 0} \dfrac{f(x_0 + \Delta x, y_0) - f(x_0, y_0)}{\Delta x}$ 存在，则称此极限为函数 $z = f(x,y)$ 在点 (x_0, y_0) 处对 x 的偏导数，记作

$$\frac{\partial z}{\partial x}\bigg|_{\substack{x=x_0 \\ y=y_0}}, \frac{\partial f}{\partial x}\bigg|_{\substack{x=x_0 \\ y=y_0}} \text{ 或 } z_x{}'\bigg|_{\substack{x=x_0 \\ y=y_0}}, f_x{}'(x_0, y_0)$$

同理，函数 $z = f(x,y)$ 在点 (x_0, y_0) 处对 y 的偏导数定义为 $\lim\limits_{\Delta y \to 0} \dfrac{f(x_0, y_0 + \Delta y) - f(x_0, y_0)}{\Delta y}$，记作

$$\frac{\partial z}{\partial y}\bigg|_{\substack{x=x_0 \\ y=y_0}}, \frac{\partial f}{\partial y}\bigg|_{\substack{x=x_0 \\ y=y_0}} \text{ 或 } z_y{}'\bigg|_{\substack{x=x_0 \\ y=y_0}}, f_y{}'(x_0, y_0)$$

如果函数 $z = f(x,y)$ 在区域 D 内每一点 (x,y) 处对 x（或对 y）偏导数都存在，则得到函数 $z = f(x,y)$ 在区域 D 上对 x（或对 y）的偏导函数，记作

$$\frac{\partial z}{\partial x}, \frac{\partial f}{\partial x} \text{ 或 } z_x{}', f_x{}'(x,y) \left(\frac{\partial z}{\partial y}, \frac{\partial f}{\partial y} \text{ 或 } z_y{}', f_y{}'(x,y) \right)$$

偏导函数也简称为偏导数.

由上述偏导数的定义可见，求二元函数 $z = f(x,y)$ 对某一个自变量的偏导数时，只需将另一自变量看成常数，用一元函数求导法则即可求得. 即求 $\dfrac{\partial z}{\partial x}$ 时，只要把 y 暂时看作常数而对 x 求导数；求 $\dfrac{\partial z}{\partial y}$ 时，只要把 x 暂时看作常数而对 y 求导数.

偏导数的概念还可以类似地推广到二元以上的多元函数.

例 1 求 $z = x^3 + 2x^2 y - y^3$ 在点 $(1,3)$ 处的偏导数.

解 把 y 看作常数,得 $\dfrac{\partial z}{\partial x} = 3x^2 + 4xy$;把 x 看作常数,得 $\dfrac{\partial z}{\partial y} = 2x^2 - 3y^2$. 将 $x = 1, y = 3$ 代入上面的偏导数,就得

$$\frac{\partial z}{\partial x}\bigg|_{\substack{x=1\\y=3}} = 3 \times 1^2 + 4 \times 1 \times 3 = 15, \frac{\partial z}{\partial y}\bigg|_{\substack{x=1\\y=3}} = 2 \times 1^2 - 3 \times 3^2 = -25$$

例 2 求 $z = x^y (x > 0)$ 的偏导数.

解 对 x 求偏导数时,把 y 看作常数,这时是幂函数,得

$$\frac{\partial z}{\partial x} = yx^{y-1}$$

对 y 求偏导数时,把 x 看作常数,这时是指数函数,得

$$\frac{\partial z}{\partial y} = x^y \ln x$$

例 3 求 $z = \arctan \dfrac{x}{y}$ 的偏导数.

解 $\dfrac{\partial z}{\partial x} = \dfrac{1}{1 + \left(\dfrac{x}{y}\right)^2} \cdot \dfrac{1}{y} = \dfrac{y}{x^2 + y^2}, \dfrac{\partial z}{\partial y} = \dfrac{1}{1 + \left(\dfrac{x}{y}\right)^2} \cdot \left(-\dfrac{x}{y^2}\right) = -\dfrac{x}{x^2 + y^2}$

例 4 求 $r = \sqrt{x^2 + y^2 + z^2}$ 的偏导数.

解 这是一个三元函数,偏导数的定义与计算方法与二元函数一样,对 x 求偏导数时,把 y, z 看作常数,得

$$\frac{\partial r}{\partial x} = \frac{1}{2\sqrt{x^2 + y^2 + z^2}} \cdot 2x = \frac{x}{\sqrt{x^2 + y^2 + z^2}}$$

由于 r 中 x, y, z 是对称的,即函数 r 的表达式中任意两个自变量互换后,函数不变. 因此,用变量轮换的方法,即可得出另外两个偏导数

$$\frac{\partial r}{\partial y} = \frac{y}{\sqrt{x^2 + y^2 + z^2}}, \frac{\partial r}{\partial z} = \frac{z}{\sqrt{x^2 + y^2 + z^2}}.$$

2. 二元函数偏导数的几何意义

由二元函数的几何意义可知,$z = f(x, y)$ 的图像通常是空间中的曲面. 设 $M_0(x_0, y_0, z_0)$ 为曲面 $z = f(x, y)$ 上的一点,其中 $z_0 = f(x_0, y_0)$. 过 M_0 作平面 $y = y_0$,它与曲面的交线 C 是 $y = y_0$ 平面上的一条曲线,曲线 C 的方程为 $z = f(x, y_0)$.

二元函数偏导数的几何意义:函数 $z = f(x, y)$ 在点 (x_0, y_0) 处关于 x 的偏导数 $f_x{}'(x_0, y_0)$ 就是一元函数 $z = f(x, y_0)$ 在 $x = x_0$ 的导数,因而也就是曲线 C 在点 (x_0, y_0, z_0) 处的切线 T_x 对于 x 轴的斜率. 同样,偏导数 $f_y{}'(x_0, y_0)$ 是平面 $x = x_0$ 与曲面 $z = f(x, y)$ 的交线在点 M_0 处的切线 T_y 对于 y 轴的斜率,如图 5.5 所示.

3. 高阶导数

二元函数 $z = f(x, y)$ 的偏导数 $f_x{}'(x, y)$ 和 $f_y{}'(x, y)$ 一般仍然是 x, y 的函数,若它们的偏导数也存在,则称它们是函数 $z = f(x, y)$ 的二阶偏导数. 按照对变量求导次序的不同有下列四个二阶偏导数:

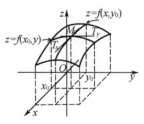

图 5.5

$$\frac{\partial}{\partial x}\left(\frac{\partial z}{\partial x}\right) = \frac{\partial^2 z}{\partial x^2} = f_{xx}''(x,y),\frac{\partial}{\partial y}\left(\frac{\partial z}{\partial y}\right) = \frac{\partial^2 z}{\partial y^2} = f_{yy}''(x,y)$$

$$\frac{\partial}{\partial y}\left(\frac{\partial z}{\partial x}\right) = \frac{\partial^2 z}{\partial x\partial y} = f_{xy}''(x,y),\frac{\partial}{\partial x}\left(\frac{\partial z}{\partial y}\right) = \frac{\partial^2 z}{\partial y\partial x} = f_{yx}''(x,y)$$

其中$\dfrac{\partial^2 z}{\partial x\partial y},\dfrac{\partial^2 z}{\partial y\partial x}$称为二阶混合偏导数.

类似地可以定义三阶以至 n 阶偏导数. 二阶及二阶以上的偏导数统称为高阶偏导数.

例 5　求 $z = x\ln(x+y)$ 的二阶偏导数.

解　$\dfrac{\partial z}{\partial x} = \ln(x+y) + \dfrac{x}{x+y},\dfrac{\partial z}{\partial y} = \dfrac{x}{x+y}$,则有

$$\frac{\partial^2 z}{\partial x^2} = \frac{1}{x+y} + \frac{x+y-x}{(x+y)^2} = \frac{x+2y}{(x+y)^2},\frac{\partial^2 z}{\partial y^2} = -\frac{x}{(x+y)^2}$$

$$\frac{\partial^2 z}{\partial x\partial y} = \frac{1}{x+y} - \frac{x}{(x+y)^2} = \frac{y}{(x+y)^2},\frac{\partial^2 z}{\partial y\partial x} = \frac{x+y-x}{(x+y)^2} = \frac{y}{(x+y)^2}$$

例 6　验证函数 $z = \ln\sqrt{x^2+y^2}$ 满足方程 $\dfrac{\partial^2 z}{\partial x^2} + \dfrac{\partial^2 z}{\partial y^2} = 0$.

证　因为 $z = \ln\sqrt{x^2+y^2} = \dfrac{1}{2}\ln(x^2+y^2)$,所以 $\dfrac{\partial z}{\partial x} = \dfrac{x}{x^2+y^2},\dfrac{\partial z}{\partial y} = \dfrac{y}{x^2+y^2}$,

$$\frac{\partial^2 z}{\partial x^2} = \frac{x^2+y^2-x\cdot 2x}{(x^2+y^2)^2} = \frac{y^2-x^2}{(x^2+y^2)^2},\frac{\partial^2 z}{\partial y^2} = \frac{x^2+y^2-y\cdot 2y}{(x^2+y^2)^2} = \frac{x^2-y^2}{(x^2+y^2)^2}$$

因此

$$\frac{\partial^2 z}{\partial x^2} + \frac{\partial^2 z}{\partial y^2} = \frac{y^2-x^2}{(x^2+y^2)^2} + \frac{x^2-y^2}{(x^2+y^2)^2} = 0$$

例 7　求函数 $z = \arctan\dfrac{x+y}{1-xy}$ 的二阶偏导数.

解　$\dfrac{\partial z}{\partial x} = \dfrac{1}{1+\left(\dfrac{x+y}{1-xy}\right)^2}\cdot\dfrac{(1-xy)-(x+y)\cdot(-y)}{(1-xy)^2} = \dfrac{1+y^2}{(1-xy)^2+(x+y)^2}$

$$= \frac{1+y^2}{1+x^2y^2+x^2+y^2} = \frac{1+y^2}{(1+y^2)(1+x^2)} = \frac{1}{1+x^2}$$

由对称性得 $\dfrac{\partial z}{\partial y} = \dfrac{1}{1+y^2}$,则

$$\frac{\partial^2 z}{\partial x^2} = -\frac{2x}{(1+x^2)^2},\frac{\partial^2 z}{\partial y^2} = -\frac{2y}{(1+y^2)^2},\frac{\partial^2 z}{\partial x\partial y} = 0,\frac{\partial^2 z}{\partial y\partial x} = 0$$

在例 5、例 7 中可以看到二阶混合偏导数都是相等的,即 $\dfrac{\partial^2 z}{\partial x\partial y} = \dfrac{\partial^2 z}{\partial y\partial x}$. 但在许多情况下它们并不相等,也就是说两者相等是要有一定条件的. 有下述定理.

定理 1　如果函数 $z = f(x,y)$ 的两个二阶混合偏导数 $\dfrac{\partial^2 z}{\partial x\partial y}$ 及 $\dfrac{\partial^2 z}{\partial y\partial x}$ 在区域 D 内连续,那么在该区域内这两个二阶混合偏导数必相等.

由定理知,若两个二阶混合偏导数在区域 D 内是连续的,则在 D 内求二阶混合偏导数与求导的次序无关.

5.2.2 多元复合函数的偏导数

1. 多元复合函数的求导法则

类似于一元复合函数的定义,给出二元复合函数的定义.

定义 2 设函数 $z = f(u,v)$,而 u,v 均为 x,y 的函数,即 $u = \varphi(x,y)$,$v = \psi(x,y)$,则函数 $z = f[\varphi(x,y),\psi(x,y)]$ 称为 x,y 的复合函数,其中 u,v 称为中间变量,x,y 称为自变量.

定理 2 如果函数 $u = \varphi(x,y)$,$v = \psi(x,y)$ 都在点 (x,y) 具有对 x 及对 y 的偏导数,函数 $z = f(u,v)$ 在对应点 (u,v) 具有连续偏导数,则复合函数 $z = f[\varphi(x,y),\psi(x,y)]$ 在点 (x,y) 的两个偏导数存在,且有下列公式:

$$\frac{\partial z}{\partial x} = \frac{\partial z}{\partial u}\frac{\partial u}{\partial x} + \frac{\partial z}{\partial v}\frac{\partial v}{\partial x}, \frac{\partial z}{\partial y} = \frac{\partial z}{\partial u}\frac{\partial u}{\partial y} + \frac{\partial z}{\partial v}\frac{\partial v}{\partial y} \tag{5.1}$$

或写成

$$\frac{\partial z}{\partial x} = \frac{\partial f}{\partial u}\frac{\partial u}{\partial x} + \frac{\partial f}{\partial v}\frac{\partial v}{\partial x}, \frac{\partial z}{\partial y} = \frac{\partial f}{\partial u}\frac{\partial u}{\partial y} + \frac{\partial f}{\partial v}\frac{\partial v}{\partial y}$$

如果中间变量个数或自变量个数多于两个,则有类似的结果,例如中间变量为三个的情形:

设函数 $z = f(u,v,w)$,而 $u = \varphi(x,y)$,$v = \psi(x,y)$,$w = \omega(x,y)$,则有

$$\frac{\partial z}{\partial x} = \frac{\partial z}{\partial u}\frac{\partial u}{\partial x} + \frac{\partial z}{\partial v}\frac{\partial v}{\partial x} + \frac{\partial z}{\partial w}\frac{\partial w}{\partial x}, \frac{\partial z}{\partial y} = \frac{\partial z}{\partial u}\frac{\partial u}{\partial y} + \frac{\partial z}{\partial v}\frac{\partial v}{\partial y} + \frac{\partial z}{\partial w}\frac{\partial w}{\partial y} \tag{5.2}$$

特殊情况下,如果 $z = f(u,x,y)$,而 $u = \varphi(x,y)$,则复合函数 $z = f[\varphi(x,y),x,y]$ 可看作 $z = f(u,v,w)$,而 $u = \varphi(x,y)$,$v = x$,$w = y$ 的特殊情形,因此有 $\frac{\partial v}{\partial x} = 1$,$\frac{\partial w}{\partial x} = 0$,$\frac{\partial v}{\partial y} = 0$,$\frac{\partial w}{\partial y} = 1$. 则由(5.2)式可得

$$\frac{\partial z}{\partial x} = \frac{\partial f}{\partial u}\frac{\partial u}{\partial x} + \frac{\partial f}{\partial x}, \frac{\partial z}{\partial y} = \frac{\partial f}{\partial u}\frac{\partial u}{\partial y} + \frac{\partial f}{\partial y} \tag{5.3}$$

注意 这里 $\frac{\partial z}{\partial x}$ 与 $\frac{\partial f}{\partial x}$ 是不同的,$\frac{\partial z}{\partial x}$ 是把复合函数 $z = f[\varphi(x,y),x,y]$ 中的 y 看作不变而对 x 的偏导数,$\frac{\partial f}{\partial x}$ 是把 $z = f(u,x,y)$ 中的 u 及 y 看作不变而对 x 的偏导数. $\frac{\partial z}{\partial y}$ 与 $\frac{\partial f}{\partial y}$ 也有类似的区别.

又例如自变量为三个的情形:

设 $g = f(u,v)$,而 $u = \varphi(x,y,z)$,$v = \psi(x,y,z)$,则有

$$\frac{\partial g}{\partial x} = \frac{\partial g}{\partial u}\frac{\partial u}{\partial x} + \frac{\partial g}{\partial v}\frac{\partial v}{\partial x}, \frac{\partial g}{\partial y} = \frac{\partial g}{\partial u}\frac{\partial u}{\partial y} + \frac{\partial g}{\partial v}\frac{\partial v}{\partial y}, \frac{\partial g}{\partial z} = \frac{\partial g}{\partial u}\frac{\partial u}{\partial z} + \frac{\partial g}{\partial v}\frac{\partial v}{\partial z} \tag{5.4}$$

如果 $z = f(u,v)$,而 $u = \varphi(x)$,$v = \psi(x)$,则 z 就是 x 的一元函数 $z = f[\varphi(x),\psi(x)]$,这时,称 z 对 x 的导数为全导数,即

$$\frac{\mathrm{d}z}{\mathrm{d}x} = \frac{\partial z}{\partial u}\frac{\mathrm{d}u}{\mathrm{d}x} + \frac{\partial z}{\partial v}\frac{\mathrm{d}v}{\mathrm{d}x} \tag{5.5}$$

如果 $z = f(x,y)$,而 $y = y(x)$,此时 x 既是中间变量又是自变量. 只要把函数写成 $z = f(x,y)$,$x = x$,$y = y(x)$,就可由公式(5.5)得到 z 关于 x 的全导数

$$\frac{\mathrm{d}z}{\mathrm{d}x} = \frac{\partial z}{\partial x}\frac{\mathrm{d}x}{\mathrm{d}x} + \frac{\partial z}{\partial y}\frac{\mathrm{d}y}{\mathrm{d}x} = \frac{\partial z}{\partial x} + \frac{\partial z}{\partial y}\frac{\mathrm{d}y}{\mathrm{d}x} \tag{5.6}$$

例 8　设 $z = \mathrm{e}^u \sin v$，而 $u = x^2 y, v = x + 2y$，求偏导数 $\dfrac{\partial z}{\partial x}, \dfrac{\partial z}{\partial y}$.

解　
$$\begin{aligned}
\frac{\partial z}{\partial x} &= \frac{\partial z}{\partial u}\frac{\partial u}{\partial x} + \frac{\partial z}{\partial v}\frac{\partial v}{\partial x} = \mathrm{e}^u \sin v \cdot 2xy + \mathrm{e}^u \cos v \cdot 1 \\
&= \mathrm{e}^{x^2 y}\left[2xy\sin(x + 2y) + \cos(x + 2y)\right] \\
\frac{\partial z}{\partial y} &= \frac{\partial z}{\partial u}\frac{\partial u}{\partial y} + \frac{\partial z}{\partial v}\frac{\partial v}{\partial y} = \mathrm{e}^u \sin v \cdot x^2 + \mathrm{e}^u \cos v \cdot 2 \\
&= \mathrm{e}^{x^2 y}\left[x^2\sin(x + 2y) + 2\cos(x + 2y)\right]
\end{aligned}$$

例 9　设 $z = (x^2 + y^2)^{xy^2}$，求偏导数 $\dfrac{\partial z}{\partial x}, \dfrac{\partial z}{\partial y}$.

解　引入中间变量，设 $u = x^2 + y^2, v = xy^2$，则 $z = u^v$. 由公式(5.1)得
$$\begin{aligned}
\frac{\partial z}{\partial x} &= \frac{\partial z}{\partial u}\frac{\partial u}{\partial x} + \frac{\partial z}{\partial v}\frac{\partial v}{\partial x} = vu^{v-1} \cdot 2x + u^v \ln u \cdot y^2 \\
&= xy^2(x^2 + y^2)^{xy^2-1} \cdot 2x + (x^2 + y^2)^{xy^2}\ln(x^2 + y^2) \cdot y^2 \\
&= y^2(x^2 + y^2)^{xy^2}\left[\frac{2x^2}{x^2 + y^2} + \ln(x^2 + y^2)\right] \\
\frac{\partial z}{\partial y} &= \frac{\partial z}{\partial u}\frac{\partial u}{\partial y} + \frac{\partial z}{\partial v}\frac{\partial v}{\partial y} = vu^{v-1} \cdot 2y + u^v \ln u \cdot 2xy \\
&= xy^2(x^2 + y^2)^{xy^2-1} \cdot 2y + (x^2 + y^2)^{xy^2}\ln(x^2 + y^2) \cdot 2xy \\
&= 2xy(x^2 + y^2)^{xy^2}\left[\frac{y^2}{x^2 + y^2} + \ln(x^2 + y^2)\right]
\end{aligned}$$

例 10　设 $z = uv + \sin t$，而 $u = \mathrm{e}^t, v = \cos t$，求 $\dfrac{\mathrm{d}z}{\mathrm{d}t}$.

解　这里 u, v, t 是中间变量，而 t 又是 z 的自变量，于是
$$\frac{\mathrm{d}z}{\mathrm{d}t} = \frac{\partial z}{\partial u}\frac{\mathrm{d}u}{\mathrm{d}t} + \frac{\partial z}{\partial v}\frac{\mathrm{d}v}{\mathrm{d}t} + \frac{\partial z}{\partial t} = v\mathrm{e}^t + u(-\sin t) + \cos t = \mathrm{e}^t(\cos t - \sin t) + \cos t$$

例 11　设 $z = x^y$，而 $x = \sin t, y = \cos t$，求 $\dfrac{\mathrm{d}z}{\mathrm{d}t}$.

解　
$$\begin{aligned}
\frac{\mathrm{d}z}{\mathrm{d}t} &= \frac{\partial z}{\partial x}\frac{\mathrm{d}x}{\mathrm{d}t} + \frac{\partial z}{\partial y}\frac{\mathrm{d}y}{\mathrm{d}t} = yx^{y-1} \cdot \cos t + x^y \ln x \cdot (-\sin t) \\
&= (\sin t)^{\cos t-1} \cdot \cos^2 t - (\sin t)^{\cos t+1}\ln\sin t
\end{aligned}$$

例 12　设 $z = f(x, u)$ 偏导数连续，且 $u = 3x^2 + y^4$，求 $\dfrac{\partial z}{\partial x}, \dfrac{\partial z}{\partial y}$.

解　$\dfrac{\partial z}{\partial x} = \dfrac{\partial f}{\partial x} + \dfrac{\partial f}{\partial u}\dfrac{\partial u}{\partial x} = \dfrac{\partial f}{\partial x} + \dfrac{\partial f}{\partial u} \cdot 6x, \dfrac{\partial z}{\partial y} = \dfrac{\partial f}{\partial u}\dfrac{\partial u}{\partial y} = 4y^3\dfrac{\partial f}{\partial u}$

5.2.3　隐函数的求导公式

与一元函数的隐函数类似，多元函数的隐函数也是由方程来确定的一个函数.

由方程 $F(x, y, z) = 0$ 所确定的函数 $z = f(x, y)$，称为二元隐函数.

定理 3（隐函数存在定理）　设函数 $F(x, y, z) = 0$ 在点 $P(x_0, y_0, z_0)$ 的某一邻域内具有连续的偏导数，且 $F(x_0, y_0, z_0) = 0, F_z'(x_0, y_0, z_0) \neq 0$，则方程 $F(x, y, z) = 0$ 在点 (x_0, y_0, z_0) 的某一邻域内恒能唯一确定一个单值连续且具有连续偏导数的函数 $z = f(x, y)$，它满足条件 $z_0 = f(x_0, y_0)$. 对 $F(x, y, z) = 0$ 分别求 x, y 的偏导数，则有

$$\frac{\partial F}{\partial x} + \frac{\partial F}{\partial z} \frac{\partial z}{\partial x} = 0$$

得到 $\dfrac{\partial z}{\partial x} = -\dfrac{\dfrac{\partial F}{\partial x}}{\dfrac{\partial F}{\partial z}}$，或写成 $\dfrac{\partial z}{\partial x} = -\dfrac{F_x{}'}{F_z{}'}$

$$\frac{\partial F}{\partial y} + \frac{\partial F}{\partial z} \frac{\partial z}{\partial y} = 0$$

得到 $\dfrac{\partial z}{\partial y} = -\dfrac{\dfrac{\partial F}{\partial y}}{\dfrac{\partial F}{\partial z}}$，或写成 $\dfrac{\partial z}{\partial y} = -\dfrac{F_y{}'}{F_z{}'}$

特别地，由方程 $F(x,y) = 0$ 所确定的隐函数 $y = f(x)$ 的求导公式为

$$\frac{\mathrm{d}y}{\mathrm{d}x} = -\frac{\dfrac{\partial F}{\partial x}}{\dfrac{\partial F}{\partial y}}$$

或写成 $\dfrac{\mathrm{d}y}{\mathrm{d}x} = -\dfrac{F_x{}'}{F_y{}'}$

例 13　由方程 $x - y + \dfrac{1}{2}\sin y = 0$ 确定 y 是 x 的函数，求 $\dfrac{\mathrm{d}y}{\mathrm{d}x}$.

解　设 $F(x,y) = x - y + \dfrac{1}{2}\sin y$，则 $F_x{}' = 1, F_y{}' = -1 + \dfrac{1}{2}\cos y$. 所以

$$\frac{\mathrm{d}y}{\mathrm{d}x} = -\frac{F_x{}'}{F_y{}'} = -\frac{1}{-1 + \dfrac{1}{2}\cos y} = \frac{2}{2 - \cos y}$$

这同用一元隐函数的求导方法，即方程两边同时对 x 求导后，再解出 $\dfrac{\mathrm{d}y}{\mathrm{d}x}$ 的结果是一样的.

例 14　设方程 $x^2 + y^2 + z^2 - 4z = 0$ 确定 z 是 x, y 的隐函数，求 $\dfrac{\partial z}{\partial x}, \dfrac{\partial z}{\partial y}$.

解　设 $F(x,y,z) = x^2 + y^2 + z^2 - 4z$，则 $F_x{}' = 2x, F_y{}' = 2y, F_z{}' = 2z - 4$. 所以

$$\frac{\partial z}{\partial x} = -\frac{F_x{}'}{F_z{}'} = -\frac{2x}{2z - 4} = \frac{x}{2 - z}, \frac{\partial z}{\partial y} = -\frac{F_y{}'}{F_z{}'} = -\frac{2y}{2z - 4} = \frac{y}{2 - z}$$

此题也可直接对方程两边求关于 x 的偏导数，得

$$2x + 2z \frac{\partial z}{\partial x} - 4 \frac{\partial z}{\partial x} = 0$$

则

$$\frac{\partial z}{\partial x}(2z - 4) = -2x$$

所以

$$\frac{\partial z}{\partial x} = -\frac{2x}{2z - 4} = \frac{x}{2 - z}$$

同理可求出 $\dfrac{\partial z}{\partial y}$ 的结果.

例 15　求由方程 $\dfrac{x}{z} = \ln \dfrac{z}{y}$ 所确定的隐函数 $z = z(x,y)$ 的一阶偏导数.

解　设 $F(x,y,z) = \dfrac{x}{z} - \ln \dfrac{z}{y} = \dfrac{x}{z} - \ln z + \ln y$，则有

$$F_x{'} = \frac{1}{z}, F_y{'} = \frac{1}{y}, F_z{'} = -\frac{x}{z^2} - \frac{1}{z} = -\frac{x+z}{z^2}$$

所以

$$\frac{\partial z}{\partial x} = -\frac{F_x{'}}{F_z{'}} = -\frac{\dfrac{1}{z}}{-\dfrac{x+z}{z^2}} = \frac{z}{x+z}, \frac{\partial z}{\partial y} = -\frac{F_y{'}}{F_z{'}} = -\frac{\dfrac{1}{y}}{-\dfrac{x+z}{z^2}} = \frac{z^2}{y(x+z)}$$

5.2.4　全微分

1. 全微分的定义

由一元函数微分的定义，如果让二元函数 $z = f(x,y)$ 中的一个自变量固定，让另一个自变量获得增量，则函数 z 相应得到增量，根据一元函数微分学中增量与微分的关系，可得

$$f(x + \Delta x, y) - f(x,y) \approx f_x{'}(x,y)\Delta x \tag{5.7}$$

$$f(x, y + \Delta y) - f(x,y) \approx f_y{'}(x,y)\Delta y \tag{5.8}$$

式(5.7)和式(5.8)的左端分别称为二元函数对 x 和对 y 的偏增量，而右端分别称为二元函数对 x 和对 y 的偏微分.

在实际问题中，有时需要研究多元函数中各个自变量都取得增量时因变量所获得的增量.

设矩形的长和宽分别用 x,y 表示，则此矩形的面积 S 为

$$S = xy$$

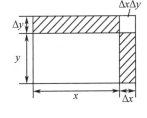

图 5.6

如果边长 x,y 分别获得增量 $\Delta x, \Delta y$，则面积 S 相应地有全增量（如图 5.6），记为 ΔS，即

$$\Delta S = (x + \Delta x)(y + \Delta y) - xy = y\Delta x + x\Delta y + \Delta x\Delta y \tag{5.9}$$

式(5.9)右端包含两部分，一部分是 $y\Delta x + x\Delta y$，它是关于 Δx，Δy 的线性函数，另一部分是 $\Delta x\Delta y$. 当 $\Delta x \to 0$，$\Delta y \to 0$，即当 $\rho = \sqrt{\Delta x^2 + \Delta y^2} \to 0$ 时，$\Delta x\Delta y$ 是比 ρ 高阶的无穷小量. 因此，如果略去 $\Delta x\Delta y$，而用 $y\Delta x + x\Delta y$ 近似表示 ΔS，则其差 $\Delta S - y\Delta x + x\Delta y = \Delta x\Delta y$ 是一个比 ρ 高阶的无穷小量. 因此 ΔS 可以用关于 Δx，Δy 的线性函数 $y\Delta x + x\Delta y$ 近似计算.

设函数 $z = f(x,y)$ 在点 $P(x,y)$ 的某一邻域内有定义，并设 $P'(x + \Delta x, y + \Delta y)$ 为这个邻域内的任意一点，则称这两点的函数值之差 $f(x + \Delta x, y + \Delta y) - f(x,y)$ 为函数在点 P 对应于自变量增量 Δx，Δy 的全增量，记作 Δz，即

$$\Delta z = f(x + \Delta x, y + \Delta y) - f(x,y)$$

一般说来，计算全增量 Δz 比较复杂，与一元函数的情形一样，希望用自变量的增量 Δx，Δy 的线性函数来近似地代替函数的全增量 Δz，从而引入如下定义.

定义 3　如果函数 $z = f(x,y)$ 在点 (x,y) 的全增量

$$\Delta z = f(x + \Delta x, y + \Delta y) - f(x,y)$$

可表示为

$$\Delta z = A\Delta x + B\Delta y + o(\rho)$$

其中,A,B 不依赖于 $\Delta x,\Delta y$ 而仅与 x,y 有关,$\rho = \sqrt{\Delta x^2 + \Delta y^2}$,则称函数 $z = f(x,y)$ 在点 (x,y) 可微分,而 $A\Delta x + B\Delta y$ 称为函数 $z = f(x,y)$ 在点 (x,y) 的全微分,记作 dz,即

$$dz = A\Delta x + B\Delta y$$

如果函数在区域 D 内各点处都可微分,那么称该函数在 D 内可微分.

下面讨论函数 $z = f(x,y)$ 在点 (x,y) 可微分的条件.

定理 4(必要条件)　如果函数 $z = f(x,y)$ 在点 (x,y) 可微分,则该函数在点 (x,y) 的偏导数 $\dfrac{\partial z}{\partial x},\dfrac{\partial z}{\partial y}$ 必存在,且函数 $z = f(x,y)$ 在点 (x,y) 的全微分为

$$dz = \frac{\partial z}{\partial x}\Delta x + \frac{\partial z}{\partial y}\Delta y$$

证明　设函数 $z = f(x,y)$ 在点 $P(x,y)$ 可微分,于是对于点 P 的某一邻域内任意一点 $P'(x + \Delta x, y + \Delta y)$,总有

$$\Delta z = f(x + \Delta x, y + \Delta y) - f(x,y) = A\Delta x + B\Delta y + o(\rho)$$

而当 $\Delta y = 0$ 时

$$\rho = \sqrt{\Delta x^2 + \Delta y^2} = |\Delta x|$$

$$\Delta z = f(x + \Delta x, y) - f(x,y) = A\Delta x + o(|\Delta x|)$$

上式两边各除以 Δx,再令 $\Delta x \to 0$ 取极限得

$$\lim_{\Delta x \to 0} \frac{f(x + \Delta x, y) - f(x,y)}{\Delta x} = A$$

即

$$\frac{\partial z}{\partial x} = A$$

同样可证明 $\dfrac{\partial z}{\partial y} = B$,因此有

$$dz = \frac{\partial z}{\partial x}\Delta x + \frac{\partial z}{\partial y}\Delta y$$

由此可见,若函数 $z = f(x,y)$ 在某点可微分,则函数在该点的偏导数 $\dfrac{\partial z}{\partial x},\dfrac{\partial z}{\partial y}$ 必存在且恰好分别等于微分 dz 表达式中的 A 和 B. 但反之,即使 $\dfrac{\partial z}{\partial x},\dfrac{\partial z}{\partial y}$ 均存在,函数 $z = f(x,y)$ 也不一定可微,即各偏导数的存在只是全微分存在的必要条件而非充分条件. 不过,如果再加强条件,让函数的各偏导数连续,则可以证明函数是可微分的,即有下面定理.

定理 5(充分条件)　如果函数 $z = f(x,y)$ 的偏导数 $\dfrac{\partial z}{\partial x},\dfrac{\partial z}{\partial y}$ 在点 (x,y) 连续,则函数在该点可微分.(证明略)

如果定义自变量 x,y 的微分为 $dx = \Delta x, dy = \Delta y$,则函数 $z = f(x,y)$ 的全微分就可以写成

$$dz = \frac{\partial z}{\partial x}dx + \frac{\partial z}{\partial y}dy$$

例 16　求函数 $z = \ln(x + y^2)$ 的全微分.

解　因为 $\dfrac{\partial z}{\partial x} = \dfrac{1}{x + y^2}, \dfrac{\partial z}{\partial y} = \dfrac{2y}{x + y^2}$,所以

$$dz = \frac{\partial z}{\partial x}dx + \frac{\partial z}{\partial y}dy = \frac{1}{x+y^2}dx + \frac{2y}{x+y^2}dy = \frac{dx + 2ydy}{x+y^2}.$$

例 17　求函数 $z = e^{xy}$ 在点 $(2,1)$ 处的全微分.

解　因为 $\frac{\partial z}{\partial x} = ye^{xy}, \frac{\partial z}{\partial y} = xe^{xy}$,则 $\frac{\partial z}{\partial x}\Big|_{\substack{x=2\\y=1}} = e^2, \frac{\partial z}{\partial y}\Big|_{\substack{x=2\\y=1}} = 2e^2$. 所以

$$dz = e^2 dx + 2e^2 dy$$

例 18　求由方程函数 $e^{-xy} - 2z + e^z = 0$ 所确定的隐函数 $z = f(x,y)$ 的全微分.

解　设 $F(x,y,z) = e^{-xy} - 2z + e^z$,因为 $F_x' = -ye^{-xy}, F_y' = -xe^{-xy}, F_z' = -2 + e^z$,则有

$$\frac{\partial z}{\partial x} = -\frac{F_x'}{F_z'} = \frac{ye^{-xy}}{e^z - 2}, \frac{\partial z}{\partial y} = -\frac{F_y'}{F_z'} = \frac{xe^{-xy}}{e^z - 2}$$

所以

$$dz = \frac{\partial z}{\partial x}dx + \frac{\partial z}{\partial y}dy = \frac{ye^{-xy}}{e^z - 2}dx + \frac{xe^{-xy}}{e^z - 2}dy = \frac{e^{-xy}}{e^z - 2}(ydx + xdy)$$

习题 5.2

1. 填空题.

(1) 设函数 $z = \cos(x^2 + y^2)$,则 $\frac{\partial z}{\partial x} = $ _____,$\frac{\partial z}{\partial y} = $ _____.

(2) 设函数 $z = e^{\frac{x}{y}}$,则 $\frac{\partial z}{\partial x} = $ _____,$\frac{\partial z}{\partial y} = $ _____.

(3) 设函数 $z = y^{x^2}$,则 $\frac{\partial z}{\partial x} = $ _____,$\frac{\partial z}{\partial y} = $ _____.

(4) 设函数 $z = y^2 \ln(x^2 + y^2)$,则 $\frac{\partial z}{\partial x} = $ _____,$\frac{\partial z}{\partial y} = $ _____.

(5) 设函数 $z = x^{\ln y}$,则偏导数 $\frac{\partial^2 z}{\partial x \partial y}\Big|_{\substack{x=1\\y=e}} = $ _____.

(6) 设 $z = uv^2$,而 $u = x^2 - y^2, v = \frac{x}{y}$,则 $\frac{\partial z}{\partial x} = $ _____,$\frac{\partial z}{\partial y} = $ _____.

(7) 设 $z = uv, u = \sin x, v = \cos(x+y)$,则 $\frac{\partial z}{\partial x} = $ _____,$\frac{\partial z}{\partial y} = $ _____.

(8) 设 $z = (x - 2y)^y$,则 $\frac{\partial z}{\partial x} = $ _____,$\frac{\partial z}{\partial y} = $ _____.

(9) 设 $z = \frac{y}{x}, x = e^t, y = 1 - e^{2t}$,则 $\frac{dz}{dt} = $ _____.

(10) 设 $z = \ln(xy), y = \cos x$,则 $\frac{dz}{dx} = $ _____.

(11) 设方程 $y + e^x - xy^2 = 0$ 确定 y 是 x 的隐函数,则 $\frac{dy}{dx} = $ _____.

(12) 设函数 $z = z(x,y)$ 由方程 $xz = y + e^z$ 所确定,则 $\frac{\partial z}{\partial x} = $ _____,$\frac{\partial z}{\partial y} = $ _____.

(13) 设函数 $z = z(x,y)$ 由方程 $e^z - xyz = 0$ 所确定,则 $\frac{\partial z}{\partial x} = $ _____,$\frac{\partial z}{\partial y} = $ _____.

（14）设 $z = \arctan(x^2 y)$ ，则 $\mathrm{d}z =$ _____.

（15）设 $z = \ln(x + y^2)$ ，则 $\mathrm{d}z \big|_{(1,0)} =$ _____.

（16）函数 $z = \mathrm{e}^{xy}$ 当 $x = 1, y = 1, \Delta x = 0.15, \Delta y = 0.1$ 时的全微分等于_____.

2. 单项选择题.

（1）设 $z = f(x, y)$ ，则偏导数 $\dfrac{\partial z}{\partial y} \bigg|_{(x_0, y_0)}$ 等于（　　）.

A. $\lim\limits_{\Delta y \to 0} \dfrac{f(x_0 + \Delta x, y_0 + \Delta y) - f(x_0, y_0)}{\Delta y}$　　　　B. $\lim\limits_{\Delta y \to 0} \dfrac{f(x_0, y_0 + \Delta y) - f(x_0, y_0)}{\Delta y}$

C. $\lim\limits_{\Delta y \to 0} \dfrac{f(x, y_0 + \Delta y) - f(x_0, y_0)}{\Delta y}$　　　　D. $\lim\limits_{\Delta y \to 0} \dfrac{f(x_0, y_0 + \Delta y)}{\Delta y}$

（2）设函数 $z = 3^{xy}$ ，则偏导数 $\dfrac{\partial z}{\partial x}$ 等于（　　）.

A. $y \cdot 3^{xy}$　　　　B. $3^{xy} \ln 3$　　　　C. $xy \cdot 3^{xy-1}$　　　　D. $y \cdot 3^{xy} \ln 3$

（3）已知 $f(x + y, x - y) = x^2 - y^2$ ，则 $\dfrac{\partial f}{\partial x} + \dfrac{\partial f}{\partial y}$ 等于（　　）.

A. $2x - 2y$　　　　B. $2x + 2y$　　　　C. $x + y$　　　　D. $x - y$

（4）设 $z = f(x, v), v = \varphi(x, y)$ ，其中 f, φ 都具有一阶连续偏导数，则 $\dfrac{\partial z}{\partial x}$ 等于（　　）.

A. $\dfrac{\partial f}{\partial x}$　　　　B. $\dfrac{\partial f}{\partial x} + \dfrac{\partial \varphi}{\partial x}$　　　　C. $\dfrac{\partial f}{\partial x} + \dfrac{\partial f}{\partial v} \dfrac{\partial \varphi}{\partial x}$　　　　D. $\dfrac{\partial f}{\partial x} + \dfrac{\partial f}{\partial v} \dfrac{\partial \varphi}{\partial x} + \dfrac{\partial y}{\partial x}$

（5）设函数 $z = z(x, y)$ 是由方程 $x = \ln \dfrac{z}{y}$ 所确定的隐函数，则 $\dfrac{\partial z}{\partial x}$ 等于（　　）.

A. $y \mathrm{e}^x$　　　　B. e^x　　　　C. 1　　　　D. y

（6）设函数 $z = f(x, y)$ 是由方程 $F(x - az, y - bz) = 0$ 所确定的隐函数，其中 $F(u, v)$ 是变量 u, v 的任意可微函数，a, b 为常数，则有下式（　　）成立.

A. $b \dfrac{\partial z}{\partial x} + a \dfrac{\partial z}{\partial y} = 1$　　B. $a \dfrac{\partial z}{\partial x} + b \dfrac{\partial z}{\partial y} = 1$　　C. $b \dfrac{\partial z}{\partial x} - a \dfrac{\partial z}{\partial y} = 1$　　D. $a \dfrac{\partial z}{\partial x} - b \dfrac{\partial z}{\partial y} = 1$

（7）函数 $z = f(x, y)$ 在点 (x, y) 处的一阶偏导数存在是函数在该点可微的（　　）.

A. 充分条件　　　　B. 必要条件　　　　C. 充分必要条件　　　　D. 无关条件

（8）设 $z = \arctan \dfrac{x}{y}$ ，则全微分 $\mathrm{d}z$ 等于（　　）.

A. $y \mathrm{d}x + x \mathrm{d}y$　　　B. $y \mathrm{d}x - x \mathrm{d}y$　　　C. $\dfrac{1}{x^2 + y^2}(y \mathrm{d}x + x \mathrm{d}y)$　　D. $\dfrac{1}{x^2 + y^2}(y \mathrm{d}x - x \mathrm{d}y)$

3. 求下列函数的偏导数.

（1）$z = xy + \dfrac{x}{y}$　　　　　　　　　　　（2）$z = \mathrm{e}^{\arctan \frac{y}{x}}$

（3）$z = \ln \sqrt{x^2 + y^2}$　　　　　　　　　（4）$u = y^{\frac{x}{z}}$

4. 设函数 $z = \ln(\sqrt{x} + \sqrt{y})$ ，验证 $x \dfrac{\partial z}{\partial x} + y \dfrac{\partial z}{\partial y} = \dfrac{1}{2}$.

5. 求下列函数的偏导数.

（1）$z = u^2 v - uv^2$ ，而 $u = x \sin y, v = x \cos y$ ，求 $\dfrac{\partial z}{\partial x}, \dfrac{\partial z}{\partial y}$.

（2）$z = (x^2 + y^2)^{2x+y}$，求 $\dfrac{\partial z}{\partial x}, \dfrac{\partial z}{\partial y}$.

（3）设 $z = e^{x-2y}$，而 $x = \sin t, y = t^3$，求 $\dfrac{dz}{dt}$.

（4）设函数 $z = \arctan(xy)$，而 $y = e^x$，求 $\dfrac{dz}{dx}$.

6. 设 $f(x,y) = (1 + xy)^x$，求 $f_x'(1,1)$ 及 $f_y'(1,1)$.

7. 设 $z = y\varphi(x^2 - y^2)$，其中 φ 为可导函数，求 $y\dfrac{\partial z}{\partial x} + x\dfrac{\partial z}{\partial y}$.

8. 设 $z = yf(x^2 - y^2)$，其中 f 为可微分函数，证明 $\dfrac{1}{x}\dfrac{\partial z}{\partial x} + \dfrac{1}{y}\dfrac{\partial z}{\partial y} = \dfrac{z}{y^2}$.

9. 对下列方程所确定的隐函数，求其偏导数 $\dfrac{\partial z}{\partial x}, \dfrac{\partial z}{\partial y}$.

（1）$e^z - xyz = xy$ 　　　　　　　　　（2）$xy + z\ln y + e^{xz} = 1$

10. 设方程 $2\sin(x + 2y - 3z) = x + 2y - 3z$ 确定 z 是 x, y 的隐函数，证明 $\dfrac{\partial z}{\partial x} + \dfrac{\partial z}{\partial y} = 1$.

11. 求下列函数的全微分.

（1）$z = x^3 y - xy^3$ 　　　　　　　　　（2）$u = x^{yz}$

12. 设函数 $z = z(x,y)$ 由方程 $e^{x+y+z} = xyz$ 所确定，求 dz.

5.3　二元函数微分学的应用

5.3.1　二元函数的微分在近似计算中的应用

同一元函数的微分一样，二元函数的全微分也可用来作近似计算.

当二元函数 $z = f(x,y)$ 在点 $P(x_0, y_0)$ 可微，则有

$$\Delta z = f(x_0 + \Delta x, y_0 + \Delta y) - f(x_0, y_0) = f_x'(x_0, y_0)\Delta x + f_y'(x_0, y_0)\Delta y + o(\rho)$$

其中，$\rho = \sqrt{\Delta x^2 + \Delta y^2}$. 故当 $|\Delta x|, |\Delta y|$ 很小时，就有近似计算公式

$$\Delta z \approx dz = f_x'(x_0, y_0)\Delta x + f_y'(x_0, y_0)\Delta y \tag{5.10}$$

式（5.10）也可写成

$$f(x_0 + \Delta x, y_0 + \Delta y) \approx f(x_0, y_0) + f_x'(x_0, y_0)\Delta x + f_y'(x_0, y_0)\Delta y \tag{5.11}$$

公式（5.10）可用来计算函数的增量，公式（5.11）可用来计算函数的近似值.

例 1　某企业要造一个无盖的圆柱形水池，其内直径为 3 m，池深 4 m，若水池厚度为 5 cm，问大约需要多少立方米材料？

解　设圆柱底半径为 r，高为 h，则体积为

$$V = f(r,h) = \pi r^2 h$$

造水池所需材料的体积可以看作是 $r_0 = 1.5, h_0 = 4$ 的圆柱体，当 $\Delta r = \Delta h = 0.05$ 时体积增量 ΔV 的近似值为 dV. 由于

$$f_r'(r,h) = 2\pi rh, f_h'(r,h) = \pi r^2$$

则 　　　　　　　　　$f_r'(1.5,4) = 12\pi, f_h'(1.5,4) = 2.25\pi$

所以由公式（5.10）有

$$\Delta V \approx \mathrm{d}V = f_r{}'(1.5,4)\Delta r + f_h{}'(1.5,4)\Delta h = 12\pi \times 0.05 + 2.25\pi \times 0.05$$
$$= 0.712\ 5\pi \approx 2.238\ \mathrm{m}^3$$

即所用材料约为 2.238 立方米.

例2　求 $(1.08)^{3.96}$ 的近似值.

解　设函数 $f(x,y) = x^y$,取 $x_0 = 1, y_0 = 4, \Delta x = 0.08, \Delta y = -0.04$,则 $f(x_0,y_0) = f(1,4) = 1$. 又 $f_x{}'(x,y) = yx^{y-1}, f_y{}'(x,y) = x^y \ln x$,则 $f_x{}'(1,4) = 4, f_y{}'(1,4) = 0$. 应用公式(5.11)有

$$(1.08)^{3.96} \approx 1 + 4 \times 0.08 + 0 \times (-0.04) = 1 + 0.32 = 1.32$$

5.3.2　多元函数的极值

在实际问题中,往往会遇到多元函数的最大值、最小值问题,与一元函数相类似,多元函数的最大值、最小值与极大值、极小值有密切联系. 因此我们以二元函数为例,先来讨论多元函数的极值问题.

定义1　设函数 $z = f(x,y)$ 在点 (x_0,y_0) 的某一邻域内有定义,若对该邻域内任一异于 (x_0,y_0) 的点 (x,y),都有 $f(x,y) < f(x_0,y_0)$,则称 $f(x_0,y_0)$ 是函数 $f(x,y)$ 的极大值,称 (x_0,y_0) 为 $f(x,y)$ 的极大值点;若都有 $f(x,y) > f(x_0,y_0)$,则称 $f(x_0,y_0)$ 是函数 $f(x,y)$ 的极小值,称 (x_0,y_0) 为 $f(x,y)$ 的极小值点.

例如函数 $z = x^2 + y^2$ 在点 $(0,0)$ 处有极小值. 因为在点 $(0,0)$ 的任一邻域内异于 $(0,0)$ 的点函数值均为正,而在点 $(0,0)$ 处的函数值为零. 从几何上看这是显然的,因为点 $(0,0,0)$ 是开口向上的旋转抛物面 $z = x^2 + y^2$ 的顶点,如图 5.7 所示.

又如函数 $z = \sqrt{4 - x^2 - y^2}$ 在点 $(0,0)$ 处有极大值 $z = 2$. 从几何上看,点 $(0,0,2)$ 是半球面 $z = \sqrt{4 - x^2 - y^2}$ 的最高点,如图 5.8 所示.

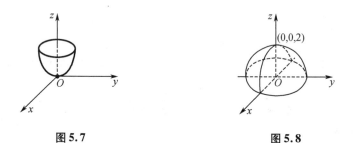

图 5.7　　　　　　　　　　　　　　图 5.8

再如函数 $z = xy$ 在点 $(0,0)$ 处既不取得极大值也不取得极小值. 因为在点 $(0,0)$ 处的函数值为零,而在点 $(0,0)$ 的任一邻域内,总有使函数值为正的点,也有使函数值为负的点.

上面例子,由于函数比较简单,所以利用极值定义就能讨论极值问题. 对于一般的多元函数的极值问题,用极值定义通常难以判断,一般可以利用偏导数来解决. 下面两个定理就是关于这个问题的结论.

定理1(极值存在的必要条件)　设函数 $z = f(x,y)$ 在点 (x_0,y_0) 具有偏导数,且在点 (x_0,y_0) 处有极值,则它在该点的偏导数必然为零,即

$$f_x{}'(x_0,y_0) = 0, f_y{}'(x_0,y_0) = 0$$

仿照一元函数,凡是能使 $f_x{}'(x,y) = 0, f_y{}'(x,y) = 0$ 同时成立的点 (x_0,y_0) 称为函数 $z = f(x,y)$ 的驻点. 由定理 1 可知,具有偏导数的函数的极值点必为驻点,但驻点不一定是极

值点. 如上面例子, $z=xy$ 有驻点 $(0,0)$, 但函数在该点并无极值.

定理 2（极值存在的充分条件）　设函数 $z=f(x,y)$ 在点 (x_0,y_0) 的某一邻域内连续并有一阶及二阶连续偏导数, 且满足

$$f_x{}'(x_0,y_0)=0, f_y{}'(x_0,y_0)=0$$

令

$$f_{xx}{}''(x_0,y_0)=A, f_{xy}{}''(x_0,y_0)=B, f_{yy}{}''(x_0,y_0)=C$$

则 $f(x,y)$ 在点 (x_0,y_0) 处:

（1）当 $B^2-AC<0$ 时具有极值, 且当 $A<0$ 时有极大值, 当 $A>0$ 时有极小值;

（2）当 $B^2-AC>0$ 时没有极值;

（3）当 $B^2-AC=0$ 时, 可能有极值, 也可能没有极值, 还需用其他方法讨论.

由定理 1 和定理 2, 求具有二阶连续偏导数的函数 $z=f(x,y)$ 的极值的步骤如下:

第一步, 解方程组 $f_x{}'(x,y)=0, f_y{}'(x,y)=0$, 求出所有的驻点 (x_0,y_0) ;

第二步, 对每一个驻点 (x_0,y_0) , 求出二阶偏导数值 A,B,C ;

第三步, 依据 B^2-AC 及 A 的符号, 确定点 (x_0,y_0) 处是否取得极值, 是极大值还是极小值.

例 3　求函数 $f(x,y)=x^2+5y^2-6x+10y+6$ 的极值.

解　先解方程组 $\begin{cases}f_x{}'(x,y)=2x-6=0\\f_y{}'(x,y)=10y+10=0\end{cases}$, 得驻点 $(3,-1)$. 再求出二阶偏导数 $f_{xx}{}''(x,y)=2, f_{xy}{}''(x,y)=0, f_{yy}{}''(x,y)=10$. 所以在点 $(3,-1)$ 处 $A=2, B=0, C=10$, 则 $B^2-AC=-20<0$, 且 $A=2>0$, 所以 $f(x,y)$ 在点 $(3,-1)$ 处取得极小值 $f(3,-1)=-8$.

例 4　求函数 $f(x,y)=x^3-y^3+3x^2+3y^2-9x$ 的极值.

解　由方程组 $\begin{cases}f_x{}'(x,y)=3x^2+6x-9=0\\f_y{}'(x,y)=-3y^2+6y=0\end{cases}$, 得驻点 $(1,0)(1,2)(-3,0)(-3,2)$. 二阶偏导数 $f_{xx}{}''(x,y)=6x+6, f_{xy}{}''(x,y)=0, f_{yy}{}''(x,y)=-6y+6$. 下面讨论各驻点的情况:

在点 $(1,0)$ 处, $A=12, B=0, C=6$, 则 $B^2-AC=-72<0$, 且 $A=12>0$, 所以 $f(x,y)$ 在点 $(1,0)$ 处取得极小值 $f(1,0)=-5$;

在点 $(1,2)$ 处, $A=12, B=0, C=-6$, 则 $B^2-AC=72>0$, 所以点 $(1,2)$ 不是 $f(x,y)$ 的极值点;

在点 $(-3,0)$ 处, $A=-12, B=0, C=6$, 则 $B^2-AC=72>0$, 所以点 $(-3,0)$ 不是 $f(x,y)$ 的极值点;

在点 $(-3,2)$ 处, $A=-12, B=0, C=-6$, 则 $B^2-AC=-72<0$, 且 $A=-12<0$, 所以 $f(x,y)$ 在点 $(-3,2)$ 处取得极大值 $f(-3,2)=31$.

5.3.3　多元函数的最值

与一元函数类似, 可以利用函数的极值来求函数的最大值与最小值. 如果函数 $z=f(x,y)$ 在有界闭区域 D 上连续, 则 $f(x,y)$ 在 D 上必定存在最大值和最小值. 这种使函数取得最大值或最小值的点既可能在 D 的内部, 也可能在 D 的边界上. 假定函数在 D 上连续、在 D 内可微分且只有有限个驻点, 这时, 如果函数在 D 的内部取得最大值（最小值）, 则这个最大值（最小值）也是函数的极大值（极小值）. 因此, 在上述假定下, 求函数的最大值和最小

值的一般方法是:将函数 $f(x,y)$ 在 D 内的所有驻点处的函数值及在 D 的边界上的最大值和最小值相互比较,确定 $f(x,y)$ 的最大值和最小值. 但其中 $f(x,y)$ 在 D 的边界上的最大值和最小值的求出往往相当复杂,而在研究实际问题的最值时,由于实际问题中最值往往在 D 的内部取得,而函数在 D 内又只有唯一一个驻点,那么可以肯定该驻点处的函数值就是函数 $f(x,y)$ 在 D 上的最值.

例 5 设长方体三边长度和为定值 a,当三边各取何值时,所得到的长方体体积最大?

解 设长方体三边长各为 x,y,z,由题意 $x+y+z=a$,即 $z=a-x-y$,于是长方体的体积为

$$V = xyz = xy(a-x-y) = axy - x^2y - xy^2$$

区域 D 为 $x>0, y>0, x+y<a$. 令

$$\begin{cases} V_x'(x,y) = ay - 2xy - y^2 = 0 \\ V_y'(x,y) = ax - x^2 - 2xy = 0 \end{cases}$$

解得 $\begin{cases} x = \dfrac{a}{3} \\ y = \dfrac{a}{3} \end{cases}$.

因此在 D 内有唯一一个驻点 $\left(\dfrac{a}{3}, \dfrac{a}{3}\right)$,而由实际问题可知体积最大值一定存在,因此 V 只可能在 $\left(\dfrac{a}{3}, \dfrac{a}{3}\right)$ 处取得最大值,即当各边都是 $\dfrac{a}{3}$ 时,长方体(这时已是正方体)的体积最大.

例 6 某工厂要用铁板做成一个体积为 8 m³ 的有盖长方体水箱,问当长、宽、高各取怎样的尺寸时,才能使用料最省?

解 设水箱的长、宽、高分别为 x,y,z,此水箱所用材料的面积为

$$A = 2(xy + yz + xz) \tag{1}$$

且

$$xyz = 8 \tag{2}$$

由式 (2) 得 $z = \dfrac{8}{xy}$,代入 (1) 式得

$$A = 2\left(xy + y \cdot \dfrac{8}{xy} + x \cdot \dfrac{8}{xy}\right) = 2\left(xy + \dfrac{8}{x} + \dfrac{8}{y}\right) \quad (x>0, y>0)$$

令

$$\begin{cases} A_x' = 2\left(y - \dfrac{8}{x^2}\right) = 0 \\ A_y' = 2\left(x - \dfrac{8}{y^2}\right) = 0 \end{cases}$$

解得 $\begin{cases} x=2 \\ y=2 \end{cases}$.

根据题意可知,水箱所用材料面积的最小值一定存在,并在区域 $D: x>0, y>0$ 的内部取得,而函数在 D 内只有唯一的驻点 $(2,2)$,因此 $(2,2)$ 点即为最小值点,此时高也为 2. 所以当水箱的长、宽、高都取 2 m 时所用材料最省.

习题 5.3

1. 填空题.

(1) 计算 $(1.04)^{2.02}$ 的近似值为_____.

(2) 设二元函数 $f(x,y)$ 在点 (x_0,y_0) 的两个偏导数 $f'_x(x_0,y_0),f'_y(x_0,y_0)$ 连续,并且 $|\Delta x|,|\Delta y|$ 很小,则函数值 $f(x_0+\Delta x,y_0+\Delta y)$ 的近似计算公式为_____.

(3) 二元函数 $f(x,y)=x^2+y^2+2x$ 的驻点为_____,该点为极_____值点.

(4) 函数 $z=x^2-xy+y^2+9x-6y+20$ 的极小值点为_____,极小值为_____.

(5) 函数 $z=x^3+y^3-3xy$ 的驻点为_____,其中点_____是极_____值点.

2. 单项选择题.

(1) 设函数 $f(x,y)=xy+\dfrac{50}{x}+\dfrac{20}{y}$,则该函数的极值点为(　　　).

A. $(0,0)$ 　　　　B. $(5,2)$ 　　　　C. $(5,-2)$ 　　　　D. 无极值点

(2) 设函数 $z=(6x-x^2)(4y-y^2)$,其极大值点为(　　　).

A. $(0,4)$ 　　　　B. $(6,0)$ 　　　　C. $(6,4)$ 　　　　D. $(3,2)$

3. 计算下列各式的近似值.

(1) $\sin 29° \cdot \tan 46°$ 　　　　(2) $\ln(\sqrt[3]{1.03}+\sqrt[4]{0.98}-1)$

4. 某工厂欲用水泥做一个开顶长方形水池,它的外形尺寸为长 5 m,宽 4 m,高 3 m,它的四壁及底的厚度均为 20 cm,求约需用水泥多少立方米?

5. 求函数 $z=x^3-y^3+3x^2+12y$ 的极值.

6. 求函数 $z=3axy-x^3-y^3 (a>0)$ 的极值.

5.4　多元函数的积分

5.4.1　二重积分的定义

设有一个柱体,它的底面是 xOy 平面上的有界闭区域 D,它的侧面是以 D 的边界曲线为准线,而母线平行于 z 轴的柱面,它的顶部是定义在 D 上的二元函数 $z=f(x,y)$ 所表示的连续曲面,并设 $f(x,y) \geqslant 0$,这种柱体称为曲顶柱体,如图 5.9 所示.

平顶柱体的体积可用公式“体积 = 底面积 × 高”来计算,但曲顶柱体的高 $f(x,y)$ 是变量,因此它的体积不能直接用上述公式计算. 为了解决这个问题,仿照定积分中求曲边梯形面积的方法来求曲顶柱体的体积,如图 5.10 所示.

用一组曲线网将区域 D 分成 n 个小区域: $\Delta\sigma_1,\Delta\sigma_2,\cdots,\Delta\sigma_n$,且用 $\Delta\sigma_i$ 表示第 i 个小区域的面积,分别以这些小区域的边界为准线,作母线平行于 z 轴的柱面,这些柱面把原先的曲顶柱体分成 n 个小的曲顶柱体 $\Delta V_1,\Delta V_2,\cdots,\Delta V_n$,对于每一个小曲顶柱体来说,由于 $f(x,y)$ 变化很小,这时可近似将小曲顶柱体看作平顶柱体. 因此,在 $\Delta\sigma_i$ 中任取一点 (ξ_i,η_i),用以 $\Delta\sigma_i$ 为底,$f(\xi_i,\eta_i)$ 为高的小平顶柱体的体积近似地代替小曲顶柱体的 ΔV_i,即

$$\Delta V_i \approx f(\xi_i,\eta_i)\Delta\sigma_i \quad (i=1,2,\cdots,n)$$

这 n 个小平顶柱体之和就是整个曲顶柱体体积 V 的近似值,即

$$V \approx \sum_{i=1}^{n} f(\xi_i, \eta_i) \Delta \sigma_i$$

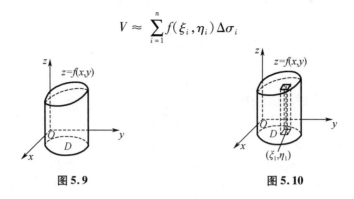

图 5.9　　　　　　　　　　图 5.10

记 n 个小区域的直径中的最大值为 λ,当 $\lambda \to 0$ 时,如果上述和式的极限存在,就可定义曲顶柱体的体积为

$$V = \lim_{\lambda \to 0} \sum_{i=1}^{n} f(\xi_i, j_i) \Delta \sigma_i$$

上例中抛开其实际意义,可抽象出二重积分的定义.

定义　设 $f(x,y)$ 是闭区域 D 上的有界函数,把区域 D 分成 n 个小区域 $\Delta \sigma_1, \Delta \sigma_2, \cdots, \Delta \sigma_n$,其中 $\Delta \sigma_i$ 既表示第 i 个小区域,又表示它的面积. 在每个小区域 $\Delta \sigma_i$ 中任取一点 (ξ_i, η_i),作乘积 $f(\xi_i, \eta_i) \Delta \sigma_i (i=1,2,\cdots,n)$,并作和 $\sum_{i=1}^{n} f(\xi_i, j_i) \Delta \sigma_i$. 如果当各小区域的直径中的最大的直径 λ 趋于零时,此和式的极限存在,则此极限值为函数 $f(x,y)$ 在区域 D 上的二重积分(称 $f(x,y)$ 在 D 上可积),记作 $\iint\limits_{D} f(x,y) \mathrm{d}\sigma$, 即

$$\iint\limits_{D} f(x,y) \mathrm{d}\sigma = \lim_{\lambda \to 0} \sum_{i=1}^{n} f(\xi_i, \eta_i) \Delta \sigma_i$$

其中,$f(x,y)$ 称为被积函数,$f(x,y) \mathrm{d}\sigma$ 称为被积表达式,$\mathrm{d}\sigma$ 称为面积元素,x 与 y 称为积分变量,D 称为积分区域,$\sum_{i=1}^{n} f(\xi_i, \eta_i) \Delta \sigma_i$ 称为积分和.

由定义知,如果函数 $f(x,y)$ 在区域 D 上可积,则积分和的极限一定存在且与 D 的分法无关. 因此,在直角坐标系中,常用平行于 x 轴和 y 轴的两组直线分割 D,此时除了靠边的一些小区域外,绝大部分小区域 $\Delta \sigma_i$ 都是以 Δx_i 和 Δy_i 为边长的小矩形,即 $\Delta \sigma_i = \Delta x_i \Delta y_i$. 因此,在直角坐标系中有时把面积元素 $\mathrm{d}\sigma$ 记为 $\mathrm{d}x\mathrm{d}y$,此时有

$$\iint\limits_{D} f(x,y) \mathrm{d}\sigma = \iint\limits_{D} f(x,y) \mathrm{d}x\mathrm{d}y$$

由二重积分的定义,曲顶柱体的体积 V 是曲面方程 $f(x,y) \geq 0$ 在区域 D 上的二重积分,即

$$V = \iint\limits_{D} f(x,y) \mathrm{d}\sigma$$

关于二重积分的几点说明:

(1)如果被积函数 $f(x,y)$ 在闭区域 D 上的二重积分存在,则称 $f(x,y)$ 在 D 上可积. $f(x,y)$ 在闭区域 D 上连续时,$f(x,y)$ 在 D 上一定可积. 以后总假定 $f(x,y)$ 在 D 上连续.

(2)二重积分与被积函数和积分区域有关,与积分变量无关.

（3）二重积分 $\iint\limits_{D} f(x,y)\mathrm{d}\sigma$ 的几何意义是：当 $f(x,y) \geqslant 0$ 时，二重积分就表示曲顶柱体的体积；当 $f(x,y) \leqslant 0$ 时，二重积分表示曲顶柱体的体积的相反数；当 $f(x,y)$ 有正、有负时，二重积分就等于曲顶柱体体积的代数和．

5.4.2　二重积分的性质

性质 1　被积函数的常数因子可以提到积分符号的外面去，即

$$\iint\limits_{D} kf(x,y)\mathrm{d}\sigma = k\iint\limits_{D} f(x,y)\mathrm{d}\sigma$$

性质 2　两个函数代数和的二重积分等于各函数的二重积分的代数和，即

$$\iint\limits_{D}[f(x,y) \pm g(x,y)]\mathrm{d}\sigma = \iint\limits_{D} f(x,y)\mathrm{d}\sigma \pm \iint\limits_{D} g(x,y)\mathrm{d}\sigma$$

这个性质可推广到有限个函数的代数和上．

性质 3　如果闭区域 D 内有限条曲线分 D 为有限个部分区域，则在 D 上的二重积分等于在各部分区域上的二重积分的和，例如，D 分成两个区域 D_1 和 D_2，则

$$\iint\limits_{D} f(x,y)\mathrm{d}\sigma = \iint\limits_{D_1} f(x,y)\mathrm{d}\sigma + \iint\limits_{D_2} f(x,y)\mathrm{d}\sigma$$

性质 4　如果在 D 上 $f(x,y) = 1$，σ 为 D 的面积，则

$$\iint\limits_{D} f(x,y)\mathrm{d}\sigma = \iint\limits_{D} 1 \cdot \mathrm{d}\sigma = \iint\limits_{D} \mathrm{d}\sigma = \sigma$$

性质 5　如果在 D 上 $f(x,y) \leqslant \varphi(x,y)$，则

$$\iint\limits_{D} f(x,y)\mathrm{d}\sigma \leqslant \iint\limits_{D} \varphi(x,y)\mathrm{d}\sigma$$

由于

$$-|f(x,y)| \leqslant f(x,y) \leqslant |f(x,y)|$$

所以

$$\left|\iint\limits_{D} f(x,y)\mathrm{d}\sigma\right| \leqslant \iint\limits_{D} |f(x,y)|\mathrm{d}\sigma$$

性质 6　设 M, m 分别是 $f(x,y)$ 在闭区域 D 上的最大值和最小值，σ 是 D 的面积，则有对于二重积分估值的不等式

$$m\sigma \leqslant \iint\limits_{D} f(x,y)\mathrm{d}\sigma \leqslant M\sigma$$

性质 7（中值定理）　设函数 $f(x,y)$ 在闭区域 D 上连续，σ 是 D 的面积，则在 D 上至少存在一点 (ξ, η)，使得

$$\iint\limits_{D} f(x,y)\mathrm{d}\sigma = f(\xi, \eta)\sigma$$

中值定理的几何意义是：在区域 D 上以曲面 $f(x,y)$ 为顶的曲顶柱体的体积等于区域 D 上以某点 (ξ, η) 的函数值 $f(\xi, \eta)$ 为高的平顶柱体的体积．

5.4.3　二重积分的计算

1. 在直角坐标系下计算二重积分

（1）D 为矩形区域

定理 1　设函数 $f(x,y)$ 在矩形区域 $D = \{(x,y) \mid a \leqslant x \leqslant b, c \leqslant y \leqslant d\}$ 上可积，若对每一个

固定的 $x \in [a, b]$,定积分 $\int_c^d f(x, y) \mathrm{d}y$ 存在,则二次积分 $\int_a^b \left[\int_c^d f(x, y) \mathrm{d}y \right] \mathrm{d}x$ 也存在,且

$$\iint\limits_D f(x, y) \mathrm{d}x\mathrm{d}y = \int_a^b \left[\int_c^d f(x, y) \mathrm{d}y \right] \mathrm{d}x = \int_a^b \mathrm{d}x \int_c^d f(x, y) \mathrm{d}y \qquad (5.12)$$

若对每一个固定的 $y \in [c, d]$,定积分 $\int_a^b f(x, y) \mathrm{d}x$ 存在,则二次积分 $\int_c^d \left[\int_a^b f(x, y) \mathrm{d}x \right] \mathrm{d}y$ 也存在,且

$$\iint\limits_D f(x, y) \mathrm{d}x\mathrm{d}y = \int_c^d \left[\int_a^b f(x, y) \mathrm{d}x \right] \mathrm{d}y = \int_c^d \mathrm{d}y \int_a^b f(x, y) \mathrm{d}x \qquad (5.13)$$

式(5.12)和式(5.13)的区别在于积分次序不同,前者先对 y 积分再对 x 积分,后者先对 x 积分再对 y 积分,由此得到二重积分化为二次积分的公式:

①若函数 $f(x, y)$ 在矩形区域 $D = \{ (x, y) \mid a \leqslant x \leqslant b, c \leqslant y \leqslant d \}$ 上连续,则

$$\iint\limits_D f(x, y) \mathrm{d}x\mathrm{d}y = \int_a^b \mathrm{d}x \int_c^d f(x, y) \mathrm{d}y = \int_c^d \mathrm{d}y \int_a^b f(x, y) \mathrm{d}x$$

②若函数 $f(x, y) = g(x) \cdot h(y)$ 在矩形区域 $D = \{ (x, y) \mid a \leqslant x \leqslant b, c \leqslant y \leqslant d \}$ 上连续,则

$$\iint\limits_D f(x, y) \mathrm{d}x\mathrm{d}y = \int_a^b g(x) \mathrm{d}x \cdot \int_c^d h(y) \mathrm{d}y$$

例 1　计算 $\iint\limits_D (3 - x - y) \mathrm{d}x\mathrm{d}y$,其中 D 为矩形区域:$0 \leqslant x \leqslant 1, 0 \leqslant y \leqslant 2$.

解　$\displaystyle \iint\limits_D (3 - x - y) \mathrm{d}x\mathrm{d}y = \int_0^1 \mathrm{d}x \int_0^2 (3 - x - y) \mathrm{d}y = \int_0^1 \left[3y - xy - \frac{y^2}{2} \right]_0^2 \mathrm{d}x$

$$= \int_0^1 (4 - 2x) \mathrm{d}x = [4x - x^2]_0^1 = 3,$$

也可以这样做

$$\iint\limits_D (3 - x - y) \mathrm{d}x\mathrm{d}y = \int_0^2 \mathrm{d}y \int_0^1 (3 - x - y) \mathrm{d}x = \int_0^2 \left[3x - \frac{x^2}{2} - xy \right]_0^1 \mathrm{d}y$$

$$= \int_0^2 \left(\frac{5}{2} - y \right) \mathrm{d}y = \left[\frac{5}{2} y - \frac{y^2}{2} \right]_0^2 = 3$$

这个二重积分的值就是以区域 D 为底,以平面 $z = 3 - x - y$ 为顶的柱体的体积,如图 5.11 所示.

(2) D 为 x-型区域

设积分区域 D 由两条直线 $x = a, x = b$ 及两条连续曲线 $y = \varphi_1(x), y = \varphi_2(x)$ 所围成,这时区域 D 可用不等式

$$a \leqslant x \leqslant b, \varphi_1(x) \leqslant y \leqslant \varphi_2(x)$$

来表示,如图 5.12 所示,称它为 x-型区域,它的特点是垂直于 x 轴的直线

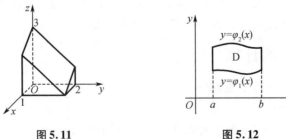

图 5.11　　　　　　　　　　　　　图 5.12

$$x = x_0 (a < x_0 < b)$$

至多与 D 的边界交于两点.

定理 2　设函数 $f(x,y)$ 在区域 $D = \{(x,y) \mid a \leqslant x \leqslant b, \varphi_1(x) \leqslant y \leqslant \varphi_2(x)\}$ 上可积,且对每一个固定的 $x \in [a,b]$,定积分 $\int_{\varphi_1(x)}^{\varphi_2(x)} f(x,y) \mathrm{d}y$ 存在,则有公式

$$\iint_D f(x,y) \mathrm{d}x\mathrm{d}y = \int_a^b \Big[\int_{\varphi_1(x)}^{\varphi_2(x)} f(x,y) \mathrm{d}y \Big] \mathrm{d}x$$

或记为

$$\iint_D f(x,y) \mathrm{d}x\mathrm{d}y = \int_a^b \mathrm{d}x \int_{\varphi_1(x)}^{\varphi_2(x)} f(x,y) \mathrm{d}y \qquad (5.14)$$

式(5.14)右端的计算方法是:先把 x 看作常量,对 y 从 $\varphi_1(x)$ 到 $\varphi_2(x)$ 积分,然后把所得结果再对 x 从 a 到 b 积分,式(5.14)右端的积分是二次积分,也称为累次积分.

例 2　求二重积分 $\iint_D xy\mathrm{d}x\mathrm{d}y$,其中 D 是由直线 $y = x$ 与抛物线 $y = x^2$ 围成的平面区域.

解　先画出 D 的草图,如图 5.13 所示,再用不等式表示 D.

$$D: 0 \leqslant x \leqslant 1, x^2 \leqslant y \leqslant x$$

显然 D 为 x - 型区域,于是

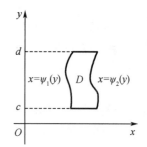

图 5.13

$$\iint_D xy\mathrm{d}x\mathrm{d}y = \int_0^1 \mathrm{d}x \int_{x^2}^x xy\mathrm{d}y = \int_0^1 x \cdot \frac{1}{2} y^2 \Big|_{x^2}^x \mathrm{d}x$$

$$= \frac{1}{2} \int_0^1 (x^3 - x^5) \mathrm{d}x = \frac{1}{2} \Big(\frac{1}{4} x^4 - \frac{1}{6} x^6 \Big) \Big|_0^1 = \frac{1}{24}$$

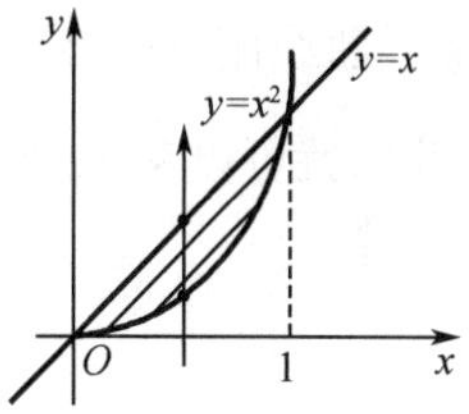

(3) D 为 y - 型区域

设积分区域 D 由两条直线 $y = c, y = d$ 及两条连续曲线 $x = \psi_1(y), x = \psi_2(y)$ 所围成,这时区域 D 可用不等式

$$c \leqslant y \leqslant d, \psi_1(y) \leqslant x \leqslant \psi_2(y)$$

来表示,如图 5.14 所示. 称它为 y - 型区域,它的特点是垂直于 y 轴的直线

$$y = y_0 (c < y_0 < d)$$

至多与 D 的边界交于两点.

定理 3　设函数 $f(x,y)$ 在区域 $D = \{(x,y) \mid \psi_1(y) \leqslant x \leqslant \psi_2(y), c \leqslant y \leqslant d\}$ 上可积,且对每一个固定的 $y \in [c,d]$,定积分 $\int_{\psi_1(y)}^{\psi_2(y)} f(x,y) \mathrm{d}x$ 存在,则有公式

图 5.14

$$\iint_D f(x,y) \mathrm{d}x\mathrm{d}y = \int_c^d \mathrm{d}y \int_{\psi_1(y)}^{\psi_2(y)} f(x,y) \mathrm{d}x \qquad (5.15)$$

例 3　计算二重积分 $\iint_D (x^2 + y^2) \mathrm{d}\sigma$,其中 D 是由 $y = x^2, x = 1, y = 0$ 所围成的区域.

解　先画出区域 D,如图 5.15 所示,当把 D 看成 x - 型区域时,有

$$\iint_D (x^2 + y^2) \mathrm{d}\sigma = \int_0^1 \mathrm{d}x \int_0^{x^2} (x^2 + y^2) \mathrm{d}y = \int_0^1 \Big[x^2 y + \frac{1}{3} y^3 \Big]_0^{x^2} \mathrm{d}x$$

$$= \int_0^1 \left(x^4 + \frac{1}{3}x^6 \right) dx = \left[\frac{1}{5}x^5 + \frac{1}{21}x^7 \right]_0^1 = \frac{26}{105}$$

若将 D 看成 y - 型区域, 则有

$$\iint_D (x^2 + y^2) d\sigma = \int_0^1 dy \int_{\sqrt{y}}^1 (x^2 + y^2) dx$$

$$= \int_0^1 \left(\frac{1}{3} + y^2 - \frac{y^{\frac{3}{2}}}{3} - y^{\frac{5}{2}} \right) dy = \frac{26}{105}$$

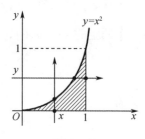

应该指出, 虽然公式(5.14)(5.15)是在 $f(x) \geqslant 0$ 的条件下推出的, 可以证明, 只要 $f(x,y)$ 在有界闭区域 D 上连续, 无论 $f(x,y)$ 在 D 上的正负如何, 公式仍然成立.

图 5.15

2. 在极坐标系下计算二重积分

在定积分的计算中, 利用适当的变量代换可使计算变得简便, 在二重积分的计算中, 变量代换也可使积分限容易确定及被积函数变得比较简单. 在一些二重积分中, 积分区域 D 的边界曲线用极坐标方程来表示比较方便, 且被积函数用极坐标变量 r, θ 表达比较简单. 这时, 我们就可以考虑利用极坐标来计算二重积分 $\iint_D f(x,y) d\sigma$. 极坐标与直角坐标的关系式为

$$\begin{cases} x = r\cos\theta \\ y = r\sin\theta \end{cases}$$

按二重积分定义有

$$\iint_D f(x,y) d\sigma = \lim_{\lambda \to 0} \sum_{i=1}^n f(\xi_i, \eta_i) \Delta\sigma_i$$

下面我们来研究这个和的极限在极坐标系中的形式.

设函数 $f(x,y)$ 在闭区域 D 上连续, 区域的边界曲线为 $r = r_1(\theta)$ 和 $r = r_2(\theta)$ ($\alpha \leqslant \theta \leqslant \beta$), 且 $r_1(\theta)$ 和 $r_2(\theta)$ 都在 $[\alpha, \beta]$ 上连续, 在极坐标下, 我们用一族同心圆(r 为常数)和一组通过极点的半射线(θ 为常数)将 D 分割成许多小区域, 如图 5.16 所示, 将极角分别为 θ 与 $\theta + \Delta\theta$ 的两条射线和半径分别为 r 与 $r + \Delta r$ 的两条圆弧所围成的小区域记作 $\Delta\sigma$, 则由扇形面积公式得

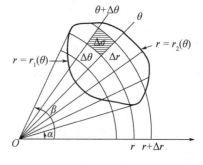

图 5.16

$$\Delta\sigma = \frac{1}{2}(r + \Delta r)^2 \Delta\theta - \frac{1}{2}r^2 \Delta\theta = r\Delta r\Delta\theta + \frac{1}{2}(\Delta r)^2 \Delta\theta$$

当 Δr 充分小时, 略去高价无穷小 $\frac{1}{2}(\Delta r)^2 \Delta\theta$, 得 $\Delta\sigma \approx r\Delta r\Delta\theta$, 于是

$$\sum_{i=1}^n f(x_i, y_i) \Delta\sigma_i \approx \sum_{i=1}^n f(r_i\cos\theta_i, r_i\sin\theta_i) r_i \Delta\theta_i \Delta r_i$$

当无限细分时, 取极限得

$$\iint_D f(x,y) d\sigma = \iint_D f(r\cos\theta, r\sin\theta) r dr d\theta$$

其中, $r dr d\theta$ 是极坐标系下的面积元素.

在极坐标系中, 二重积分仍化为二次积分计算, 只要积分区域 D 可表示为

$$\alpha \leqslant \theta \leqslant \beta, r_1(\theta) \leqslant r \leqslant r_2(\theta)$$

则二重积分可化为先对 r 后对 θ 的积分,即

$$
\begin{aligned}
\iint\limits_{D} f(x,y)\,\mathrm{d}\sigma &= \iint\limits_{D} f(r\cos\theta, r\sin\theta)\, r\mathrm{d}r\mathrm{d}\theta \\
&= \int_{\alpha}^{\beta} \mathrm{d}\theta \int_{r_1(\theta)}^{r_2(\theta)} f(r\cos\theta, r\sin\theta)\, r\mathrm{d}r \qquad (5.16)
\end{aligned}
$$

若积分区域 D 可表示为

$$a \leqslant r \leqslant b, \theta_1(r) \leqslant \theta \leqslant \theta_2(r)$$

则二重积分可化为先对 θ 后对 r 的积分,即

$$
\begin{aligned}
\iint\limits_{D} f(x,y)\,\mathrm{d}\sigma &= \iint\limits_{D} f(r\cos\theta, r\sin\theta)\, r\mathrm{d}r\mathrm{d}\theta \\
&= \int_{a}^{b} r\mathrm{d}r \int_{\theta_1(r)}^{\theta_2(r)} f(r\cos\theta, r\sin\theta)\, \mathrm{d}\theta
\end{aligned}
$$

下面介绍积分区域 D 在两种特别情况下的二重积分的计算.

(1)如果积分区域 D 是如图 5.17 所示的曲边扇形,此时极点在区域 D 的边界上,则积分区域 D 可表示为

$$\alpha \leqslant \theta \leqslant \beta, 0 \leqslant r \leqslant r(\theta)$$

则二重积分可化为

$$\iint\limits_{D} f(r\cos\theta, r\sin\theta)\, r\mathrm{d}r\mathrm{d}\theta = \int_{\alpha}^{\beta} \mathrm{d}\theta \int_{0}^{r(\theta)} f(r\cos\theta, r\sin\theta)\, r\mathrm{d}r$$

(2)如果积分区域 D 如图 5.18 所示,此时极点在 D 的内部,则积分区域 D 可表示为

$$0 \leqslant \theta \leqslant 2\pi, 0 \leqslant r \leqslant r(\theta)$$

则二重积分可化为

$$\iint\limits_{D} f(r\cos\theta, r\sin\theta)\, r\mathrm{d}r\mathrm{d}\theta = \int_{0}^{2\pi} \mathrm{d}\theta \int_{0}^{r(\theta)} f(r\cos\theta, r\sin\theta)\, r\mathrm{d}r$$

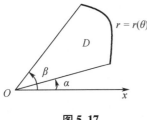

图 5.17

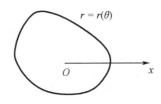

图 5.18

由二重积分的性质 4,积分区域 D 的面积 σ 可以表示为 $\sigma = \iint\limits_{D} \mathrm{d}\sigma$. 在极坐标系中,面积元素 $\mathrm{d}\sigma = r\mathrm{d}r\mathrm{d}\theta$,上式化为 $\sigma = \iint\limits_{D} r\mathrm{d}r\mathrm{d}\theta$. 如果积分区域 D 如图 5.16 所示,则由公式(5.16)有

$$\sigma = \iint\limits_{D} r\mathrm{d}r\mathrm{d}\theta = \int_{\alpha}^{\beta} \mathrm{d}\theta \int_{r_1(\theta)}^{r_2(\theta)} r\mathrm{d}r = \frac{1}{2} \int_{\alpha}^{\beta} \left[r_2^2(\theta) - r_1^2(\theta) \right] \mathrm{d}\theta$$

特别地,如果积分区域 D 如图 5.17 所示,则 $r_1(\theta) = 0, r_2(\theta) = r(\theta)$,于是

$$\sigma = \frac{1}{2}\int_{\alpha}^{\beta} r^2(\theta)\,\mathrm{d}\theta$$

例 4　计算 $\iint\limits_{D} \mathrm{e}^{-x^2-y^2}\mathrm{d}x\mathrm{d}y$，$D$ 为圆 $x^2+y^2=4$ 所围成的区域.

解　利用极坐标变换，被积函数变为

$$\mathrm{e}^{-x^2-y^2} = \mathrm{e}^{-r^2\cos^2\theta-r^2\sin^2\theta} = \mathrm{e}^{-r^2}$$

区域 D 可表示为

$$0 \leqslant r \leqslant 2, 0 \leqslant \theta \leqslant \pi$$

则

$$\iint\limits_{D} \mathrm{e}^{-x^2-y^2}\mathrm{d}x\mathrm{d}y = \int_0^{2\pi}\mathrm{d}\theta\int_0^2 r\mathrm{e}^{-r^2}\mathrm{d}r = \int_0^{2\pi}\left(-\frac{1}{2}\mathrm{e}^{-r^2}\right)\Big|_0^2\mathrm{d}\theta$$

$$= \frac{1}{2}\int_0^{2\pi}(1-\mathrm{e}^{-4})\mathrm{d}\theta = \pi(1-\mathrm{e}^{-4})$$

例 5　计算 $\iint\limits_{D}\sqrt{R^2-x^2-y^2}\mathrm{d}x\mathrm{d}y$，其中 D 为圆 $x^2+y^2=Rx$
所围成的在第一象限中的区域，如图 5.19 所示.

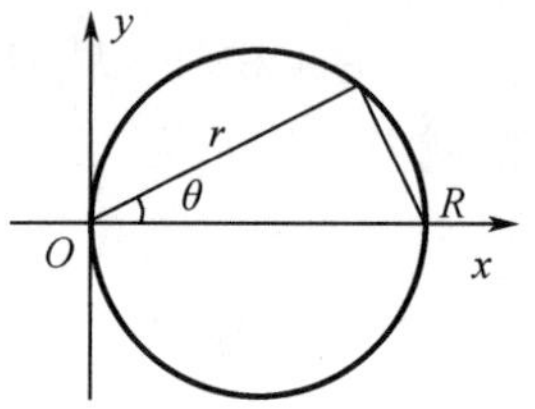

解　利用极坐标变换，被积函数变为 $\sqrt{R^2-r^2}$，区域 D 可表
示为

$$0 \leqslant \theta \leqslant \frac{\pi}{2}, 0 \leqslant r \leqslant R\cos\theta$$

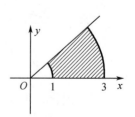

图 5.19

则

$$\iint\limits_{D}\sqrt{R^2-x^2-y^2}\mathrm{d}x\mathrm{d}y = \int_0^{\frac{\pi}{2}}\mathrm{d}\theta\int_0^{R\cos\theta}\sqrt{R^2-r^2}\,r\mathrm{d}r = \int_0^{\frac{\pi}{2}}\left[-\frac{1}{3}(R^2-r^2)^{\frac{3}{2}}\right]\Big|_0^{R\cos\theta}\mathrm{d}\theta$$

$$= \int_0^{\frac{\pi}{2}}\left(-\frac{1}{3}R^3\sin^3\theta+\frac{1}{3}R^3\right)\mathrm{d}\theta = \frac{R^3}{3}\int_0^{\frac{\pi}{2}}(1-\sin^3\theta)\mathrm{d}\theta$$

$$= \frac{R^3}{3}\left[\frac{\pi}{2}+\int_0^{\frac{\pi}{2}}(1-\cos^2\theta)\mathrm{d}\cos\theta\right] = \frac{R^3}{3}\left(\frac{\pi}{2}-1+\frac{1}{3}\right)$$

$$= \frac{R^3}{3}\left(\frac{\pi}{2}-\frac{2}{3}\right)$$

例 6　计算 $\iint\limits_{D}\arctan\dfrac{y}{x}\mathrm{d}x\mathrm{d}y$，其中 D 为圆 $x^2+y^2=9$ 和
$x^2+y^2=1$ 与直线 $y=x$，$y=0$ 所围成的第一象限区域，如图 5.20
所示.

解　利用极坐标变换，因为 $\tan\theta=\dfrac{y}{x}$，故被积函数
$\arctan\dfrac{y}{x}=\theta$，区域 D 可表示为

图 5.20

$$0 \leqslant \theta \leqslant \frac{\pi}{4}, 1 \leqslant r \leqslant 3$$

则

$$\iint\limits_{D}\arctan\frac{y}{x}\mathrm{d}x\mathrm{d}y = \int_0^{\frac{\pi}{4}}\mathrm{d}\theta\int_1^3\theta r\mathrm{d}r = \left(\int_0^{\frac{\pi}{4}}\theta\mathrm{d}\theta\right)\left(\int_1^3 r\mathrm{d}r\right)$$

$$= \left(\frac{1}{2}\theta^2 \Big|_0^{\frac{\pi}{4}} \right) \left(\frac{1}{2}r^2 \Big|_1^3 \right) = \frac{\pi}{32} \cdot \frac{8}{2} = \frac{\pi^2}{8}$$

例 7　计算 $\iint\limits_D x^2 \mathrm{d}x\mathrm{d}y$，其中 D 为圆 $x^2+y^2=1$ 和 $x^2+y^2=4$

围成的环形区域，如图 5.21 所示.

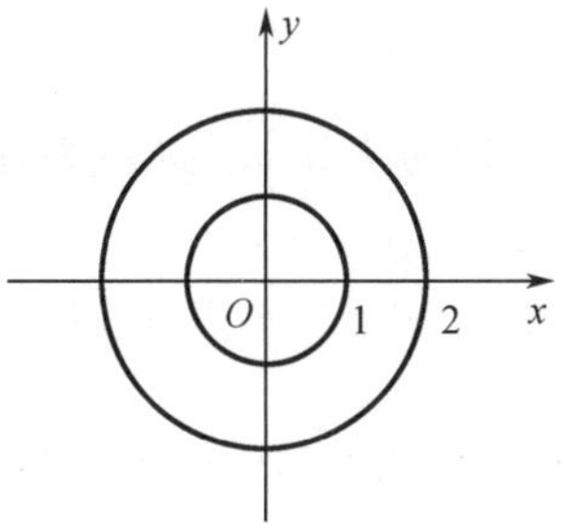

解　由积分区域的对称性及被积函数关于 x,y 是偶函数，有

$$\iint\limits_D x^2\mathrm{d}x\mathrm{d}y = 4\iint\limits_{D_1} x^2\mathrm{d}x\mathrm{d}y$$

其中区域 $D_1 = \{(x,y) \mid 1 \leqslant x^2+y^2 \leqslant 4, x \geqslant 0, y \geqslant 0\}$，利用极坐标变换，积分区域 D_1 可表示为

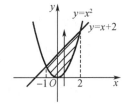

图 5.21

$$0 \leqslant \theta \leqslant \frac{\pi}{2}, 1 \leqslant r \leqslant 2$$

则

$$\iint\limits_{D_1} x^2\mathrm{d}x\mathrm{d}y = \int_0^{\frac{\pi}{2}}\mathrm{d}\theta\int_0^2 (r\cos\theta)^2 r\mathrm{d}r = \left(\int_0^{\frac{\pi}{2}}\cos^2\theta\mathrm{d}\theta \right)\left(\int_1^2 r^3\mathrm{d}r \right)$$

$$= \left(\frac{1}{4}r^4 \Big|_1^2 \right)\left(\int_0^{\frac{\pi}{2}}\frac{1+\cos2\theta}{2}\mathrm{d}\theta \right) = \frac{15}{4} \cdot \frac{\pi}{4} = \frac{15}{16}\pi$$

因此

$$\iint\limits_D x^2\mathrm{d}x\mathrm{d}y = 4\iint\limits_{D_1} x^2\mathrm{d}x\mathrm{d}y = \frac{15}{4}\pi$$

5.4.4　二重积分的几何应用

由二重积分的性质 4 可知，利用二重积分可计算平面区域 D 的面积.

例 8　求由曲线 $y=x^2$ 与直线 $y=x+2$ 所围成图形 D 的面积.

解　如图 5.22 所示，D：$-1 \leqslant x \leqslant 2, x^2 \leqslant y \leqslant x+2$，于是，所求面

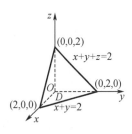

图 5.22

积为

$$A = \iint\limits_D \mathrm{d}x\mathrm{d}y = \int_{-1}^2\mathrm{d}x\int_{x^2}^{x+2}\mathrm{d}y = \int_{-1}^2 (x+2-x^2)\mathrm{d}x$$

$$= \left(\frac{1}{2}x^2 + 2x - \frac{1}{3}x^3 \right)\Big|_{-1}^2 = \frac{9}{2}$$

由二重积分的定义可知，利用二重积分可计算曲顶柱体的体积.

例 9　求由平面 $x+y+z+2=0$ 和三个坐标面所围成的立体的体积.

解　如图 5.23 所示，该立体是以平面 $z=2-x-y$ 为顶，以

$$D: 0 \leqslant x \leqslant 2, 0 \leqslant y \leqslant 2-x$$

为底的柱体，故所求的体积为

$$V = \iint\limits_D (2-x-y)\mathrm{d}\sigma = \int_0^2\mathrm{d}x\int_0^{2-x}(2-x-y)\mathrm{d}y$$

$$= \int_0^2 \left(2y-xy-\frac{1}{2}y^2 \right)\Big|_0^{2-x}\mathrm{d}x = \int_0^2 \left(2+2x-\frac{3}{2}x^2 \right)\mathrm{d}x = 4$$

图 5.23

习题 5.4

1. 填空题.

(1) 设 $I = \iint\limits_{D} x^2 y \mathrm{d}\sigma$,其中 $D:0 \leqslant x \leqslant 1$, $-1 \leqslant y \leqslant 1$,则 $I = $ _____.

(2) 交换二次积分次序 $\int_0^1 \mathrm{d}y \int_y^{\sqrt{y}} f(x,y) \mathrm{d}x = $ _____.

(3) 交换二次积分次序 $\int_1^e \mathrm{d}x \int_0^{\ln x} f(x,y) \mathrm{d}y = $ _____.

(4) 计算二次积分 $\int_0^1 \mathrm{d}x \int_0^{\frac{\pi}{2}} \sqrt{x} \cos y \mathrm{d}y = $ _____.

(5) 区域 D 是由直线 $y = x$, $y = x + a$, $y = a$, $y = 5a$ 围成,则 $\iint\limits_{D} \mathrm{d}\sigma = $ _____.

2. 单项选择题.

(1) 当 D 是由( )围成的区域时, $\iint\limits_{D} \mathrm{d}\sigma = 1$.

A. $x = 0, y = 0, 2x + y = 1$ B. $x = 1, x = 2, y = 1, y = 2$

C. $|x| = 1, |y| = 1$ D. $|x+y| = 1, |x-y| = 1$

(2) 二重积分 $\iint\limits_{D} f(x,y) \mathrm{d}\sigma$,其中 D 是由抛物线 $y = x^2$,直线 $x = 1, y = 0$ 围成的区域,则下列二次积分正确的是( ).

A. $\int_0^1 \mathrm{d}x \int_0^{x^2} f(x,y) \mathrm{d}y$ B. $\int_0^1 \mathrm{d}x \int_{\sqrt{y}}^1 f(x,y) \mathrm{d}y$

C. $\int_0^1 \mathrm{d}y \int_0^{x^2} f(x,y) \mathrm{d}x$ D. $\int_0^1 \mathrm{d}y \int_1^{\sqrt{y}} f(x,y) \mathrm{d}x$

(3) 交换 $\int_{-1}^2 \mathrm{d}x \int_{x^2}^{x+2} f(x,y) \mathrm{d}y$ 的积分次序后的积分化为( ).

A. $\int_0^4 \mathrm{d}y \int_{y-2}^{\sqrt{y}} f(x,y) \mathrm{d}x$ B. $\int_0^1 \mathrm{d}y \int_{-\sqrt{y}}^{\sqrt{y}} f(x,y) \mathrm{d}x + \int_1^4 \mathrm{d}y \int_{y-2}^{\sqrt{y}} f(x,y) \mathrm{d}x$

D. $\int_{-1}^2 \mathrm{d}y \int_{x^2}^{x+2} f(x,y) \mathrm{d}x$ C. $\int_0^1 \mathrm{d}y \int_{-\sqrt{y}}^{\sqrt{y}} f(x,y) \mathrm{d}x + \int_1^4 \mathrm{d}y \int_{\sqrt{y}}^{y-2} f(x,y) \mathrm{d}x$

(4) 二重积分 $I = \iint\limits_{D} f(x,y) \mathrm{d}\sigma$,其中 D 是圆域 $x^2 + y^2 \leqslant 1$ 在第一象限的部分,把 I 表示成二次积分正确的是( ).

A. $\int_0^1 \mathrm{d}x \int_0^{\sqrt{1-y^2}} f(x,y) \mathrm{d}y$ B. $\int_0^1 \mathrm{d}x \int_0^{\sqrt{1-x^2}} f(x,y) \mathrm{d}y$

C. $\int_0^1 \mathrm{d}x \int_0^1 f(x,y) \mathrm{d}y$ D. $\int_0^{\sqrt{1-y^2}} \mathrm{d}x \int_0^{\sqrt{1-x^2}} f(x,y) \mathrm{d}y$

3. 计算下列二重积分.

(1) $\iint\limits_{D} xy^2 \mathrm{d}x\mathrm{d}y$,其中 D 是由直线 $y = x, x = 1$ 和 x 轴围成的区域.

(2) $\iint\limits_D x^2 y^2 \mathrm{d}\sigma$，其中平面区域 $D:0\leqslant x\leqslant 1,\ -1\leqslant y\leqslant 1$.

(3) $\iint\limits_D y^2 \mathrm{e}^{xy} \mathrm{d}x\mathrm{d}y$，其中 D 是由直线 $y=x,y=1$ 及 y 轴所围成的区域.

(4) $\iint\limits_D \dfrac{x^2}{y^2} \mathrm{d}x\mathrm{d}y$，其中 D 是由直线 $x=2,y=x$ 及双曲线 $xy=1$ 所围成的区域.

(5) $\iint\limits_D (x^2+y^2) \mathrm{d}\sigma$，其中 D 为 $y=x,y=x+a,y=a,y=3a(a>0)$ 所围成的区域.

4. 利用极坐标计算下列二重积分.

(1) $\iint\limits_D \mathrm{e}^{x^2+y^2} \mathrm{d}x\mathrm{d}y$，其中 D 是由圆周 $x^2+y^2=4$ 所围成的平面区域.

(2) $\iint\limits_D y\mathrm{d}x\mathrm{d}y$，其中 D 是由圆 $x^2+y^2=9$ 所围成的在第一象限中的区域.

(3) $\iint\limits_D \ln(1+x^2+y^2) \mathrm{d}x\mathrm{d}y$，其中 D 是由圆 $x^2+y^2=1$ 所围成的在第一象限中的区域.

(4) $\iint\limits_D \sqrt{x^2+y^2}\,\mathrm{d}x\mathrm{d}y$，其中 D 是圆环形区域 $a^2\leqslant x^2+y^2\leqslant b^2$.

(5) $\iint\limits_D (4-x-y)\mathrm{d}x\mathrm{d}y$，其中 D 是圆域 $x^2+y^2\leqslant 2y$.

5. 求由曲线 $y=\ln x$ 与两条直线 $y=\mathrm{e}+1-x$ 及 $y=0$ 所围成的平面图形的面积.

6. 求由抛物面 $z=x^2+y^2$，三个坐标平面和平面 $x+y=1$ 所围成的立体的体积.

7. 求由曲面 $az=y^2,x^2+y^2=R^2$，平面 $z=0$ 所围成的立体的体积.

第6章 线性代数初步

线性代数是一门以行列式、矩阵为基础知识,研究线性函数性质的数学学科.它作为数学的一个重要分支,在科学研究和工程技术中的应用越来越广泛.本章将介绍行列式和矩阵的一些基础知识及一般线性方程组的解法.

6.1 行 列 式

6.1.1 二阶、三阶行列式

1. 二阶行列式

二阶行列式来源于解二元线性方程组.二元线性方程组的一般形式为

$$\begin{cases} a_{11}x_1 + a_{12}x_2 = b_1 \\ a_{21}x_1 + a_{22}x_2 = b_2 \end{cases} \tag{6.1}$$

用消元法消去 x_2,得到 $\qquad (a_{11}a_{22} - a_{12}a_{21})x_1 = b_1a_{22} - b_2a_{12}$

同理消去 x_1,得到 $\qquad (a_{11}a_{22} - a_{12}a_{21})x_2 = a_{11}b_2 - a_{21}b_1$

当 $a_{11}a_{22} - a_{12}a_{21} \neq 0$ 时,方程组(6.1)的解为

$$x_1 = \frac{b_1a_{22} - b_2a_{12}}{a_{11}a_{22} - a_{12}a_{21}}, x_2 = \frac{a_{11}b_2 - a_{21}b_1}{a_{11}a_{22} - a_{12}a_{21}}$$

观察解的结构发现,方程组的解仅与方程组的未知数系数及常数项有关.为了便于理解和记忆,引入二阶行列式的定义.

定义1 记号

$$\begin{vmatrix} a_{11} & a_{12} \\ a_{21} & a_{22} \end{vmatrix}$$

称为二阶行列式,它是由四个数排成两行两列构成的(横排称行,竖排称列),它表示算式

$$a_{11}a_{22} - a_{12}a_{21}$$

即

$$\begin{vmatrix} a_{11} & a_{12} \\ a_{21} & a_{22} \end{vmatrix} = a_{11}a_{22} - a_{12}a_{21} \tag{6.2}$$

其中,$a_{ij}(i=1,2;j=1,2)$ 称为二阶行列式的元素,下标 i 是行列式的行标,表示该元素在第 i 行;下标 j 是行列式的列标,表示该元素在第 j 列.a_{ij} 是第 i 行,第 j 列的元素.式(6.2)右端称为二阶行列式的展开式.如图6.1所示,把 a_{11} 到 a_{22} 用实线连接,称该实线为主对角线,把 a_{12} 到 a_{21} 用虚线连接,称该虚线为次对角线.由此可知,二阶行列式的展开式为行列式的主对角线上两个元素之积,减

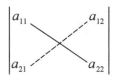

图 6.1

去次对角线上两个元素之积所得的差. 这种二阶行列式展开的方法称为对角线展开法.

利用二阶行列式的定义, 方程组(6.1)的解 x_1, x_2 的分子也可以用二阶行列式表示为

$$b_1 a_{22} - b_2 a_{12} = \begin{vmatrix} b_1 & a_{12} \\ b_2 & a_{22} \end{vmatrix}, a_{11} b_2 - a_{21} b_1 = \begin{vmatrix} a_{11} & b_1 \\ a_{21} & b_2 \end{vmatrix}$$

若记　　　　　$D = \begin{vmatrix} a_{11} & a_{12} \\ a_{21} & a_{22} \end{vmatrix}, D_1 = \begin{vmatrix} b_1 & a_{12} \\ b_2 & a_{22} \end{vmatrix}, D_2 = \begin{vmatrix} a_{11} & b_1 \\ a_{21} & b_2 \end{vmatrix}$

于是, 当 $D \neq 0$ 时, 方程组(6.1)的解可表示为

$$\begin{cases} x_1 = \dfrac{D_1}{D} \\ x_2 = \dfrac{D_2}{D} \end{cases}$$

式中, D 称为方程组(6.1)的系数行列式, D_1 和 D_2 是以常数项 b_1, b_2 分别替换行列式 D 中的第一列、第二列的元素而得到的行列式.

例 1　计算下列二阶行列式.

(1) $\begin{vmatrix} -2 & 5 \\ 3 & 7 \end{vmatrix}$　　　　　　　　　　(2) $\begin{vmatrix} 3x & x^2 \\ -2 & 5x \end{vmatrix}$

解　(1) $\begin{vmatrix} -2 & 5 \\ 3 & 7 \end{vmatrix} = (-2) \times 7 - 3 \times 5 = -29$

(2) $\begin{vmatrix} 3x & x^2 \\ -2 & 5x \end{vmatrix} = 15x^2 - (-2x^2) = 17x^2$

随堂练习 1

计算下列二阶行列式.

(1) $\begin{vmatrix} 1 & 2 \\ 2 & 4 \end{vmatrix}$　　　　　　　　　　(2) $\begin{vmatrix} 3 & x \\ x & x^2 \end{vmatrix}$

例 2　用行列式解线性方程组

$$\begin{cases} 5x + 3y = 0 \\ 12x + 7y + 1 = 0 \end{cases}$$

解　把方程组化为标准型

$$\begin{cases} 5x + 3y = 0 \\ 12x + 7y = -1 \end{cases}$$

因为

$$D = \begin{vmatrix} 5 & 3 \\ 12 & 7 \end{vmatrix} = 5 \times 7 - 3 \times 12 = -1 \neq 0$$

$$D_1 = \begin{vmatrix} 0 & 3 \\ -1 & 7 \end{vmatrix} = 0 \times 7 - 3 \times (-1) = 3, D_2 = \begin{vmatrix} 5 & 0 \\ 12 & -1 \end{vmatrix} = 5 \times (-1) - 0 \times 12 = -5$$

所以原方程组的解为

$$\begin{cases} x_1 = \dfrac{D_1}{D} = \dfrac{3}{-1} = -3 \\ x_2 = \dfrac{D_2}{D} = \dfrac{-5}{-1} = 5 \end{cases}$$

2. 三阶行列式

三阶行列式来源于解三元线性方程组. 与二阶行列式类似,引入三阶行列式定义.

定义 2　记号

$$\begin{vmatrix} a_{11} & a_{12} & a_{13} \\ a_{21} & a_{22} & a_{23} \\ a_{31} & a_{32} & a_{33} \end{vmatrix}$$

称为三阶行列式,它是由 $a_{ij}(i=1,2,3;j=1,2,3)$ 排成三行三列构成的,它表示算式

$$a_{11}a_{22}a_{33} + a_{21}a_{32}a_{13} + a_{12}a_{23}a_{31} - a_{13}a_{22}a_{31} - a_{12}a_{21}a_{33} - a_{23}a_{32}a_{11}$$

即

$$\begin{vmatrix} a_{11} & a_{12} & a_{13} \\ a_{21} & a_{22} & a_{23} \\ a_{31} & a_{32} & a_{33} \end{vmatrix} = a_{11}a_{22}a_{33} + a_{21}a_{32}a_{13} + a_{12}a_{23}a_{31} - a_{13}a_{22}a_{31} - a_{12}a_{21}a_{33} - a_{23}a_{32}a_{11}$$

$$(6.3)$$

式(6.3)的右端称为三阶行列式的展开式. 其展开式共有六项,每项都是不同行不同列的三个元素之积,且有三项为正,三项为负. 为了便于记忆,三阶行列式也可按图 6.2 所示展开. 实线上三个元素之积取正号,虚线上三个元素之积取负号. 这种展开三阶行列式的方法同样也称为对角线展开法. 应当指出,对角线展开法只适用于二阶和三阶行列式.

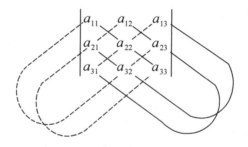

图 6.2

与二元线性方程组类似,三元线性方程组

$$\begin{cases} a_{11}x_1 + a_{12}x_2 + a_{13}x_3 = b_1 \\ a_{21}x_1 + a_{22}x_2 + a_{23}x_3 = b_2 \\ a_{31}x_1 + a_{32}x_2 + a_{33}x_3 = b_3 \end{cases}$$

设

$$D = \begin{vmatrix} a_{11} & a_{12} & a_{13} \\ a_{21} & a_{22} & a_{23} \\ a_{31} & a_{32} & a_{33} \end{vmatrix}, D_1 = \begin{vmatrix} b_1 & a_{12} & a_{13} \\ b_2 & a_{22} & a_{23} \\ b_3 & a_{32} & a_{33} \end{vmatrix}, D_2 = \begin{vmatrix} a_{11} & b_1 & a_{13} \\ a_{21} & b_2 & a_{23} \\ a_{31} & b_3 & a_{33} \end{vmatrix}, D_3 = \begin{vmatrix} a_{11} & a_{12} & b_1 \\ a_{21} & a_{22} & b_2 \\ a_{31} & a_{32} & b_3 \end{vmatrix}$$

当 $D \neq 0$ 时,方程组的解为

$$x_1 = \frac{D_1}{D}, x_2 = \frac{D_2}{D}, x_3 = \frac{D_3}{D}$$

式中,D 称为方程组的系数行列式;D_1, D_2, D_3 是以常数项 b_1, b_2, b_3 分别替换行列式 D 中的

第一列、第二列、第三列的元素而得到的行列式.

例3　计算下列三阶行列式.

$(1)\begin{vmatrix} -2 & 2 & 3 \\ 5 & 3 & 1 \\ -1 & 4 & 1 \end{vmatrix}$
$\qquad$
$(2)\begin{vmatrix} a & 0 & 0 \\ x & b & 0 \\ y & z & c \end{vmatrix}$

解　用对角线展开法计算.

$(1)\begin{vmatrix} -2 & 2 & 3 \\ 5 & 3 & 1 \\ -1 & 4 & 1 \end{vmatrix} = (-2) \times 3 \times 1 + 5 \times 4 \times 3 + 2 \times 1 \times (-1)$

$$-3 \times 3 \times (-1) - 2 \times 5 \times 1 - 1 \times 4 \times (-2) = 59$$

$(2)\begin{vmatrix} a & 0 & 0 \\ x & b & 0 \\ y & z & c \end{vmatrix} = abc + 0 + 0 - 0 - 0 - 0 = abc$

注　主对角线以下(或以上)所有元素都为零的上(或下)三角行列式,其结果等于主对角线上各元素的乘积.

随堂练习2

计算下列三阶行列式.

$(1)\begin{vmatrix} 1 & -2 & 1 \\ 3 & 0 & 3 \\ -1 & -4 & 1 \end{vmatrix}$
$\qquad$
$(2)\begin{vmatrix} 1 & 3 & -1 \\ -2 & 0 & -4 \\ 1 & 3 & 1 \end{vmatrix}$

$(3)\begin{vmatrix} 1 & 3 & -1 \\ 1 & 3 & 1 \\ -2 & 0 & -4 \end{vmatrix}$
$\qquad$
$(4)\begin{vmatrix} 1 & 3 & -1 \\ -2 & 0 & -4 \\ 1 & 3 & -1 \end{vmatrix}$

$(5)\begin{vmatrix} 1 & 3 & -1 \\ 1 & 0 & 2 \\ 1 & 3 & 1 \end{vmatrix}$
$\qquad$
$(6)\begin{vmatrix} 1 & 3 & -1 \\ 0 & 0 & 0 \\ 1 & 3 & 1 \end{vmatrix}$

$(7)\begin{vmatrix} 1 & 3 & -1 \\ -2 & 0 & -4 \\ 2 & 6 & -2 \end{vmatrix}$
$\qquad$
$(8)\begin{vmatrix} 1 & 3 & -1 \\ -2 & 0 & -4 \\ 0 & 0 & 2 \end{vmatrix}$

例4　解线性方程组

$$\begin{cases} 2x - y - z = 2 \\ x + y + 4z = 0 \\ 3x - 7y + 5z = -1 \end{cases}$$

解　因为

$$D = \begin{vmatrix} 2 & -1 & -1 \\ 1 & 1 & 4 \\ 3 & -7 & 5 \end{vmatrix} = 69 \neq 0, D_1 = \begin{vmatrix} 2 & -1 & -1 \\ 0 & 1 & 4 \\ -1 & -7 & 5 \end{vmatrix} = 69$$

$$D_2 = \begin{vmatrix} 2 & 2 & -1 \\ 1 & 0 & 4 \\ 3 & -1 & 5 \end{vmatrix} = 23, D_3 = \begin{vmatrix} 2 & -1 & 2 \\ 1 & 1 & 0 \\ 3 & -7 & -1 \end{vmatrix} = -23$$

所以方程组的解为

$$x = \frac{D_1}{D} = \frac{69}{69} = 1, y = \frac{D_2}{D} = \frac{23}{69} = \frac{1}{3}, z = \frac{D_3}{D} = \frac{-23}{69} = -\frac{1}{3}$$

随堂练习 3

解下列线性方程组.

$(1) \begin{cases} x_1 - x_2 + x_3 = 4 \\ 4x_1 - 4x_2 + x_3 = 7 \\ x_1 + 2x_2 - x_3 = 1 \end{cases}$ $\qquad$ $(2) \begin{cases} x_1 + x_2 + x_3 = 1 \\ 2x_1 + x_2 - 3x_3 = 1 \\ x_1 + x_2 + 2x_3 = 2 \end{cases}$

6.1.2　行列式的性质

为了简化行列式的计算,下面介绍行列式的性质. 对于三阶行列式,这些性质都可用对角线展开法加以证明.

定义 3　将一个行列式 D 的行与列依次互换所得的行列式称为行列式 D 的转置行列式,记作 D'.

性质 1　行列式与它的转置行列式的值相等. (参考 6.1.1 的随堂练习 2(1)与(2))由性质 1 可知,行列式对于行成立的性质,对于列也一定成立,反之亦然.

性质 2　行列式的任意两行(列)互换,行列式的值仅改变符号. (参考 6.1.1 的随堂练习 2(2)与(3))

推论 1　如果行列式的两行(列)对应元素相同,则行列式的值等于零. (参考 6.1.1 的随堂练习 2(4))

性质 3　行列式中某一行(列)的所有元素的公因子可以提到行列式符号的外面. (参考 6.1.1 的随堂练习 2(2)与(5))

推论 2　如果行列式中某一行(列)的所有元素为零,则此行列式的值为零. (参考 6.1.1 的随堂练习 2(6))

推论 3　如果行列式中有两行(列)的对应元素成比例,则此行列式的值为零. (参考 6.1.1 的随堂练习 2(4)与(7))

性质 4　如果行列式的某一行(列)的所有元素都是二项式,则此行列式等于把这些二项式各取一项作为相应的行(列),而其余行(列)不变的两个行列式的和.

性质 5　把行列式某一行(列)的各元素乘以同一个数后加到另一行(列)对应元素上去,行列式的值不变. (参考 6.1.1 的随堂练习 2(2)与(8))

数 k 乘行列式中第 j 行(列)加到第 i 行(列)上,记作 $r_i + kr_j(c_i + kc_j)$

利用行列式的性质 5,可将行列式的某些元素变为零,使计算简化,因此该性质在行列式的计算中经常用到.

下面考察二阶行列式与三阶行列式的关系,进而给出余子式和代数余子式的定义.

由式(6.2)和式(6.3)可以得出

$$D = \begin{vmatrix} a_{11} & a_{12} & a_{13} \\ a_{21} & a_{22} & a_{23} \\ a_{31} & a_{32} & a_{33} \end{vmatrix} = a_{11}a_{22}a_{33} + a_{21}a_{32}a_{13} + a_{12}a_{23}a_{31} - a_{13}a_{22}a_{31} - a_{12}a_{21}a_{33} - a_{23}a_{32}a_{11}$$

$$= a_{11} \begin{vmatrix} a_{22} & a_{23} \\ a_{32} & a_{33} \end{vmatrix} - a_{12} \begin{vmatrix} a_{21} & a_{23} \\ a_{31} & a_{33} \end{vmatrix} + a_{13} \begin{vmatrix} a_{21} & a_{22} \\ a_{31} & a_{32} \end{vmatrix} \qquad (6.4)$$

由此可见,三阶行列式等于它第 1 行每个元素分别与一个二阶行列式的乘积的代数和(也称按第 1 行展开). 为了进一步了解这三个二阶行列式与原来的三阶行列式的关系,引入余子式和代数余子式的概念.

定义 4　在三阶行列式

$$D = \begin{vmatrix} a_{11} & a_{12} & a_{13} \\ a_{21} & a_{22} & a_{23} \\ a_{31} & a_{32} & a_{33} \end{vmatrix} \tag{6.5}$$

中,划去 a_{ij} 所在的第 i 行和第 j 列的元素,剩下的元素按原来的次序构成的二阶行列式,称为元素 a_{ij} 的余子式,记作 D_{ij};而把 $(-1)^{i+j}D_{ij}$ 称为元素 a_{ij} 的代数余子式,记作 A_{ij},即

$$A_{ij} = (-1)^{i+j}D_{ij}$$

例如,在行列式(6.5)中,元素 a_{21} 的余子式为

$$D_{21} = \begin{vmatrix} a_{12} & a_{13} \\ a_{32} & a_{33} \end{vmatrix}$$

而它的代数余子式为

$$A_{21} = (-1)^{2+1}D_{21} = - \begin{vmatrix} a_{12} & a_{13} \\ a_{32} & a_{33} \end{vmatrix}$$

性质 6　行列式的值等于它的任意一行(列)的各元素与其对应的代数余子式的乘积之和.

例如,在行列式(6.5)中,若按第 2 行展开,有

$$D = a_{21}A_{21} + a_{22}A_{22} + a_{23}A_{23}$$

若按第 3 列展开,有

$$D = a_{13}A_{13} + a_{23}A_{23} + a_{33}A_{33}$$

性质 6 称为行列式的降阶展开性质. 利用此性质,可以把一个三阶行列式化为二阶行列式来计算.

性质 7　行列式某一行(列)的各元素与另一行(列)对应元素的代数余子式的乘积之和等于零.

例如,在行列式(6.5)中第 2 行各元素与第 1 行对应元素的代数余子式的乘积之和为零,即

$$a_{21}A_{11} + a_{22}A_{12} + a_{23}A_{13} = 0$$

6.1.3　高阶行列式的计算

四阶和四阶以上的行列式称为高阶行列式. 为了求解 n 元线性方程组,需将行列式的定义推广到 n 阶行列式. 下面引入 n 阶行列式的定义及其计算方法.

由式(6.4)可以知道,三阶行列式可以按某一行(列)展开,这表明,三阶行列式也可用三个二阶行列式来定义. 仿照这种用低阶行列式定义高一阶行列式的方法,就可以定义三阶以上的行列式. 例如,四阶行列式可以定义为

$$\begin{vmatrix} a_{11} & a_{12} & a_{13} & a_{14} \\ a_{21} & a_{22} & a_{23} & a_{24} \\ a_{31} & a_{32} & a_{33} & a_{34} \\ a_{41} & a_{42} & a_{43} & a_{44} \end{vmatrix} = (-1)^{1+1}a_{11}\begin{vmatrix} a_{22} & a_{23} & a_{24} \\ a_{32} & a_{33} & a_{34} \\ a_{42} & a_{43} & a_{44} \end{vmatrix} + (-1)^{1+2}a_{12}\begin{vmatrix} a_{21} & a_{23} & a_{24} \\ a_{31} & a_{33} & a_{34} \\ a_{41} & a_{43} & a_{44} \end{vmatrix}$$

$$+ (-1)^{1+3}a_{13}\begin{vmatrix} a_{21} & a_{22} & a_{24} \\ a_{31} & a_{32} & a_{34} \\ a_{41} & a_{42} & a_{44} \end{vmatrix} + (-1)^{1+4}a_{14}\begin{vmatrix} a_{21} & a_{22} & a_{23} \\ a_{31} & a_{32} & a_{33} \\ a_{41} & a_{42} & a_{43} \end{vmatrix}$$

依此类推,在已定义了 $n-1$ 阶行列式后,便可定义 n 阶行列式.

定义5　记号

$$D = \begin{vmatrix} a_{11} & a_{12} & \cdots & a_{1n} \\ a_{21} & a_{22} & \cdots & a_{2n} \\ \vdots & \vdots & & \vdots \\ a_{n1} & a_{n2} & \cdots & a_{nn} \end{vmatrix} \tag{6.6}$$

称为 n 阶行列式,它是由 n^2 个元素 $a_{ij}(i=1,2,\cdots,n;j=1,2,\cdots,n)$ 排成 n 行 n 列构成的,其中 a_{ij} 表示位于 n 阶行列式第 i 行、第 j 列的元素.

在 n 阶行列式中,划去 a_{ij} 所在的行和列的元素,剩下的元素所构成的 $n-1$ 阶行列式称为元素 a_{ij} 的余子式,记作 D_{ij};把 $(-1)^{i+j}D_{ij}$ 称为元素 a_{ij} 的代数余子式,记作 A_{ij},即

$$A_{ij} = (-1)^{i+j}D_{ij}$$

因此,行列式(6.6)按第 i 行展开有

$$D = a_{i1}A_{i1} + a_{i2}A_{i2} + \cdots + a_{in}A_{in} = \sum_{k=1}^{n} a_{ik}A_{ik} \quad (i=1,2,\cdots,n)$$

按第 j 列展开有

$$D = a_{1j}A_{1j} + a_{2j}A_{2j} + \cdots + a_{nj}A_{nj} = \sum_{k=1}^{n} a_{kj}A_{kj} \quad (j=1,2,\cdots,n)$$

例5　计算四阶行列式

$$D = \begin{vmatrix} 0 & 2 & 1 & 0 \\ -1 & 3 & 0 & -2 \\ 4 & -7 & -1 & 0 \\ -3 & 2 & 4 & 1 \end{vmatrix}$$

解　将行列式按第1行展开.

$$D = 0 \times A_{11} + 2 \times A_{12} + 1 \times A_{13} + 0 \times A_{14}$$

$$= 0 + 2 \times (-1)^{1+2}\begin{vmatrix} -1 & 0 & -2 \\ 4 & -1 & 0 \\ -3 & 4 & 1 \end{vmatrix} + 1 \times (-1)^{1+3}\begin{vmatrix} -1 & 3 & -2 \\ 4 & -7 & 0 \\ -3 & 2 & 1 \end{vmatrix} + 0 = 50 + 21 = 71$$

由此例看出行列式第1行的零元素较多,按第1行展开时计算较简便.

例6　计算四阶行列式

$$D = \begin{vmatrix} 1 & 1 & 1 & 1 \\ 2 & 3 & 1 & 4 \\ 3 & 6 & 1 & 10 \\ 4 & 10 & 1 & 12 \end{vmatrix}$$

解 $D \xlongequal[\substack{r_3 - r_1 \\ r_4 - r_1}]{r_2 - r_1} \begin{vmatrix} 1 & 1 & 1 & 1 \\ 1 & 2 & 0 & 3 \\ 2 & 5 & 0 & 9 \\ 3 & 9 & 0 & 11 \end{vmatrix} \xlongequal{\text{按第3列展开}} 1 \times (-1)^{1+3} \begin{vmatrix} 1 & 2 & 3 \\ 2 & 5 & 9 \\ 3 & 9 & 11 \end{vmatrix}$

$\xlongequal[r_3 - 3r_1]{r_2 - 2r_1} \begin{vmatrix} 1 & 2 & 3 \\ 0 & 1 & 3 \\ 0 & 3 & 2 \end{vmatrix} \xlongequal{\text{按第1列展开}} 1 \times (-1)^{1+1} \begin{vmatrix} 1 & 3 \\ 3 & 2 \end{vmatrix} = 2 - 9 = -7$

此例说明,计算高阶行列式时,可根据行列式的性质将行列式中某一行(列)化为仅含有一个非零元素,再按此行(列)展开,变为低一阶的行列式,如此继续下去,直至化到容易求值的行列式或二阶行列式后再求值.

随堂练习4

计算下列四阶行列式.

$(1) \begin{vmatrix} 1 & 0 & 0 & 0 \\ 2 & 2 & 0 & 0 \\ 3 & 2 & 3 & 0 \\ -1 & 2 & -1 & -4 \end{vmatrix}$ $(2) \begin{vmatrix} 1 & -1 & 3 & 2 \\ 2 & 1 & 0 & 4 \\ 3 & 2 & 0 & -1 \\ -1 & 2 & 0 & -4 \end{vmatrix}$ $(3) \begin{vmatrix} 1 & -1 & 1 & 2 \\ 2 & 1 & -1 & 4 \\ 3 & 2 & 1 & -1 \\ -1 & 2 & -1 & -4 \end{vmatrix}$

例7 计算四阶行列式

$$D = \begin{vmatrix} a & b & b & b \\ b & a & b & b \\ b & b & a & b \\ b & b & b & a \end{vmatrix}$$

解 此行列式的特点是各行(列)元素之和都为 $a + 3b$,利用这一特点,把第 2,3,4 行同时加到第1行上去,可得

$$D = \begin{vmatrix} a+3b & a+3b & a+3b & a+3b \\ b & a & b & b \\ b & b & a & b \\ b & b & b & a \end{vmatrix} = (a+3b) \begin{vmatrix} 1 & 1 & 1 & 1 \\ b & a & b & b \\ b & b & a & b \\ b & b & b & a \end{vmatrix}$$

$$\xlongequal[\substack{r_3 - br_1 \\ r_4 - br_1}]{r_2 - br_1} (a+3b) \begin{vmatrix} 1 & 1 & 1 & 1 \\ 0 & a-b & 0 & 0 \\ 0 & 0 & a-b & 0 \\ 0 & 0 & 0 & a-b \end{vmatrix} = (a+3b)(a-b)^3$$

此例说明,计算高阶行列式时,也可用行列式的性质将行列式化为三角形行列式来进行计算.

6.1.4 克莱姆法则

与二元、三元线性方程组的解相类似,对于含有 n 个未知数、n 个线性方程的 n 元线性方程组的解也可以用 n 阶行列式表示.

定理1(克莱姆法则) 如果 n 元线性方程组

$$\begin{cases} a_{11}x_1 + a_{12}x_2 + \cdots + a_{1n}x_n = b_1 \\ a_{21}x_1 + a_{22}x_2 + \cdots + a_{2n}x_n = b_2 \\ \vdots \qquad\quad \vdots \qquad\qquad \vdots \\ a_{n1}x_1 + a_{n2}x_2 + \cdots + a_{nn}x_n = b_n \end{cases} \tag{6.7}$$

的系数行列式不等于零,即

$$D = \begin{vmatrix} a_{11} & a_{12} & \cdots & a_{1n} \\ a_{21} & a_{22} & \cdots & a_{2n} \\ \vdots & \vdots & & \vdots \\ a_{n1} & a_{n2} & \cdots & a_{nn} \end{vmatrix} \neq 0$$

则方程组(6.7)有唯一解

$$x_1 = \frac{D_1}{D}, x_2 = \frac{D_2}{D}, \cdots, x_n = \frac{D_n}{D}$$

这里 $D_j(j=1,2,\cdots,n)$ 是用方程组右端的常数项 $b_1,b_2,\cdots,b_n$ 代替 D 中第 j 列的元素所得到的 n 阶行列式,即

$$D_j = \begin{vmatrix} a_{11} & \cdots & a_{1(j-1)} & b_1 & a_{1(j+1)} & \cdots & a_{1n} \\ a_{21} & \cdots & a_{2(j-1)} & b_2 & a_{2(j+1)} & \cdots & a_{2n} \\ \vdots & & \vdots & \vdots & \vdots & & \vdots \\ a_{n1} & \cdots & a_{n(j-1)} & b_n & a_{n(j+1)} & \cdots & a_{nn} \end{vmatrix} \quad (j=1,2,\cdots,n)$$

例8　用克莱姆法则解线性方程组

$$\begin{cases} x_1 - x_2 + x_3 - 2x_4 = 2 \\ 2x_1 - x_3 + 4x_4 = 4 \\ 3x_1 + 2x_2 + x_3 = -1 \\ -x_1 + 2x_2 - x_3 + 2x_4 = -4 \end{cases}$$

解　因为系数行列式

$$D = \begin{vmatrix} 1 & -1 & 1 & -2 \\ 2 & 0 & -1 & 4 \\ 3 & 2 & 1 & 0 \\ -1 & 2 & -1 & 2 \end{vmatrix} = -2 \neq 0$$

根据克莱姆法则,此方程有唯一解.下面分别计算行列式 $D_j(j=1,2,3,4)$.

$$D_1 = \begin{vmatrix} 2 & -1 & 1 & -2 \\ 4 & 0 & -1 & 4 \\ -1 & 2 & 1 & 0 \\ -4 & 2 & -1 & 2 \end{vmatrix} = -2, D_2 = \begin{vmatrix} 1 & 2 & 1 & -2 \\ 2 & 4 & -1 & 4 \\ 3 & -1 & 1 & 0 \\ -1 & -4 & -1 & 2 \end{vmatrix} = 4$$

$$D_3 = \begin{vmatrix} 1 & -1 & 2 & -2 \\ 2 & 0 & 4 & 4 \\ 3 & 2 & -1 & 0 \\ -1 & 2 & -4 & 2 \end{vmatrix} = 0, D_4 = \begin{vmatrix} 1 & -1 & 1 & 2 \\ 2 & 0 & -1 & 4 \\ 3 & 2 & 1 & -1 \\ -1 & 2 & -1 & -4 \end{vmatrix} = -1$$

所以方程组的解为

$$x_1 = \frac{D_1}{D} = \frac{-2}{-2} = 1, x_2 = \frac{D_2}{D} = \frac{4}{-2} = -2$$

$$x_3 = \frac{D_3}{D} = \frac{0}{-2} = 0, x_4 = \frac{D_4}{D} = \frac{-1}{-2} = \frac{1}{2}$$

n 元线性方程组(6.7)右端的常数项 $b_1, b_2, \cdots, b_n$ 不全为零时,方程组(6.7)称为非齐次线性方程组;当 $b_1 = b_2 = \cdots = b_n = 0$ 时,方程组(6.7)称为齐次线性方程组. 即齐次线性方程组为

$$\begin{cases} a_{11}x_1 + a_{12}x_2 + \cdots + a_{1n}x_n = 0 \\ a_{21}x_1 + a_{22}x_2 + \cdots + a_{2n}x_n = 0 \\ \vdots \qquad \vdots \qquad \qquad \vdots \\ a_{n1}x_1 + a_{n2}x_2 + \cdots + a_{nn}x_n = 0 \end{cases} \tag{6.8}$$

显然,$x_1 = x_2 = \cdots = x_n = 0$ 一定是(6.8)的解,称为齐次线性方程组的零解. 如果一组不全为零的数是(6.8)的解,则称齐次线性方程组有非零解. 由克莱姆法则可得如下定理.

定理2 如果齐次线性方程组(6.8)的系数行列式不为零,则其只有零解;如果齐次线性方程组(6.8)有非零解,则它的系数行列式必为零.

例9 m 取何值时,齐次线性方程组

$$\begin{cases} x_1 + x_2 + mx_3 = 0 \\ -x_1 + mx_2 + x_3 = 0 \\ x_1 - x_2 + 2x_3 = 0 \end{cases}$$

有非零解?

解 因为方程组的系数行列式

$$D = \begin{vmatrix} 1 & 1 & m \\ -1 & m & 1 \\ 1 & -1 & 2 \end{vmatrix} = \begin{vmatrix} 1 & 1 & m \\ 0 & m+1 & m+1 \\ 0 & -2 & 2-m \end{vmatrix} = \begin{vmatrix} m+1 & m+1 \\ -2 & 2-m \end{vmatrix} = (m+1) \begin{vmatrix} 1 & 1 \\ -2 & 2-m \end{vmatrix}$$

$$= (m+1)(2-m+2) = (1+m)(4-m).$$

由定理2知,若齐次线性方程组有非零解,则它的系数行列式 $D = 0$,即

$$D = (1+m)(4-m) = 0$$

解得

$$m = -1 \text{ 或 } m = 4$$

所以,当 $m = -1$ 或 $m = 4$ 时,齐次线性方程组有非零解.

习题 6.1

1. 计算下列三阶行列式.

$$(1) \begin{vmatrix} 2 & -1 & -2 \\ 3 & 4 & 1 \\ 1 & 6 & 2 \end{vmatrix} \qquad (2) \begin{vmatrix} 4 & 2 & -1 \\ 3 & 1 & 0 \\ 1 & 1 & -1 \end{vmatrix} \qquad (3) \begin{vmatrix} 1 & -1 & 2 \\ 4 & 3 & -1 \\ -2 & 1 & 1 \end{vmatrix}$$

$$(4)\begin{vmatrix} -2 & 3 & 4 \\ 5 & -3 & 7 \\ 1 & 0 & -2 \end{vmatrix} \qquad (5)\begin{vmatrix} \dfrac{1}{2} & \dfrac{1}{3} & \dfrac{3}{2} \\ 2 & \dfrac{1}{3} & 3 \\ 3 & \dfrac{1}{3} & 2 \end{vmatrix} \qquad (6)\begin{vmatrix} 3 & 4 & -3 \\ -3 & 6 & -9 \\ -6 & 4 & -6 \end{vmatrix}$$

2. 计算下列四阶行列式.

$$(1)\begin{vmatrix} 3 & 1 & -1 & 2 \\ -5 & 1 & 3 & -4 \\ 2 & 0 & 1 & -1 \\ 1 & -5 & 3 & -3 \end{vmatrix} \qquad (2)\begin{vmatrix} 1 & 1 & 1 & 1 \\ 1 & 1 & -1 & 1 \\ 1 & -1 & 1 & 1 \\ -1 & 1 & 1 & 1 \end{vmatrix}$$

$$(3)\begin{vmatrix} 1 & 4 & -1 & 4 \\ 2 & 1 & 4 & 3 \\ 4 & 2 & 3 & 11 \\ 3 & 0 & 9 & 2 \end{vmatrix} \qquad (4)\begin{vmatrix} 1 & 1 & 1 & 5 \\ 1 & 1 & 5 & 1 \\ 1 & 5 & 1 & 1 \\ 5 & 1 & 1 & 1 \end{vmatrix}$$

3. 用克莱姆法则解下列线性方程组.

$$(1)\begin{cases} 2x - y + z = 0 \\ 3x + 2y - 5z = 1 \\ x + 3y - 2z = 4 \end{cases} \qquad (2)\begin{cases} x_1 + x_2 + 2x_3 + 3x_4 = 1 \\ 3x_1 - x_2 - x_3 - 2x_4 = -4 \\ 2x_1 + 3x_2 - x_3 - x_4 = -6 \\ x_1 + 2x_2 + 3x_3 - x_4 = -4 \end{cases}$$

$$(3)\begin{cases} x_1 - x_2 + 3x_3 + 2x_4 = 2 \\ x_2 - 2x_3 + 3x_4 = 8 \\ x_1 + 2x_2 + 6x_4 = 13 \\ 4x_1 - 3x_2 + 5x_3 + x_4 = 1 \end{cases} \qquad (4)\begin{cases} 2x_1 + x_2 - 5x_3 + x_4 = 8 \\ x_1 - 3x_2 - 6x_4 = 9 \\ 2x_2 - x_3 + 2x_4 = -5 \\ x_1 + 4x_2 - 7x_3 + 6x_4 = 0 \end{cases}$$

4. m 取何值时,齐次线性方程组

$$\begin{cases} mx_1 + x_2 + x_3 = 0 \\ x_1 + mx_2 + x_3 = 0 \\ x_1 + x_2 + x_3 = 0 \end{cases}$$

有非零解?

6.2　矩　　阵

6.2.1　矩阵的概念

1.矩阵的定义

在实际工作中,经常用列表的方式把一些数据及其关系表示出来.

例1　在物资调运中,某类物资有 3 个产地和 5 个销售地,它们的调运情况见表 6.1.

表 6.1 调运方案表

调运吨数 ＼ 销售地 ＼ 产地	一	二	三	四	五
甲	1	2	5	0	7
乙	3	1	2	8	0
丙	7	6	2	4	5

如果用 $a_{ij}(i=1,2,3;j=1,2,3,4,5)$ 表示从第 i 个产地运往第 j 个销售地的物资吨数，就能将这个调运方案简写成一个三行五列的矩形表

$$\begin{pmatrix} 1 & 2 & 5 & 0 & 7 \\ 3 & 1 & 2 & 8 & 0 \\ 7 & 6 & 2 & 4 & 5 \end{pmatrix}$$

例 2 三元线性方程组

$$\begin{cases} x_1 - 2x_2 + x_3 = -1 \\ 2x_1 - x_2 - 4x_3 = 7 \\ 3x_1 - 4x_2 + 2x_3 = 0 \end{cases}$$

是否有解？有多少解？这个问题显然只与方程组中未知数的系数和常数项有关. 因此，把方程组中未知数的系数和常数项分别按原来的位置排成如下的数表

$$\begin{pmatrix} 1 & -2 & 1 \\ 2 & -1 & -4 \\ 3 & -4 & 2 \end{pmatrix}, \begin{pmatrix} -1 \\ 7 \\ 0 \end{pmatrix}$$

显然，若给出一个线性方程组则可以写出上述两个数表；相反，若给出上述两个数表也可以写出它们对应的线性方程组.

实际问题中这样的数表是很多的，下面给出矩阵定义.

定义 1 由 $m \times n$ 个数 $a_{ij}(i=1,2,\cdots,m;j=1,2,\cdots,n)$ 排成 m 行 n 列的矩形数表

$$A = \begin{pmatrix} a_{11} & a_{12} & \cdots & a_{1n} \\ a_{21} & a_{22} & \cdots & a_{2n} \\ \vdots & \vdots & & \vdots \\ a_{m1} & a_{m2} & \cdots & a_{mn} \end{pmatrix}$$

称为 m 行 n 列矩阵，简称为 $m \times n$ 矩阵. 其中 a_{ij} 称为矩阵 A 的元素.

矩阵通常用大写字母 $A, B, C, \cdots$ 或 $(a_{ij}), (b_{ij}), \cdots$ 表示. 为了标明矩阵的行数 m 和列数 n，可记作 $A_{m \times n}$ 或 $(a_{ij})_{m \times n}$.

2. 几种特殊的矩阵

常用的几种特殊形式的矩阵，在矩阵问题的讨论中起着重要作用. 现分别介绍如下.

(1) 零矩阵. 所有元素都是零的矩阵，称为零矩阵，记作 $0_{m \times n}$ 或 0.

例如

$$0_{2 \times 4} = \begin{pmatrix} 0 & 0 & 0 & 0 \\ 0 & 0 & 0 & 0 \end{pmatrix}$$

（2）行矩阵. 只有一行的矩阵, 称为行矩阵. 此时 $m = 1$.
$$A_{1 \times n} = (a_{11} \quad a_{12} \quad \cdots \quad a_{1n})$$
（3）列矩阵. 只有一列的矩阵, 称为列矩阵. 此时 $n = 1$.
$$A_{m \times 1} = \begin{pmatrix} a_{11} \\ a_{21} \\ \vdots \\ a_{m1} \end{pmatrix}$$

（4）转置矩阵. 把矩阵 A 所有的行换成相应的列所得到的矩阵称为 A 的转置矩阵, 记作 A', 例如
$$A = \begin{pmatrix} a_{11} & a_{12} & a_{13} \\ a_{21} & a_{22} & a_{23} \end{pmatrix}$$

的转置矩阵为
$$A' = \begin{pmatrix} a_{11} & a_{21} \\ a_{12} & a_{22} \\ a_{13} & a_{23} \end{pmatrix}$$

显然, 对任何矩阵 A, 都有
$$(A')' = A$$

（5）n 阶方阵. 当矩阵的行数与列数均为 n 时, 称为 n 阶方阵. 即
$$A = \begin{pmatrix} a_{11} & a_{12} & \cdots & a_{1n} \\ a_{21} & a_{22} & \cdots & a_{2n} \\ \vdots & \vdots & & \vdots \\ a_{n1} & a_{n2} & \cdots & a_{nn} \end{pmatrix}$$

n 阶方阵从左上角到右下角的对角线称为主对角线, 另一条对角线称为次对角线. 主对角线上的元素称为主对角元.

通常把方阵 A 的元素按原来的次序所构成的行列式, 称为方阵 A 的行列式, 记作 $|A|$, 或记作 $\det A$. 显然, 只有方阵才有对应的行列式.

对于 n 阶方阵, 又有以下几种特殊形式：

（6）对角矩阵. 除主对角元外, 其余元素均为零的方阵, 称为对角矩阵. n 阶对角矩阵的形式为
$$A = \begin{pmatrix} a_{11} & 0 & \cdots & 0 \\ 0 & a_{22} & \cdots & 0 \\ \vdots & \vdots & & \vdots \\ 0 & 0 & \cdots & a_{nn} \end{pmatrix}$$

（7）单位矩阵. 主对角元都为 1 的对角矩阵, 称为单位矩阵, 记作 I 或 I_n. 即
$$I = \begin{pmatrix} 1 & 0 & \cdots & 0 \\ 0 & 1 & \cdots & 0 \\ \vdots & \vdots & & \vdots \\ 0 & 0 & \cdots & 1 \end{pmatrix}$$

（8）上三角矩阵. 主对角线以下所有元素都为零的方阵，称为上三角矩阵. 即

$$L_{上} = \begin{pmatrix} a_{11} & a_{12} & \cdots & a_{1n} \\ 0 & a_{22} & \cdots & a_{2n} \\ \vdots & \vdots & & \vdots \\ 0 & 0 & \cdots & a_{nn} \end{pmatrix}$$

（9）下三角矩阵. 主对角线以上所有元素都为零的方阵，称为下三角矩阵. 即

$$L_{下} = \begin{pmatrix} a_{11} & 0 & \cdots & 0 \\ a_{21} & a_{22} & \cdots & 0 \\ \vdots & \vdots & & \vdots \\ a_{n1} & a_{n2} & \cdots & a_{nn} \end{pmatrix}$$

（10）对称矩阵. 关于主对角线对称的元素对应相等（即 $a_{ij} = a_{ji}(i,j = 1,2,\cdots,n)$）的方阵称为对称矩阵.

例如

$$A = \begin{pmatrix} 1 & 3 & -2 \\ 3 & 7 & -5 \\ -2 & -5 & 6 \end{pmatrix}$$

是对称矩阵.

显然，对于任何一个对称矩阵 A，有

$$A' = A$$

3. 矩阵的相等

定义 2　如果 $A = (a_{ij})$ 与 $B = (b_{ij})$ 都是 m 行 n 列矩阵，并且它们的对应元素相等，即

$$a_{ij} = b_{ij} \quad (i = 1,2,\cdots,m;j = 1,2,\cdots,n)$$

则称这两个矩阵相等，记作

$$A = B$$

应该看到，虽然矩阵（特别是方阵）与行列式的记号很相似，但它们是两个不同的概念. 行列式是一个算式，计算结果是一个数；而矩阵是一个数表. 行列式相等表示两个行列式的计算结果相同，即行列式的值相等；而矩阵相等是指行数、列数分别相同的两个矩阵中，对应元素都相等，即两个矩阵完全相同.

6.2.2　矩阵的运算

1. 矩阵的加减法

定义 3　设有两个 m 行 n 列矩阵 $A = (a_{ij})$ 与 $B = (b_{ij})$，那么这两个矩阵对应元素相加（减）得到的 m 行 n 列矩阵，称为矩阵 A 与 B 的和（差）. 即

$$A \pm B = (a_{ij} \pm b_{ij})$$

例 1　已知

$$A = \begin{pmatrix} 2 & -2 & -3 \\ 3 & 8 & 1 \end{pmatrix}, B = \begin{pmatrix} 4 & 5 & -3 \\ -2 & 3 & 7 \end{pmatrix}$$

计算 $A + B, A - B$.

解　由定义 3，有

$$A + B = \begin{pmatrix} 2 & -2 & -3 \\ 3 & 8 & 1 \end{pmatrix} + \begin{pmatrix} 4 & 5 & -3 \\ -2 & 3 & 7 \end{pmatrix}$$

$$= \begin{pmatrix} 2+4 & -2+5 & -3+(-3) \\ 3+(-2) & 8+3 & 1+7 \end{pmatrix} = \begin{pmatrix} 6 & 3 & -6 \\ 1 & 11 & 8 \end{pmatrix}$$

$$A - B = \begin{pmatrix} 2 & -2 & -3 \\ 3 & 8 & 1 \end{pmatrix} - \begin{pmatrix} 4 & 5 & -3 \\ -2 & 3 & 7 \end{pmatrix}$$

$$= \begin{pmatrix} 2-4 & -2-5 & -3-(-3) \\ 3-(-2) & 8-3 & 1-7 \end{pmatrix} = \begin{pmatrix} -2 & -7 & 0 \\ 5 & 5 & -6 \end{pmatrix}$$

显然,只有当两个矩阵的行数和列数都相等时,才能相加(减),所得的和(差)仍为一个 m 行 n 列矩阵;矩阵的加(减)归结为对应元素相加(减).

可以验证,矩阵的加法运算满足以下规律:

(1)交换律　$A + B = B + A$

(2)结合律　$(A + B) + C = A + (B + C)$

(3)$(A + B)' = A' + B'$

其中,A,B,C 均为 $m \times n$ 矩阵.

例2　已知

$$A = \begin{pmatrix} 1 & 5 & 1 \\ 1 & 2 & -3 \\ 9 & -5 & 3 \end{pmatrix}, B = \begin{pmatrix} 1 & x_1 & x_2 \\ x_1 & 2 & x_3 \\ x_2 & x_3 & 3 \end{pmatrix}, C = \begin{pmatrix} 0 & y_1 & y_2 \\ -y_1 & 0 & y_3 \\ -y_2 & -y_3 & 0 \end{pmatrix}$$

并且 $A = B + C$,求矩阵 B 和 C.

解　由 $A = B + C$,得

$$\begin{pmatrix} 1 & 5 & 1 \\ 1 & 2 & -3 \\ 9 & -5 & 3 \end{pmatrix} = \begin{pmatrix} 1 & x_1 & x_2 \\ x_1 & 2 & x_3 \\ x_2 & x_3 & 3 \end{pmatrix} + \begin{pmatrix} 0 & y_1 & y_2 \\ -y_1 & 0 & y_3 \\ -y_2 & -y_3 & 0 \end{pmatrix} = \begin{pmatrix} 1 & x_1+y_1 & x_2+y_2 \\ x_1-y_1 & 2 & x_3+y_3 \\ x_2-y_2 & x_3-y_3 & 3 \end{pmatrix}$$

根据矩阵相等的定义,有

$$\begin{cases} x_1 + y_1 = 5 \\ x_1 - y_1 = 1 \end{cases}, \begin{cases} x_2 + y_2 = 1 \\ x_2 - y_2 = 9 \end{cases}, \begin{cases} x_3 + y_3 = -3 \\ x_3 - y_3 = -5 \end{cases}$$

解得

$$x_1 = 3, y_1 = 2, x_2 = 5, y_2 = -4, x_3 = -4, y_3 = 1$$

故所求的矩阵为

$$B = \begin{pmatrix} 1 & 3 & 5 \\ 3 & 2 & -4 \\ 5 & -4 & 3 \end{pmatrix}, C = \begin{pmatrix} 0 & 2 & -4 \\ -2 & 0 & 1 \\ 4 & -1 & 0 \end{pmatrix}$$

2. 数与矩阵相乘

定义4　用数 k 乘矩阵 $A = (a_{ij})_{m \times n}$ 的每一个元素所得到的矩阵,称为数与矩阵的乘积.即 $kA = (ka_{ij})$,并规定 $Ak = kA$.

数与矩阵的乘法满足以下规律:

(1)分配律　$k(A + B) = kA + kB$　$(k + l)A = kA + lA$

(2)结合律　$k(lA) = (kl)A$

（3）$(k\boldsymbol{A})' = k\boldsymbol{A}'$

其中，$\boldsymbol{A}$，$\boldsymbol{B}$ 都是 m 行 n 列矩阵，k，l 为常数.

例 3　设 $\boldsymbol{A} = \begin{pmatrix} 3 & 4 & -6 \\ 2 & 4 & 7 \end{pmatrix}$，$\boldsymbol{B} = \begin{pmatrix} 6 & 2 & 3 \\ 1 & -4 & -1 \end{pmatrix}$，并且 $3\boldsymbol{C} + 2\boldsymbol{A} = \boldsymbol{B}$，试求矩阵 $\boldsymbol{C}$.

解　由 $3\boldsymbol{C} + 2\boldsymbol{A} = \boldsymbol{B}$ 得 $3\boldsymbol{C} = \boldsymbol{B} - 2\boldsymbol{A}$，所以，$\boldsymbol{C} = \dfrac{1}{3}(\boldsymbol{B} - 2\boldsymbol{A})$，将 $\boldsymbol{A}$，$\boldsymbol{B}$ 代入得

$$\boldsymbol{C} = \frac{1}{3}\left(\begin{pmatrix} 6 & 2 & 3 \\ 1 & -4 & -1 \end{pmatrix} - 2\begin{pmatrix} 3 & 4 & -6 \\ 2 & 4 & 7 \end{pmatrix}\right) = \frac{1}{3}\begin{pmatrix} 6-6 & 2-8 & 3+12 \\ 1-4 & -4-8 & -1-14 \end{pmatrix}$$

$$= \frac{1}{3}\begin{pmatrix} 0 & -6 & 15 \\ -3 & -12 & -15 \end{pmatrix} = \begin{pmatrix} 0 & -2 & 5 \\ -1 & -4 & -5 \end{pmatrix}$$

3. 矩阵与矩阵相乘

先看一个例子.

例 4　某单位计划两年内生产两种型号的电视机，生产数量见表 6.2，每百台材料的平均用量见表 6.3. 那么，两年中三种材料的用量见表 6.4.

表 6.2

	第一种型号（百台）	第二种型号（百台）
第一年	20	10
第二年	30	20

表 6.3

	整部件（百部）	零部件（万只）	自制件（万只）
第一种型号	2	18	4
第二种型号	1.5	15	5

表 6.4

	整部件（百部）	零部件（万只）	自制件（万只）
第一年	$20 \times 2 + 10 \times 1.5 = 55$	$20 \times 18 + 10 \times 15 = 510$	$20 \times 4 + 10 \times 5 = 130$
第二年	$30 \times 2 + 20 \times 1.5 = 90$	$30 \times 18 + 20 \times 15 = 840$	$30 \times 4 + 20 \times 5 = 220$

如果把表 6.2，表 6.3，表 6.4 用矩阵表示，则有

$$\boldsymbol{A} = \begin{pmatrix} 20 & 10 \\ 30 & 20 \end{pmatrix}, \boldsymbol{B} = \begin{pmatrix} 2 & 18 & 4 \\ 1.5 & 15 & 5 \end{pmatrix}$$

$$\boldsymbol{C} = \begin{pmatrix} 20 \times 2 + 10 \times 1.5 & 20 \times 18 + 10 \times 15 & 20 \times 4 + 10 \times 5 \\ 30 \times 2 + 20 \times 1.5 & 30 \times 18 + 20 \times 15 & 30 \times 4 + 20 \times 5 \end{pmatrix}$$

可以看出，矩阵 $\boldsymbol{C}$ 的第 1 行三个元素，依次等于矩阵 $\boldsymbol{A}$ 的第 1 行所有元素与矩阵 $\boldsymbol{B}$ 的第 1、第 2、第 3 列各对应元素的乘积之和；矩阵 $\boldsymbol{C}$ 的第 2 行三个元素，依次等于矩阵 $\boldsymbol{A}$ 的第 2 行所有元素与矩阵 $\boldsymbol{B}$ 的第 1、第 2、第 3 列各对应元素的乘积之和. 矩阵 $\boldsymbol{C}$ 称为矩阵 $\boldsymbol{A}$ 与矩阵 $\boldsymbol{B}$ 的乘积，记作 $\boldsymbol{C} = \boldsymbol{AB}$.

定义5 设 $A = (a_{ik})$ 是 $m \times s$ 矩阵，$B = (b_{kj})$ 是 $s \times n$ 矩阵，由元素

$$c_{ij} = a_{i1}b_{1j} + a_{i2}b_{2j} + \cdots + a_{is}b_{sj} = \sum_{k=1}^{s} a_{ik}b_{kj} \quad (i = 1,2,\cdots,m, j = 1,2,\cdots,n)$$

构成的 $m \times n$ 矩阵 C，称为矩阵 A 与矩阵 B 的乘积，记作 $C = AB$，即

$$C = (c_{ij})_{m \times n} = \left(\sum_{k=1}^{s} a_{ik}b_{kj} \right)_{m \times n}$$

注意 （1）只有矩阵 A（左矩阵）的列数等于矩阵 B（右矩阵）的行数时，A 与 B 才能相乘；

（2）乘积矩阵 C 中 c_{ij} 是左矩阵 A 的第 i 行元素与右矩阵 B 的第 j 列各对应元素的乘积之和；

（3）乘积矩阵 C 的行数等于左矩阵 A 的行数，列数等于右矩阵 B 的列数.

例5 已知

$$A = \begin{pmatrix} 3 & 2 & -1 \\ 2 & -3 & 5 \end{pmatrix}, B = \begin{pmatrix} 1 & 3 \\ -5 & 4 \\ 3 & 6 \end{pmatrix}$$

求 AB 和 BA.

解 因为 A 的列数等于 B 的行数，所以 A 与 B 可以相乘，同样 B 与 A 也可相乘.

$$AB = \begin{pmatrix} 3 & 2 & -1 \\ 2 & -3 & 5 \end{pmatrix} \begin{pmatrix} 1 & 3 \\ -5 & 4 \\ 3 & 6 \end{pmatrix}$$

$$= \begin{pmatrix} 3 \times 1 + 2 \times (-5) + (-1) \times 3 & 3 \times 3 + 2 \times 4 + (-1) \times 6 \\ 2 \times 1 + (-3) \times (-5) + 5 \times 3 & 2 \times 3 + (-3) \times 4 + 5 \times 6 \end{pmatrix}$$

$$= \begin{pmatrix} -10 & 11 \\ 32 & 24 \end{pmatrix}.$$

$$BA = \begin{pmatrix} 1 & 3 \\ -5 & 4 \\ 3 & 6 \end{pmatrix} \begin{pmatrix} 3 & 2 & -1 \\ 2 & -3 & 5 \end{pmatrix}$$

$$= \begin{pmatrix} 1 \times 3 + 3 \times 2 & 1 \times 2 + 3 \times (-3) & 1 \times (-1) + 3 \times 5 \\ (-5) \times 3 + 4 \times 2 & (-5) \times 2 + 4 \times (-3) & (-5) \times (-1) + 4 \times 5 \\ 3 \times 3 + 6 \times 2 & 3 \times 2 + 6 \times (-3) & 3 \times (-1) + 6 \times 5 \end{pmatrix}$$

$$= \begin{pmatrix} 9 & -7 & 14 \\ -7 & -22 & 25 \\ 21 & -12 & 27 \end{pmatrix}$$

由例5知矩阵的乘法不满足交换律，即一般情况下 $AB \neq BA$.

矩阵的乘法满足以下规律：

（1）分配律 $A(B + C) = AB + AC$ $(B + C)A = BA + CA$

（2）结合律 $(AB)C = A(BC)$ $k(AB) = (kA)B = A(kB)$

（3）$(AB)' = B'A'$

其中，A, B, C 为矩阵，k 为常数.

例 6　已知

$$A = \begin{pmatrix} 1 & 2 \\ -1 & 0 \\ 0 & 3 \end{pmatrix}, B = \begin{pmatrix} 1 & 1 & 0 \\ -1 & 0 & 1 \end{pmatrix}$$

验证 $(AB)' = B'A'$.

　　证明　因为

$$AB = \begin{pmatrix} 1 & 2 \\ -1 & 0 \\ 0 & 3 \end{pmatrix} \begin{pmatrix} 1 & 1 & 0 \\ -1 & 0 & 1 \end{pmatrix} = \begin{pmatrix} -1 & 1 & 2 \\ -1 & -1 & 0 \\ -3 & 0 & 3 \end{pmatrix}$$

所以

$$(AB)' = \begin{pmatrix} -1 & -1 & -3 \\ 1 & -1 & 0 \\ 2 & 0 & 3 \end{pmatrix}$$

又

$$A' = \begin{pmatrix} 1 & -1 & 0 \\ 2 & 0 & 3 \end{pmatrix}, B' = \begin{pmatrix} 1 & -1 \\ 1 & 0 \\ 0 & 1 \end{pmatrix}$$

所以

$$B'A' = \begin{pmatrix} 1 & -1 \\ 1 & 0 \\ 0 & 1 \end{pmatrix} \begin{pmatrix} 1 & -1 & 0 \\ 2 & 0 & 3 \end{pmatrix} = \begin{pmatrix} -1 & -1 & -3 \\ 1 & -1 & 0 \\ 2 & 0 & 3 \end{pmatrix}$$

故 $(AB)' = B'A'$.

　　例 7　已知 $A = (a_{ij})_{3 \times 3}$，$I$ 为三阶单位矩阵，求 AI 和 IA.

　　解　$AI = \begin{pmatrix} a_{11} & a_{12} & a_{13} \\ a_{21} & a_{22} & a_{23} \\ a_{31} & a_{32} & a_{33} \end{pmatrix} \begin{pmatrix} 1 & 0 & 0 \\ 0 & 1 & 0 \\ 0 & 0 & 1 \end{pmatrix} = \begin{pmatrix} a_{11} & a_{12} & a_{13} \\ a_{21} & a_{22} & a_{23} \\ a_{31} & a_{32} & a_{33} \end{pmatrix} = A$

$$IA = \begin{pmatrix} 1 & 0 & 0 \\ 0 & 1 & 0 \\ 0 & 0 & 1 \end{pmatrix} \begin{pmatrix} a_{11} & a_{12} & a_{13} \\ a_{21} & a_{22} & a_{23} \\ a_{31} & a_{32} & a_{33} \end{pmatrix} = \begin{pmatrix} a_{11} & a_{12} & a_{13} \\ a_{21} & a_{22} & a_{23} \\ a_{31} & a_{32} & a_{33} \end{pmatrix} = A$$

由例 7 知，在矩阵乘法中，单位矩阵 I 所起的作用与数 1 在乘法中所起的作用相似.

矩阵的乘法与数的乘法还有以下区别：

(1)元素不全为零的两个矩阵，其乘积可能为零矩阵.

　　例如

$$A = \begin{pmatrix} 2 & 4 \\ -3 & -6 \end{pmatrix}, B = \begin{pmatrix} -2 & 4 \\ 1 & -2 \end{pmatrix}$$

$$AB = \begin{pmatrix} 2 & 4 \\ -3 & -6 \end{pmatrix} \begin{pmatrix} -2 & 4 \\ 1 & -2 \end{pmatrix} = \begin{pmatrix} 0 & 0 \\ 0 & 0 \end{pmatrix}$$

(2)若 $AB = AC$，且 $A \neq 0$，一般不能得出 $B = C$ 的结论.

例如

$$A = \begin{pmatrix} 2 & -1 \\ -6 & 3 \end{pmatrix}, B = \begin{pmatrix} 3 & 1 & -2 \\ 4 & 1 & -3 \end{pmatrix}, C = \begin{pmatrix} 0 & 4 & 0 \\ -2 & 7 & 1 \end{pmatrix}$$

有

$$AB = \begin{pmatrix} 2 & -1 \\ -6 & 3 \end{pmatrix}\begin{pmatrix} 3 & 1 & -2 \\ 4 & 1 & -3 \end{pmatrix} = \begin{pmatrix} 2 & 1 & -1 \\ -6 & -3 & 3 \end{pmatrix}$$

$$AC = \begin{pmatrix} 2 & -1 \\ -6 & 3 \end{pmatrix}\begin{pmatrix} 0 & 4 & 0 \\ -2 & 7 & 1 \end{pmatrix} = \begin{pmatrix} 2 & 1 & -1 \\ -6 & -3 & 3 \end{pmatrix}$$

即 $AB = AC$，且 $A \neq 0$，但 $B \neq C$.

由于矩阵的乘法满足结合律，所以可以定义矩阵的方幂.

设 A 是一个 n 阶方阵，则 k 个 A 的连乘积称为 A 的 k 次方幂，记作 A^k，即

$$A^k = \underbrace{AA\cdots A}_{k个}$$

显然有：$A^k A^l = A^{k+l}$，$(A^k)^l = A^{kl}$，这里 k, l 为正整数.

例8 已知

$$\begin{pmatrix} 1 & 0 \\ 0 & 2 \end{pmatrix} + \begin{pmatrix} 1 & 0 \\ 0 & 2 \end{pmatrix}^2 + \cdots + \begin{pmatrix} 1 & 0 \\ 0 & 2 \end{pmatrix}^n = \begin{pmatrix} a & 0 \\ 0 & b \end{pmatrix}$$

求 a, b 的值.

解 由

$$\begin{pmatrix} 1 & 0 \\ 0 & 2 \end{pmatrix}^2 = \begin{pmatrix} 1 & 0 \\ 0 & 2 \end{pmatrix}\begin{pmatrix} 1 & 0 \\ 0 & 2 \end{pmatrix} = \begin{pmatrix} 1 & 0 \\ 0 & 2^2 \end{pmatrix}$$

$$\begin{pmatrix} 1 & 0 \\ 0 & 2 \end{pmatrix}^3 = \begin{pmatrix} 1 & 0 \\ 0 & 2^2 \end{pmatrix}\begin{pmatrix} 1 & 0 \\ 0 & 2 \end{pmatrix} = \begin{pmatrix} 1 & 0 \\ 0 & 2^3 \end{pmatrix}$$

用数学归纳法可证

$$\begin{pmatrix} 1 & 0 \\ 0 & 2 \end{pmatrix}^n = \begin{pmatrix} 1 & 0 \\ 0 & 2^n \end{pmatrix}$$

从而

$$\begin{pmatrix} 1 & 0 \\ 0 & 2 \end{pmatrix} + \begin{pmatrix} 1 & 0 \\ 0 & 2 \end{pmatrix}^2 + \cdots + \begin{pmatrix} 1 & 0 \\ 0 & 2 \end{pmatrix}^n = \begin{pmatrix} 1 + 1 + \cdots + 1 & 0 \\ 0 & 2 + 2^2 + \cdots + 2^n \end{pmatrix}$$

$$= \begin{pmatrix} n & 0 \\ 0 & 2(2^n - 1) \end{pmatrix} = \begin{pmatrix} a & 0 \\ 0 & b \end{pmatrix}$$

于是 $a = n$，$b = 2(2^n - 1)$.

随堂练习

1. 设 $A = \begin{pmatrix} 1 & 1 \\ -1 & -1 \end{pmatrix}$，$B = \begin{pmatrix} -2 & 1 \\ 2 & -1 \end{pmatrix}$，$C = \begin{pmatrix} 2 & 3 \\ 1 & -3 \end{pmatrix}$，$D = \begin{pmatrix} 1 & -5 \\ 2 & 5 \end{pmatrix}$.

(1)矩阵 A 和 B 都不是零矩阵，计算并观察矩阵 AB.

(2)计算矩阵 BA 并观察与 AB 的关系.

(3)计算矩阵 CD 与 DC 并观察二者的关系.

(4)矩阵 I_2 是二阶单位矩阵，计算矩阵 AI_2 与 I_2A 并观察二者的关系.

(5)矩阵 A 不是零矩阵，且 $C \neq D$，计算矩阵 AC 与 AD 并观察二者的关系.

（6）计算矩阵 $(BC)'$ 与 $C'B'$ 并观察二者的关系.

（7）计算矩阵 $(BA)C$ 与 $B(AC)$ 并观察二者的关系.

（8）计算矩阵 $A(C+D)$ 与 $AC+AD$ 并观察二者的关系.

（9）计算矩阵 $(B+D)^2$ 与 $B^2+2BD+D^2$ 并观察二者的关系.

（10）计算矩阵 $(BC)^2$ 与 B^2C^2 并观察二者的关系.

（11）计算 $|BC|$ 与 $|B|\cdot|C|$ 并观察二者的关系.

（12）计算 $2|BC|$ 与 $|2BC|$ 并观察二者的关系.

（13）计算矩阵 $(3B-2A)C$ 和 $D(2B+3A)$.

2. 设 $A=\begin{pmatrix}7 & 4\\ 2 & 1\end{pmatrix}$，$B=\begin{pmatrix}0 & -2\\ -1 & 3\end{pmatrix}$，$C=\begin{pmatrix}-1 & 4\\ 2 & -7\end{pmatrix}$.

（1）计算矩阵 AB 与 BA 并观察二者的关系.

（2）计算矩阵 BC 与 CB 并观察二者的关系.

（3）计算矩阵 AC 与 CA 并观察二者的关系.

3. 设 $A=\begin{pmatrix}a_{11} & a_{12} & a_{13}\\ a_{21} & a_{22} & a_{23}\\ a_{31} & a_{32} & a_{33}\end{pmatrix}$，$B=\begin{pmatrix}b_1\\ b_2\\ b_3\end{pmatrix}$，$X=\begin{pmatrix}x_1\\ x_2\\ x_3\end{pmatrix}$，求 AX，$B'X$ 和 BX'.

6.2.3 线性方程组的矩阵表示法

对于线性方程组

$$\begin{cases}a_{11}x_1 + a_{12}x_2 + \cdots + a_{1n}x_n = b_1\\ a_{21}x_1 + a_{22}x_2 + \cdots + a_{2n}x_n = b_2\\ \vdots \qquad \vdots \qquad \qquad \vdots\\ a_{n1}x_1 + a_{n2}x_2 + \cdots + a_{nn}x_n = b_n\end{cases} \tag{6.9}$$

如果令

$$A=\begin{pmatrix}a_{11} & a_{12} & \cdots & a_{1n}\\ a_{21} & a_{22} & \cdots & a_{2n}\\ \vdots & \vdots & & \vdots\\ a_{n1} & a_{n2} & \cdots & a_{nn}\end{pmatrix}, X=\begin{pmatrix}x_1\\ x_2\\ \vdots\\ x_n\end{pmatrix}, B=\begin{pmatrix}b_1\\ b_2\\ \vdots\\ b_n\end{pmatrix}$$

则可将方程组写成

$$AX = B \tag{6.10}$$

方程（6.10）是线性方程组（6.9）的矩阵形式，称为矩阵方程. 其中 A 称为方程组（6.9）的系数矩阵，X 称为未知数矩阵，B 称为常数项矩阵. 于是解线性方程组（6.9）的问题，就变成求矩阵方程式（6.10）中未知数矩阵 X 的问题.

例 9 将线性方程组

$$\begin{cases}x_1 - 5x_2 + x_3 - x_4 = 2\\ 2x_1 - x_2 + 2x_3 + x_4 = 1\\ 3x_1 - 2x_2 - x_3 + x_4 = 0\\ 2x_1 + x_2 - 3x_3 + x_4 = -1\end{cases}$$

写成矩阵形式.

解

$$A = \begin{pmatrix} 1 & -5 & 1 & -1 \\ 2 & -1 & 2 & 1 \\ 3 & -2 & -1 & 1 \\ 2 & 1 & -3 & 1 \end{pmatrix}, X = \begin{pmatrix} x_1 \\ x_2 \\ x_3 \\ x_4 \end{pmatrix}, B = \begin{pmatrix} 2 \\ 1 \\ 0 \\ -1 \end{pmatrix}$$

因为 $AX = B$,所以方程组可表示为

$$\begin{pmatrix} 1 & -5 & 1 & -1 \\ 2 & -1 & 2 & 1 \\ 3 & -2 & -1 & 1 \\ 2 & 1 & -3 & 1 \end{pmatrix}\begin{pmatrix} x_1 \\ x_2 \\ x_3 \\ x_4 \end{pmatrix} = \begin{pmatrix} 2 \\ 1 \\ 0 \\ -1 \end{pmatrix}$$

习题 6.2

1. 设矩阵 $A = \begin{pmatrix} 3 & 6 & 2 \\ 2 & 4 & 7 \\ -1 & 2 & 5 \end{pmatrix}$,求 $3A + 2A'$ 及 $3A - 2A'$.

2. 设矩阵

$$A = \begin{pmatrix} 1 & -2 & 2 \\ 0 & 3 & 5 \end{pmatrix}, B = \begin{pmatrix} 3 & -1 & 1 \\ -2 & 0 & 1 \end{pmatrix}$$

求 $A + B, A - B$ 和 $3A - 2B$.

3. 设矩阵

$$A = \begin{pmatrix} 3 & -1 & 2 & 0 \\ 1 & 5 & 7 & 9 \\ 5 & 4 & -3 & 6 \end{pmatrix}, B = \begin{pmatrix} 7 & 5 & -4 & 4 \\ 5 & 1 & 9 & 7 \\ 3 & -2 & 1 & 8 \end{pmatrix}$$

且 $A + 2X = B$. 求矩阵 X.

4. 已知 $\begin{cases} 3A + 2B = C \\ A + 2B = D \end{cases}$,其中 $C = \begin{pmatrix} 7 & 10 & -2 \\ 1 & -5 & -10 \end{pmatrix}, D = \begin{pmatrix} 5 & -2 & -6 \\ -5 & -15 & -14 \end{pmatrix}$,求矩阵 A 和 B.

5. 计算下列矩阵的乘积.

$(1) \begin{pmatrix} 3 \\ -1 \\ -5 \end{pmatrix}(2 \quad -1)$ 　　$(2)(-3 \quad 1)\begin{pmatrix} 2 & 3 \\ -5 & -1 \end{pmatrix}$ 　　$(3)\begin{pmatrix} 3 & 2 \\ 5 & -4 \end{pmatrix}\begin{pmatrix} 1 & 0 \\ -1 & 1 \end{pmatrix}$

$(4)\begin{pmatrix} -1 & 2 & 0 \\ 1 & 1 & 1 \\ 3 & -2 & 3 \end{pmatrix}\begin{pmatrix} -1 \\ 1 \\ 3 \end{pmatrix}$ 　　　　$(5)\begin{pmatrix} 1 & 0 & 3 & -1 \\ 2 & 1 & 0 & 2 \end{pmatrix}\begin{pmatrix} 4 & 1 & 0 \\ -1 & 1 & 3 \\ 2 & 0 & 1 \\ 1 & 3 & 4 \end{pmatrix}$

$$(6) \begin{pmatrix} 2 & 1 & 4 & 0 \\ 1 & -1 & 3 & 4 \end{pmatrix} \begin{pmatrix} 1 & 3 & 1 \\ 0 & -1 & 2 \\ 1 & -3 & 1 \\ 4 & 0 & -2 \end{pmatrix} \qquad (7) \begin{pmatrix} a_{11} & a_{12} & a_{13} \\ a_{21} & a_{22} & a_{23} \\ a_{31} & a_{32} & a_{33} \end{pmatrix} \begin{pmatrix} x_1 \\ x_2 \\ x_3 \end{pmatrix}$$

6. 已知 $A = \begin{pmatrix} 1 & 0 \\ -1 & 0 \end{pmatrix}$，$B = \begin{pmatrix} 0 & 1 \\ -1 & 0 \end{pmatrix}$，求 $(AB)^2$ 和 $A^2 B^2$.

7. 将线性方程组

$$\begin{cases} 2x_1 + x_2 - x_3 - 3x_4 = -1 \\ x_1 - 3x_2 + x_4 = 0 \\ x_1 - 4x_2 + x_3 + 2x_4 = -2 \\ x_1 + 2x_2 - x_3 + 3x_4 = 1 \end{cases}$$

写成矩阵形式.

趣解数学

这里是关于矩阵的神奇故事.

6.3　初 等 变 换

6.3.1　逆矩阵的概念

对于代数方程 $ax = b(a \neq 0)$，它的解为

$$x = \frac{b}{a} = a^{-1} b$$

对于形式与 $ax = b$ 相类似的矩阵方程 $AX = B$ 的解是否也可以写成 $X = A^{-1}B$ 呢？如果可以，A^{-1} 的含义是什么？下面就来讨论这个问题，为此，先给出逆矩阵的定义.

定义　设 A 为 n 阶方阵，I 是 n 阶单位矩阵. 如果存在一个 n 阶方阵 C，使得

$$AC = CA = I$$

那么方阵 C 称为方阵 A 的逆矩阵(简称逆阵)，记作 $C = A^{-1}$，即

$$AA^{-1} = A^{-1}A = I$$

这时，称 A 是可逆的，否则称 A 是不可逆的.

例如，对于矩阵

$$A = \begin{pmatrix} 4 & 3 & 2 \\ 3 & 2 & 1 \\ 2 & 1 & 1 \end{pmatrix}, C = \begin{pmatrix} -1 & 1 & 1 \\ 1 & 0 & -2 \\ 1 & -2 & 1 \end{pmatrix}$$

有

$$AC = \begin{pmatrix} 4 & 3 & 2 \\ 3 & 2 & 1 \\ 2 & 1 & 1 \end{pmatrix} \begin{pmatrix} -1 & 1 & 1 \\ 1 & 0 & -2 \\ 1 & -2 & 1 \end{pmatrix} = \begin{pmatrix} 1 & 0 & 0 \\ 0 & 1 & 0 \\ 0 & 0 & 1 \end{pmatrix} = I$$

$$CA = \begin{pmatrix} -1 & 1 & 1 \\ 1 & 0 & -2 \\ 1 & -2 & 1 \end{pmatrix} \begin{pmatrix} 4 & 3 & 2 \\ 3 & 2 & 1 \\ 2 & 1 & 1 \end{pmatrix} = \begin{pmatrix} 1 & 0 & 0 \\ 0 & 1 & 0 \\ 0 & 0 & 1 \end{pmatrix} = I$$

所以 C 是 A 的逆矩阵,即

$$A^{-1} = \begin{pmatrix} -1 & 1 & 1 \\ 1 & 0 & -2 \\ 1 & -2 & 1 \end{pmatrix}$$

可以证明,如果方阵 A 的行列式 $|A| \neq 0$,则 A 是可逆的.

由定义可以推知,逆矩阵具有以下性质:

性质 1　若矩阵 A 可逆,则它的逆矩阵是唯一的.

性质 2　矩阵 A 的逆矩阵的逆矩阵仍是 A,即 $(A^{-1})^{-1} = A$.

性质 2 表明,可逆矩阵 A 与 A^{-1} 是互逆的.

性质 3　若 A 是可逆的,则 $(A^{-1})' = (A')^{-1}$.

性质 4　若两个同阶方阵 A 和 B 都是可逆的,则 $(AB)^{-1} = B^{-1}A^{-1}$.

性质 5　若 A 是可逆的,且数 $\lambda \neq 0$,则 $(\lambda A)^{-1} = \dfrac{1}{\lambda}A^{-1}$.

6.3.2　矩阵的初等变换

对矩阵的行(列)作以下三种变换称为矩阵的初等变换:

(1)位置变换　互换矩阵中的两行(或列)的位置.互换第 i 行(或列)与第 j 行(或列),记作 $r_i \leftrightarrow r_j$(或 $c_i \leftrightarrow c_j$).

(2)倍法变换　用一个非零的数乘矩阵的某一行(或列).k 乘第 i 行(或列),记作 kr_i(或 kc_i).

(3)削法变换　用一个非零数乘矩阵的某一行(或列),加到另一行(或列)上.k 乘第 j 行(或列)加到第 i 行(或列)上,记作 $r_i + kr_j$(或 $c_i + kc_j$).

6.3.3　用初等变换求逆矩阵

利用初等变换可以求出可逆方阵 A 的逆矩阵.具体方法如下:

先把方阵 A 和 A 的同阶单位矩阵 I 写成长方矩阵,中间用虚线分开.

$$(A \,\vdots\, I)$$

然后对这个矩阵的行施行初等变换,直至使虚线左边的 A 变成单位矩阵 I 时,虚线右边的 I 就变成 A 的逆矩阵 A^{-1},即

$$(A \,\vdots\, I) \xrightarrow{\text{初等行变换}} (I \,\vdots\, A^{-1})$$

注意　用 $(A \,\vdots\, I) \xrightarrow{\text{初等行变换}} (I \,\vdots\, A^{-1})$ 求逆矩阵时,只能对 $(A \,\vdots\, I)$ 作初等行变换,不得作初等列变换.

例 1　用初等变换求方阵

$$A = \begin{pmatrix} 2 & 1 & -2 \\ 1 & 1 & -1 \\ -1 & 1 & 2 \end{pmatrix}$$

的逆矩阵.

解 因为

$$(A \vdots I) = \begin{pmatrix} 2 & 1 & -2 & \vdots & 1 & 0 & 0 \\ 1 & 1 & -1 & \vdots & 0 & 1 & 0 \\ -1 & 1 & 2 & \vdots & 0 & 0 & 1 \end{pmatrix} \xrightarrow{r_1 \leftrightarrow r_2} \begin{pmatrix} 1 & 1 & -1 & \vdots & 0 & 1 & 0 \\ 2 & 1 & -2 & \vdots & 1 & 0 & 0 \\ -1 & 1 & 2 & \vdots & 0 & 0 & 1 \end{pmatrix}$$

$$\xrightarrow[r_3 + r_1]{r_2 - 2r_1} \begin{pmatrix} 1 & 1 & -1 & \vdots & 0 & 1 & 0 \\ 0 & -1 & 0 & \vdots & 1 & -2 & 0 \\ 0 & 2 & 1 & \vdots & 0 & 1 & 1 \end{pmatrix} \xrightarrow[\substack{r_3 + 2r_2 \\ -r_2}]{r_1 + r_2} \begin{pmatrix} 1 & 0 & -1 & \vdots & 1 & -1 & 0 \\ 0 & 1 & 0 & \vdots & -1 & 2 & 0 \\ 0 & 0 & 1 & \vdots & 2 & -3 & 1 \end{pmatrix}$$

$$\xrightarrow{r_1 + r_3} \begin{pmatrix} 1 & 0 & 0 & \vdots & 3 & -4 & 1 \\ 0 & 1 & 0 & \vdots & -1 & 2 & 0 \\ 0 & 0 & 1 & \vdots & 2 & -3 & 1 \end{pmatrix}$$

所以

$$A^{-1} = \begin{pmatrix} 3 & -4 & 1 \\ -1 & 2 & 0 \\ 2 & -3 & 1 \end{pmatrix}$$

6.3.4 用逆矩阵解线性方程组

一个线性方程组,若它的系数矩阵是可逆的,则可用逆矩阵求出其解.

例 2 用逆矩阵解线性方程组

$$\begin{cases} 2x_1 + x_2 - 2x_3 = 6 \\ x_1 + x_2 - x_3 = 5 \\ -x_1 + x_2 + 2x_3 = 1 \end{cases}$$

解 方程组的矩阵形式是

$$\begin{pmatrix} 2 & 1 & -2 \\ 1 & 1 & -1 \\ -1 & 1 & 2 \end{pmatrix} \begin{pmatrix} x_1 \\ x_2 \\ x_3 \end{pmatrix} = \begin{pmatrix} 6 \\ 5 \\ 1 \end{pmatrix}$$

由例 1 知系数矩阵的逆矩阵存在,因而有

$$\begin{pmatrix} x_1 \\ x_2 \\ x_3 \end{pmatrix} = \begin{pmatrix} 2 & 1 & -2 \\ 1 & 1 & -1 \\ -1 & 1 & 2 \end{pmatrix}^{-1} \begin{pmatrix} 6 \\ 5 \\ 1 \end{pmatrix} = \begin{pmatrix} 3 & -4 & 1 \\ -1 & 2 & 0 \\ 2 & -3 & 1 \end{pmatrix} \begin{pmatrix} 6 \\ 5 \\ 1 \end{pmatrix} = \begin{pmatrix} -1 \\ 4 \\ -2 \end{pmatrix}$$

根据矩阵相等的定义,得方程组的解为 $x_1 = -1, x_2 = 4, x_3 = -2$.

例 3 解矩阵方程 $\begin{pmatrix} 2 & 1 & -2 \\ 1 & 1 & -1 \\ -1 & 1 & 2 \end{pmatrix} X = \begin{pmatrix} 4 & 5 & 3 \\ 3 & 3 & 2 \\ 2 & -2 & 1 \end{pmatrix}$.

解　由例 1 得

$$X = \begin{pmatrix} 2 & 1 & -2 \\ 1 & 1 & -1 \\ -1 & 1 & 2 \end{pmatrix}^{-1} \begin{pmatrix} 4 & 5 & 3 \\ 3 & 3 & 2 \\ 2 & -2 & 1 \end{pmatrix} = \begin{pmatrix} 3 & -4 & 1 \\ -1 & 2 & 0 \\ 2 & -3 & 1 \end{pmatrix} \begin{pmatrix} 4 & 5 & 3 \\ 3 & 3 & 2 \\ 2 & -2 & 1 \end{pmatrix} = \begin{pmatrix} 2 & 1 & 2 \\ 2 & 1 & 1 \\ 1 & -1 & 1 \end{pmatrix}$$

6.3.5　矩阵的秩

1. 矩阵的秩的定义

定义 1　在 m 行 n 列矩阵 A 中任取 k 行 k 列 $(k \leqslant m, k \leqslant n)$,位于这些行、列相交的元素所构成的 k 阶行列式称为 A 的 k 阶子式(简称子式).

例如,在矩阵

$$A = \begin{pmatrix} 3 & 2 & 0 & -1 \\ 1 & 2 & -1 & 2 \\ 4 & 4 & -1 & 1 \end{pmatrix}$$

中第 1,3 两行和第 2,4 两列相交处的元素构成一个二阶子式 $\begin{vmatrix} 2 & -1 \\ 4 & 1 \end{vmatrix}$,又第 1,2,3 行和第 1,2,4 列相交处的元素构成一个三阶子式

$$\begin{vmatrix} 3 & 2 & -1 \\ 1 & 2 & 2 \\ 4 & 4 & 1 \end{vmatrix}$$

显然,一个 n 阶方阵 A 的 n 阶子式,就是矩阵 A 的行列式 $|A|$.

定义 2　矩阵 A 中不为零的子式的最高阶数 r 称为矩阵 A 的秩,记作 $R(A) = r$.

也就是说,如果在矩阵 A 中至少有一个 r 阶子式不为零,而所有的 $r+1$ 阶子式都等于零,那么数 r 就是矩阵 A 的秩.

显然,对于 $m \times n$ 矩阵 A,其秩 $R(A) \leqslant \min(m, n)$.

如果方阵 A 的行列式 $|A| \neq 0$,即方阵 A 的秩与它的阶数相同,称 A 为满秩方阵.由此可知,可逆的方阵是满秩方阵.

零矩阵的秩规定为零.

例 4　求矩阵

$$A = \begin{pmatrix} 3 & 2 & 0 & -1 \\ 1 & 2 & -1 & 2 \\ 4 & 4 & -1 & 1 \end{pmatrix}$$

的秩.

解　矩阵 A 共有四个三阶子式:

$$\begin{vmatrix} 3 & 2 & 0 \\ 1 & 2 & -1 \\ 4 & 4 & -1 \end{vmatrix}, \begin{vmatrix} 3 & 2 & -1 \\ 1 & 2 & 2 \\ 4 & 4 & 1 \end{vmatrix}, \begin{vmatrix} 3 & 0 & -1 \\ 1 & -1 & 2 \\ 4 & -1 & 1 \end{vmatrix}, \begin{vmatrix} 2 & 0 & -1 \\ 2 & -1 & 2 \\ 4 & -1 & 1 \end{vmatrix}$$

不难算出,上述四个三阶行列式的值都为 0,但 A 中至少有一个二阶子式不为零,例如

$$\begin{vmatrix} 3 & 2 \\ 1 & 2 \end{vmatrix} = 4 \neq 0$$

所以 $R(A) = 2$.

由例 4 看出,根据矩阵的秩的定义可以计算一个矩阵的秩,但这要计算很多个行列式.矩阵的行、列数越多,计算量就越大.下面我们介绍用初等变换求矩阵的秩.

定理　若矩阵 A 经过初等变换后成为矩阵 B,则 $R(A) = R(B)$.

例 5　用初等变换解例 4.

解　$A = \begin{pmatrix} 3 & 2 & 0 & -1 \\ 1 & 2 & -1 & 2 \\ 4 & 4 & -1 & 1 \end{pmatrix} \xrightarrow{r_1 \leftrightarrow r_2} \begin{pmatrix} 1 & 2 & -1 & 2 \\ 3 & 2 & 0 & -1 \\ 4 & 4 & -1 & 1 \end{pmatrix}$

$\xrightarrow[r_3 - 4r_1]{r_2 - 3r_1} \begin{pmatrix} 1 & 2 & -1 & 2 \\ 0 & -4 & 3 & -7 \\ 0 & -4 & 3 & -7 \end{pmatrix} \xrightarrow{r_3 - r_2} \begin{pmatrix} 1 & 2 & -1 & 2 \\ 0 & -4 & 3 & -7 \\ 0 & 0 & 0 & 0 \end{pmatrix} = B$

因为 $R(B) = 2$,所以 $R(A) = 2$.

由例 5 知,用初等变换求矩阵的秩,可根据定理,将一个矩阵 A 经过适当的初等变换,变成一个求秩较为方便的矩阵 B,从而通过求 $R(B)$ 得到 $R(A)$.

一般地,求矩阵 $A = (a_{ij})_{m \times n}$ 的秩时,可通过适当的初等变换,将矩阵 A 变为具有下面形式的矩阵 B:

$$B = \begin{pmatrix} a'_{11} & a'_{12} & \cdots & a'_{1r} & a'_{1(r+1)} & \cdots & a'_{1n} \\ 0 & a'_{22} & \cdots & a'_{2r} & a'_{2(r+1)} & \cdots & a'_{2n} \\ \vdots & \vdots & & \vdots & \vdots & & \vdots \\ 0 & 0 & \cdots & a'_{rr} & a'_{r(r+1)} & \cdots & a'_{rn} \\ 0 & 0 & \cdots & 0 & 0 & \cdots & 0 \\ \vdots & \vdots & & \vdots & \vdots & & \vdots \\ 0 & 0 & \cdots & 0 & 0 & \cdots & 0 \end{pmatrix}$$

其中,前 r 行和前 r 列的所有元素构成的 r 阶子式中,其主对角元 $a'_{11}, a'_{22}, \cdots, a'_{rr}$ 均不为零,而主对角线下方的所有元素和后 $m - r$ 行上的所有元素均为零. 这样的矩阵 B 称为阶梯形矩阵.

因为 $a'_{11}, a'_{22}, \cdots, a'_{rr}$ 均不为零,所以 $R(B) = r$,根据定理可知 $R(A) = r$. 也就是说,当把矩阵 A 经过初等变换化成阶梯矩阵 B 后,A 的秩就等于 B 中元素不全为零的行的行数.

例 6　求矩阵

$$A = \begin{pmatrix} 1 & 2 & 2 & 11 \\ 1 & 2 & -3 & -14 \\ 3 & 1 & 1 & 3 \\ 2 & 5 & 5 & 28 \end{pmatrix}$$

的秩.

解　$A \xrightarrow[\substack{r_2 - r_1 \\ r_3 - 3r_1 \\ r_4 - 2r_1}]{} \begin{pmatrix} 1 & 2 & 2 & 11 \\ 0 & 0 & -5 & -25 \\ 0 & -5 & -5 & -30 \\ 0 & 1 & 1 & 6 \end{pmatrix} \xrightarrow{r_2 \leftrightarrow r_4} \begin{pmatrix} 1 & 2 & 2 & 11 \\ 0 & 1 & 1 & 6 \\ 0 & -5 & -5 & -30 \\ 0 & 0 & -5 & -25 \end{pmatrix}$

$$\xrightarrow{r_3+5r_2}\begin{pmatrix}1&2&2&11\\0&1&1&6\\0&0&0&0\\0&0&-5&-25\end{pmatrix}\xrightarrow{r_3\leftrightarrow r_4}\begin{pmatrix}1&2&2&11\\0&1&1&6\\0&0&-5&-25\\0&0&0&0\end{pmatrix}=\boldsymbol{B}$$

因为 $R(\boldsymbol{B})=3$，所以 $R(\boldsymbol{A})=3$．

2. 利用矩阵的初等变换解线性方程组

前面已经介绍了用克莱姆法则和用逆矩阵来求解未知数个数与方程个数相等且 $|\boldsymbol{A}|\neq 0$ 的线性方程组的方法．下面再介绍一种更为简便的求解方法：高斯 – 约当消去法．

先通过一个例题来介绍高斯 – 约当消去法的基本思想．

例 7　用高斯 – 约当消去法解线性方程组

$$\begin{cases}x_1+2x_2+3x_3=-7\\2x_1-x_2+2x_3=-8.\\x_1+3x_2=7\end{cases}$$

解　先把方程组的系数及常数项组成矩阵（称为方程组的增广矩阵），记为 $\widetilde{\boldsymbol{A}}$．

$$\widetilde{\boldsymbol{A}}=\begin{pmatrix}1&2&3&-7\\2&-1&2&-8\\1&3&0&7\end{pmatrix}$$

然后把方程组的消元过程与增广矩阵的变换过程对照列成表 6.5.

表 6.5

方程组的消元过程	增广矩阵的变换过程
$\begin{cases}x_1+2x_2+3x_3=-7\\2x_1-x_2+2x_3=-8\\x_1+3x_2=7\end{cases}$	$\begin{pmatrix}1&2&3&-7\\2&-1&2&-8\\1&3&0&7\end{pmatrix}\begin{array}{l}\xrightarrow{r_2-2r_1}\\\xrightarrow{r_3-r_1}\end{array}$
$\begin{cases}x_1+2x_2+3x_3=-7\\-5x_2-4x_3=6\\x_2-3x_3=14\end{cases}$	$\begin{pmatrix}1&2&3&-7\\0&-5&-4&6\\0&1&-3&14\end{pmatrix}\xrightarrow{r_2\leftrightarrow r_3}$
$\begin{cases}x_1+2x_2+3x_3=-7\\x_2-3x_3=14\\-5x_2-4x_3=6\end{cases}$	$\begin{pmatrix}1&2&3&-7\\0&1&-3&14\\0&-5&-4&6\end{pmatrix}\xrightarrow{r_3+5r_2}$
$\begin{cases}x_1+2x_2+3x_3=-7\\x_2-3x_3=14\\-19x_3=76\end{cases}$	$\begin{pmatrix}1&2&3&-7\\0&1&-3&14\\0&0&-19&76\end{pmatrix}\xrightarrow{-\frac{1}{19}r_3}$
$\begin{cases}x_1+2x_2+3x_3=-7\\x_2-3x_3=14\\x_3=-4\end{cases}$	$\begin{pmatrix}1&2&3&-7\\0&1&-3&14\\0&0&1&-4\end{pmatrix}\begin{array}{l}\xrightarrow{r_1-3r_3}\\\xrightarrow{r_2+3r_3}\end{array}$

表 6.5（续）

方程组的消元过程	增广矩阵的变换过程
$\begin{cases} x_1 + 2x_2 = 5 \\ x_2 = 2 \\ x_3 = -4 \end{cases}$	$\begin{pmatrix} 1 & 2 & 0 & 5 \\ 0 & 1 & 0 & 2 \\ 0 & 0 & 1 & -4 \end{pmatrix} \xrightarrow{r_1 - 2r_2}$
$\begin{cases} x_1 = 1 \\ x_2 = 2 \\ x_3 = -4 \end{cases}$	$\begin{pmatrix} 1 & 0 & 0 & 1 \\ 0 & 1 & 0 & 2 \\ 0 & 0 & 1 & -4 \end{pmatrix}$

故方程组的解为 $x_1 = 1, x_2 = 2, x_3 = -4$.

从例 7 可以看出,高斯 – 约当消去法是一种顺序消元法,其实质是对方程组的增广矩阵 $\widetilde{A}$ 的行施以初等变换,使它变为

$$\begin{pmatrix} 1 & 0 & 0 & 1 \\ 0 & 1 & 0 & 2 \\ 0 & 0 & 1 & -4 \end{pmatrix}$$

由此得到方程组的解.

一般地,设线性方程组为

$$\begin{cases} a_{11}x_1 + a_{12}x_2 + \cdots + a_{1n}x_n = b_1 \\ a_{21}x_1 + a_{22}x_2 + \cdots + a_{2n}x_n = b_2 \\ \vdots \qquad \vdots \qquad \qquad \vdots \\ a_{n1}x_1 + a_{n2}x_2 + \cdots + a_{nn}x_n = b_n \end{cases}$$

其增广矩阵为

$$\widetilde{A} = \begin{pmatrix} a_{11} & a_{12} & \cdots & a_{1n} & b_1 \\ a_{21} & a_{22} & \cdots & a_{2n} & b_2 \\ \vdots & \vdots & & \vdots & \vdots \\ a_{n1} & a_{n2} & \cdots & a_{nn} & b_n \end{pmatrix}$$

用高斯 – 约当消去法解线性方程组,就是对它的增广矩阵 $\widetilde{A}$ 的行施以初等变换,当 $|A| \neq 0$ 时,使 $\widetilde{A}$ 变为

$$\begin{pmatrix} 1 & 0 & \cdots & 0 & c_1 \\ 0 & 1 & \cdots & 0 & c_2 \\ \vdots & \vdots & & \vdots & \vdots \\ 0 & 0 & \cdots & 1 & c_n \end{pmatrix}$$

由此得方程组的解为

$$x_1 = c_1, x_2 = c_2, \cdots, x_n = c_n$$

例 8　用高斯 – 约当消去法解线性方程组

$$\begin{cases} 2x_1 - 3x_2 + x_3 - x_4 = 3 \\ 3x_1 + x_2 + x_3 + x_4 = 0 \\ 4x_1 - x_2 - x_3 - x_4 = 7 \\ -2x_1 - x_2 + x_3 + x_4 = -5 \end{cases}$$

解　$\widetilde{A} = \begin{pmatrix} 2 & -3 & 1 & -1 & 3 \\ 3 & 1 & 1 & 1 & 0 \\ 4 & -1 & -1 & -1 & 7 \\ -2 & -1 & 1 & 1 & -5 \end{pmatrix} \xrightarrow[\substack{r_1+3r_2 \\ r_3+r_2 \\ r_4+r_2}]{} \begin{pmatrix} 11 & 0 & 4 & 2 & 3 \\ 3 & 1 & 1 & 1 & 0 \\ 7 & 0 & 0 & 0 & 7 \\ 1 & 0 & 2 & 2 & -5 \end{pmatrix}$

$\xrightarrow[]{\frac{1}{7}r_3} \begin{pmatrix} 11 & 0 & 4 & 2 & 3 \\ 3 & 1 & 1 & 1 & 0 \\ 1 & 0 & 0 & 0 & 1 \\ 1 & 0 & 2 & 2 & -5 \end{pmatrix} \xrightarrow[\substack{r_1-11r_3 \\ r_2-3r_3 \\ r_4-r_3}]{} \begin{pmatrix} 0 & 0 & 4 & 2 & -8 \\ 0 & 1 & 1 & 1 & -3 \\ 1 & 0 & 0 & 0 & 1 \\ 0 & 0 & 2 & 2 & -6 \end{pmatrix}$

$\xrightarrow[r_1 \leftrightarrow r_3]{\frac{1}{2}r_4} \begin{pmatrix} 1 & 0 & 0 & 0 & 1 \\ 0 & 1 & 1 & 1 & -3 \\ 0 & 0 & 4 & 2 & -8 \\ 0 & 0 & 1 & 1 & -3 \end{pmatrix} \xrightarrow[\substack{r_2-r_4 \\ r_3-4r_4}]{} \begin{pmatrix} 1 & 0 & 0 & 0 & 1 \\ 0 & 1 & 0 & 0 & 0 \\ 0 & 0 & 0 & -2 & 4 \\ 0 & 0 & 1 & 1 & -3 \end{pmatrix}$

$\xrightarrow[]{-\frac{1}{2}r_3} \begin{pmatrix} 1 & 0 & 0 & 0 & 1 \\ 0 & 1 & 0 & 0 & 0 \\ 0 & 0 & 0 & 1 & -2 \\ 0 & 0 & 1 & 1 & -3 \end{pmatrix} \xrightarrow[]{r_4-r_3} \begin{pmatrix} 1 & 0 & 0 & 0 & 1 \\ 0 & 1 & 0 & 0 & 0 \\ 0 & 0 & 0 & 1 & -2 \\ 0 & 0 & 1 & 0 & -1 \end{pmatrix}$

$\xrightarrow[]{r_3 \leftrightarrow r_4} \begin{pmatrix} 1 & 0 & 0 & 0 & 1 \\ 0 & 1 & 0 & 0 & 0 \\ 0 & 0 & 1 & 0 & -1 \\ 0 & 0 & 0 & 1 & -2 \end{pmatrix}$

故方程组的解为 $x_1 = 1, x_2 = 0, x_3 = -1, x_4 = -2$.

习题 6.3

1. 求下列矩阵的逆矩阵.

$(1) \begin{pmatrix} -2 & 3 \\ 1 & -1 \end{pmatrix}$　　　　　　$(2) \begin{pmatrix} 3 & -2 \\ 5 & -3 \end{pmatrix}$　　　　　　$(3) \begin{pmatrix} 2 & 1 \\ 5 & 3 \end{pmatrix}$

$(4) \begin{pmatrix} 1 & 0 & 1 \\ -1 & 1 & 1 \\ 2 & -1 & 1 \end{pmatrix}$　　　$(5) \begin{pmatrix} 2 & 2 & 3 \\ 1 & -1 & 0 \\ -1 & 2 & 1 \end{pmatrix}$　　　$(6) \begin{pmatrix} 2 & 1 & 1 \\ 1 & 0 & 2 \\ 3 & 1 & 2 \end{pmatrix}$

2. 用逆矩阵解下列线性方程组.

$(1) \begin{cases} -x_1 - 2x_2 + 2x_3 = 1 \\ x_1 + 4x_2 - 3x_3 = 2 \\ x_1 + x_2 - x_3 = 3 \end{cases}$　　　　$(2) \begin{cases} -2x_1 + 4x_2 + x_3 = 2 \\ -x_1 + x_2 + x_3 = 3 \\ 2x_1 - 3x_2 - x_3 = -2 \end{cases}$

3. 解下列矩阵方程.

$(1)\begin{pmatrix} 3 & 2 \\ 1 & 1 \end{pmatrix} X = \begin{pmatrix} 3 & 2 & 4 \\ 2 & 1 & 3 \end{pmatrix}$　　　　$(2) X \begin{pmatrix} -10 & 2 & -5 \\ -5 & 1 & -2 \\ 6 & -1 & 3 \end{pmatrix} = \begin{pmatrix} 5 & -1 & 4 \\ 3 & 0 & 2 \\ -4 & 1 & -3 \end{pmatrix}$

$(3)\begin{pmatrix} 1 & -2 & 7 \\ 0 & 1 & -2 \\ 0 & 0 & 1 \end{pmatrix} X \begin{pmatrix} 4 & 3 \\ -1 & -1 \end{pmatrix} = \begin{pmatrix} 1 & 3 \\ 2 & 0 \\ 1 & 1 \end{pmatrix}$

4. 求下列矩阵的秩.

$(1)\begin{pmatrix} 1 & 2 & -1 \\ 2 & -1 & 3 \\ 5 & 5 & 0 \end{pmatrix}$　　　　$(2)\begin{pmatrix} 1 & 2 & -3 \\ -1 & -2 & 4 \\ 1 & 2 & 2 \end{pmatrix}$

$(3)\begin{pmatrix} -2 & 4 & 2 & 6 & -6 \\ 1 & -2 & -1 & 0 & 2 \\ 2 & -1 & 0 & 2 & 3 \\ 3 & 3 & 3 & 3 & 4 \end{pmatrix}$　　$(4)\begin{pmatrix} -4 & 6 & 2 & -10 & -12 \\ 6 & -1 & 5 & 7 & 2 \\ 1 & 5 & 6 & -4 & -10 \\ 2 & 3 & 5 & -1 & -6 \end{pmatrix}$

5. 求下列线性方程组的系数矩阵和增广矩阵的秩.

$(1) \begin{cases} x_1 - 2x_2 + x_3 + x_4 = 1 \\ x_1 - 2x_2 + x_3 - x_4 = -1 \\ x_1 - 2x_2 + x_3 + 5x_4 = 5 \end{cases}$　　$(2) \begin{cases} 2x_1 + x_2 - x_3 + x_4 = 1 \\ 2x_1 - x_2 + x_3 - 3x_4 = 4 \\ 3x_1 - 2x_2 + 2x_3 - 3x_4 = 2 \\ 5x_1 + x_2 - x_3 + 2x_4 = -1 \end{cases}$

6. 用高斯 – 约当消去法解下列线性方程组.

$(1) \begin{cases} 3x_1 + 4x_2 - 4x_3 + 2x_4 = -3 \\ 6x_1 + 5x_2 - 2x_3 + 3x_4 = -1 \\ 9x_1 + 3x_2 + 8x_3 + 5x_4 = 8 \\ -3x_1 - 7x_2 - 10x_3 + x_4 = 12 \end{cases}$　　$(2) \begin{cases} x_1 + 2x_2 + 3x_3 + 4x_4 = 0 \\ x_1 + x_2 + 2x_3 + 3x_4 = 0 \\ x_1 + 5x_2 + x_3 + 2x_4 = 0 \\ x_1 + 5x_2 + 5x_3 + 2x_4 = 0 \end{cases}$

6.4　一般线性方程组的解法

通过前面的讨论知道,一个系数行列式不为零的 n 元线性方程组的求解有以下三种方法:

(1)克莱姆法则;

(2)逆矩阵法;

(3)高斯 – 约当消去法.

本节讨论未知数个数与方程个数不一定相等的一般线性方程组的解法,主要介绍两个问题:

(1)一般线性方程组有解的充要条件是什么?

(2)如果有解,究竟有多少解,怎样求解?

6.4.1　非齐次线性方程组

线性方程组的一般形式为

$$\begin{cases} a_{11}x_1 + a_{12}x_2 + \cdots + a_{1n}x_n = b_1 \\ a_{21}x_1 + a_{22}x_2 + \cdots + a_{2n}x_n = b_2 \\ \quad\quad\quad\quad \vdots \\ a_{m1}x_1 + a_{m2}x_2 + \cdots + a_{mn}x_n = b_m \end{cases} \quad (6.11)$$

它是由 n 个未知数,m 个一次方程组成的方程组. 当常数项 $b_1, b_2, \cdots, b_m$ 不全为零时,方程组称为非齐次线性方程组;当 $b_1, b_2, \cdots, b_m$ 全为零时,方程组称为齐次线性方程组.

当方程组(6.11)为非齐次线性方程组时,它的系数矩阵和增广矩阵分别为

$$A = \begin{pmatrix} a_{11} & a_{12} & \cdots & a_{1n} \\ a_{21} & a_{22} & \cdots & a_{2n} \\ \vdots & \vdots & & \vdots \\ a_{m1} & a_{m2} & \cdots & a_{mn} \end{pmatrix}, \widetilde{A} = \begin{pmatrix} a_{11} & a_{12} & \cdots & a_{1n} & b_1 \\ a_{21} & a_{22} & \cdots & a_{2n} & b_2 \\ \vdots & \vdots & & \vdots & \vdots \\ a_{m1} & a_{m2} & \cdots & a_{mn} & b_m \end{pmatrix}$$

如果方程组(6.11)有解,则称方程组(6.11)是相容的,否则称方程组是不相容的. 判断一个线性方程组是否相容有如下定理.

定理1 线性方程组相容的充要条件是它的系数矩阵 A 与增广矩阵 $\widetilde{A}$ 有相同的秩,即 $R(A) = R(\widetilde{A})$.

例1 线性方程组

$$\begin{cases} 2x_1 - x_2 - x_3 + x_4 = 1 \\ x_1 + 2x_2 - x_3 - 2x_4 = 0 \\ 3x_1 + x_2 - 2x_3 - x_4 = 2 \end{cases}$$

是否相容?

解 $\widetilde{A} = \begin{pmatrix} 2 & -1 & -1 & 1 & 1 \\ 1 & 2 & -1 & -2 & 0 \\ 3 & 1 & -2 & -1 & 2 \end{pmatrix} \xrightarrow{r_1 \leftrightarrow r_2} \begin{pmatrix} 1 & 2 & -1 & -2 & 0 \\ 2 & -1 & -1 & 1 & 1 \\ 3 & 1 & -2 & -1 & 2 \end{pmatrix}$

$\xrightarrow[r_3 - 3r_1]{r_2 - 2r_1} \begin{pmatrix} 1 & 2 & -1 & -2 & 0 \\ 0 & -5 & 1 & 5 & 1 \\ 0 & -5 & 1 & 5 & 2 \end{pmatrix} \xrightarrow{r_3 - r_2} \begin{pmatrix} 1 & 2 & -1 & -2 & 0 \\ 0 & -5 & 1 & 5 & 1 \\ 0 & 0 & 0 & 0 & 1 \end{pmatrix} = B$

由 B 知 $R(A) = 2, R(\widetilde{A}) = 3.$ 即 $R(A) \neq R(\widetilde{A})$,所以方程组不相容.

如果方程组是相容的,那么它的解是唯一的,还是无穷多个? 下面的定理回答了这个问题.

定理2 设方程组(6.11)中 $R(A) = R(\widetilde{A}) = r.$

(1)若 $r = n$,则方程组(6.11)有唯一解;

(2)若 $r < n$,则方程组(6.11)有无穷多个解.

例2 解线性方程组

$$\begin{cases} x_1 - x_2 + 2x_3 = 1 \\ x_1 - 2x_2 - x_3 = 2 \\ 3x_1 - x_2 + 5x_3 = 3 \\ -2x_1 + 2x_2 + 3x_3 = -4 \end{cases} .$$

解　对方程组的增广矩阵作初等行变换

$$\widetilde{A} = \begin{pmatrix} 1 & -1 & 2 & 1 \\ 1 & -2 & -1 & 2 \\ 3 & -1 & 5 & 3 \\ -2 & 2 & 3 & -4 \end{pmatrix} \xrightarrow[\substack{r_2 - r_1 \\ r_3 - 3r_1}]{r_4 + 2r_1} \begin{pmatrix} 1 & -1 & 2 & 1 \\ 0 & -1 & -3 & 1 \\ 0 & 2 & -1 & 0 \\ 0 & 0 & 7 & -2 \end{pmatrix}$$

$$\xrightarrow{r_3 + 2r_2} \begin{pmatrix} 1 & -1 & 2 & 1 \\ 0 & -1 & -3 & 1 \\ 0 & 0 & -7 & 2 \\ 0 & 0 & 7 & -2 \end{pmatrix} \xrightarrow{r_4 + r_3} \begin{pmatrix} 1 & -1 & 2 & 1 \\ 0 & -1 & -3 & 1 \\ 0 & 0 & -7 & 2 \\ 0 & 0 & 0 & 0 \end{pmatrix} = B$$

由 B 知 $R(A) = R(\widetilde{A}) = 3$（等于未知数的个数），所以方程组有唯一解，继续对 B 的前三行所构成的矩阵作初等行变换，得

$$\begin{pmatrix} 1 & -1 & 2 & 1 \\ 0 & -1 & -3 & 1 \\ 0 & 0 & -7 & 2 \end{pmatrix} \xrightarrow[-\frac{1}{7}r_3]{-r_2} \begin{pmatrix} 1 & -1 & 2 & 1 \\ 0 & 1 & 3 & -1 \\ 0 & 0 & 1 & -\frac{2}{7} \end{pmatrix}$$

$$\xrightarrow[r_2 - 3r_3]{r_1 - 2r_3} \begin{pmatrix} 1 & -1 & 0 & \frac{11}{7} \\ 0 & 1 & 0 & -\frac{1}{7} \\ 0 & 0 & 1 & -\frac{2}{7} \end{pmatrix} \xrightarrow{r_1 + r_2} \begin{pmatrix} 1 & 0 & 0 & \frac{10}{7} \\ 0 & 1 & 0 & -\frac{1}{7} \\ 0 & 0 & 1 & -\frac{2}{7} \end{pmatrix}$$

于是方程组的解为 $x_1 = \dfrac{10}{7}, x_2 = -\dfrac{1}{7}, x_3 = -\dfrac{2}{7}$.

例 3　解线性方程组

$$\begin{cases} x_1 + 2x_2 + 3x_3 - x_4 = 2 \\ 3x_1 + 2x_2 + x_3 - x_4 = 4 \\ x_1 - 2x_2 - 5x_3 + x_4 = 0 \end{cases}$$

解　$\widetilde{A} = \begin{pmatrix} 1 & 2 & 3 & -1 & 2 \\ 3 & 2 & 1 & -1 & 4 \\ 1 & -2 & -5 & 1 & 0 \end{pmatrix} \xrightarrow[r_3 - r_1]{r_2 - 3r_1} \begin{pmatrix} 1 & 2 & 3 & -1 & 2 \\ 0 & -4 & -8 & 2 & -2 \\ 0 & -4 & -8 & 2 & -2 \end{pmatrix}$

$$\xrightarrow{r_3 - r_2} \begin{pmatrix} 1 & 2 & 3 & -1 & 2 \\ 0 & -4 & -8 & 2 & -2 \\ 0 & 0 & 0 & 0 & 0 \end{pmatrix} \xrightarrow{-\frac{1}{4}r_2} \begin{pmatrix} 1 & 2 & 3 & -1 & 2 \\ 0 & 1 & 2 & -\frac{1}{2} & \frac{1}{2} \\ 0 & 0 & 0 & 0 & 0 \end{pmatrix}$$

$$\xrightarrow{r_1 - 2r_2} \begin{pmatrix} 1 & 0 & -1 & 0 & 1 \\ 0 & 1 & 2 & -\frac{1}{2} & \frac{1}{2} \\ 0 & 0 & 0 & 0 & 0 \end{pmatrix} = B$$

由 B 知 $R(A) = R(\widetilde{A}) = 2$（小于未知数的个数），所以方程组有无穷多解. 写出 B 的前两行所对应的方程组

$$\begin{cases} x_1 - x_3 = 1 \\ x_2 + 2x_3 - \dfrac{1}{2}x_4 = \dfrac{1}{2} \end{cases}$$

即

$$\begin{cases} x_1 = 1 + x_3 \\ x_2 = \dfrac{1}{2} - 2x_3 + \dfrac{1}{2}x_4 \end{cases}$$

式中,x_3, x_4 可以取任意值,令 $x_3 = c_1, x_4 = c_2$,则方程组的一般解为

$$x_1 = 1 + c_1, x_2 = \frac{1}{2} - 2c_1 + \frac{1}{2}c_2, x_3 = c_1, x_4 = c_2$$

其中,c_1, c_2 为任意常数.

例4   当 a 取何值时,方程组

$$\begin{cases} x_1 + x_2 + x_3 + x_4 = 1 \\ 3x_1 + 2x_2 + x_3 - 3x_4 = a \\ x_2 + 2x_3 + 6x_4 = 3 \end{cases}$$

有解? 并求出其解.

解   因为

$$\widetilde{A} = \begin{pmatrix} 1 & 1 & 1 & 1 & 1 \\ 3 & 2 & 1 & -3 & a \\ 0 & 1 & 2 & 6 & 3 \end{pmatrix} \xrightarrow{r_2 - 3r_1} \begin{pmatrix} 1 & 1 & 1 & 1 & 1 \\ 0 & -1 & -2 & -6 & a-3 \\ 0 & 1 & 2 & 6 & 3 \end{pmatrix}$$

$$\xrightarrow{r_2 \leftrightarrow r_3} \begin{pmatrix} 1 & 1 & 1 & 1 & 1 \\ 0 & 1 & 2 & 6 & 3 \\ 0 & -1 & -2 & -6 & a-3 \end{pmatrix} \xrightarrow{r_3 + r_2} \begin{pmatrix} 1 & 1 & 1 & 1 & 1 \\ 0 & 1 & 2 & 6 & 3 \\ 0 & 0 & 0 & 0 & a \end{pmatrix}$$

$$\xrightarrow{r_1 - r_2} \begin{pmatrix} 1 & 0 & -1 & -5 & -2 \\ 0 & 1 & 2 & 6 & 3 \\ 0 & 0 & 0 & 0 & a \end{pmatrix}$$

当 $a \neq 0$ 时,$R(A) = 2, R(\widetilde{A}) = 3$,方程组无解.

当 $a = 0$ 时,$R(A) = R(\widetilde{A}) = 2 < 4$,方程组有无穷多解,此时,对应的方程组为

$$\begin{cases} x_1 - x_3 - 5x_4 = -2 \\ x_2 + 2x_3 + 6x_4 = 3 \end{cases}$$

即

$$\begin{cases} x_1 = -2 + x_3 + 5x_4 \\ x_2 = 3 - 2x_3 - 6x_4 \end{cases}$$

式中,x_3, x_4 可以取任意值,令 $x_3 = c_1, x_4 = c_2$,则方程组的一般解为

$$x_1 = -2 + c_1 + 5c_2, x_2 = 3 - 2c_1 - 6c_2, x_3 = c_1, x_4 = c_2$$

其中,c_1, c_2 为任意常数.

6.4.2   齐次线性方程组

与非齐次线性方程组(6.11)对应的齐次线性方程组为

$$\begin{cases} a_{11}x_1 + a_{12}x_2 + \cdots + a_{1n}x_n = 0 \\ a_{21}x_1 + a_{22}x_2 + \cdots + a_{2n}x_n = 0 \\ \vdots \qquad \vdots \qquad \qquad \vdots \\ a_{m1}x_1 + a_{m2}x_2 + \cdots + a_{mn}x_n = 0 \end{cases} \tag{6.12}$$

显然,它的增广矩阵与系数矩阵的秩相等,由定理 1 知,齐次线性方程组总是有解的.

根据定理 2,可以得到如下定理.

定理 3 设齐次线性方程组(6.12)的系数矩阵 A 的秩 $R(A) = r$.

(1)若 $r = n$,则方程组(6.12)只有零解;

(2)若 $r < n$,则方程组(6.12)有无穷多组非零解.

例 5 解线性方程组

$$\begin{cases} x_1 + 2x_2 + 5x_3 = 0 \\ x_1 + 3x_2 - 2x_3 = 0 \\ 3x_1 + 7x_2 + 8x_3 = 0 \\ x_1 + 4x_2 - 9x_3 = 0 \end{cases}$$

解 $A = \begin{pmatrix} 1 & 2 & 5 \\ 1 & 3 & -2 \\ 3 & 7 & 8 \\ 1 & 4 & -9 \end{pmatrix} \begin{array}{c} r_2 - r_1 \\ r_3 - 3r_1 \\ r_4 - r_1 \end{array} \begin{pmatrix} 1 & 2 & 5 \\ 0 & 1 & -7 \\ 0 & 1 & -7 \\ 0 & 2 & -14 \end{pmatrix} \begin{array}{c} r_3 - r_2 \\ r_4 - 2r_2 \end{array} \begin{pmatrix} 1 & 2 & 5 \\ 0 & 1 & -7 \\ 0 & 0 & 0 \\ 0 & 0 & 0 \end{pmatrix}$

$$\xrightarrow{r_1 - 2r_2} \begin{pmatrix} 1 & 0 & 19 \\ 0 & 1 & -7 \\ 0 & 0 & 0 \\ 0 & 0 & 0 \end{pmatrix} = B$$

由 B 知 $R(A) = 2 < 3$,由定理 3 知,方程组有无穷多组非零解. 此时,对应的方程组为

$$\begin{cases} x_1 + 19x_3 = 0 \\ x_2 - 7x_3 = 0 \end{cases}$$

即

$$\begin{cases} x_1 = -19x_3 \\ x_2 = 7x_3 \end{cases}$$

于是方程组的一般解为 $x_1 = -19c, x_2 = 7c, x_3 = c$,其中 c 为任意常数.

习题 6.4

1. 下列线性方程组是否相容? 若相容,求其解.

$$(1) \begin{cases} x_1 + 3x_2 + x_3 = 5 \\ x_1 + x_2 + 5x_3 = -7 \\ 2x_1 + 3x_2 - 3x_3 = 14 \end{cases} \qquad (2) \begin{cases} 3x_1 + 2x_2 = 1 \\ x_1 + 3x_2 + 2x_3 = 0 \\ x_2 + 3x_3 + 2x_4 = 0 \\ x_3 + 3x_4 = -2 \end{cases}$$

$(3)\begin{cases}x_1 + 2x_2 + 3x_3 = 0 \\ 2x_1 + 3x_2 + x_3 = 0 \\ x_1 + x_2 - 2x_3 = 0 \\ 3x_1 + 5x_2 + 4x_3 = 0\end{cases}$ $(4)\begin{cases}x_1 + x_2 - 3x_3 - x_4 = 1 \\ 3x_1 - x_2 - 3x_3 + 4x_4 = 4 \\ x_1 + 5x_2 - 9x_3 - 8x_4 = 0\end{cases}$

2. 设齐次线性方程组 $\begin{cases}(m-2)x_1 + x_2 = 0 \\ x_1 + (m-2)x_2 + x_3 = 0 \\ x_2 + (m-2)x_3 = 0\end{cases}$ 有非零解, 求 m 的值.

3. λ 为何值时, 线性方程组 $\begin{cases}\lambda x_1 + x_2 + x_3 = 1 \\ x_1 + \lambda x_2 + x_3 = \lambda \\ x_1 + x_2 + \lambda x_3 = \lambda^2\end{cases}$

(1)无解? (2)有唯一解? (3)有无穷多组解?

4. m, n 为何值时, 线性方程组 $\begin{cases}x_1 + 2x_2 + 3x_3 = 6 \\ 2x_1 + 3x_2 + x_3 = -1 \\ x_1 + x_2 + mx_3 = -7 \\ 3x_1 + 5x_2 + 4x_3 = n\end{cases}$

(1)无解? (2)有唯一解? (3)有无穷多组解?

第7章　空间向量与空间解析几何初步

本章我们将在高中学习的基础上主要解决如下两个问题:

1. 已知点的几何轨迹,如何建立它的代数方程;
2. 已知代数方程,如何来确定它的几何轨迹.

7.1　空间向量及线性运算

7.1.1　空间向量

向量是研究几何问题的基本工具.

空间中既有大小,又有方向的量称为空间向量. 空间向量 a 可以用空间中的有向线段来表示,有向线段的长度表示向量的大小,称为向量的模,记作 $|a|$. 有向线段的方向表示向量的方向. 模为 1 的向量,称为单位向量. 与向量 a 大小相等,方向相反的向量,称为向量 a 的负向量,记作 $-a$. 模为零的向量,称为零向量,记作 $\mathbf{0}$. 零向量的方向是任意的.

在空间中,长度相等且方向相同的有向线段所表示的向量称为相等向量.

如果一组向量用同一起点的有向线段表示后,这些有向线段都在同一条直线上,我们就称这组向量是共线的,否则称不共线的.

如果一组向量用同一起点的有向线段表示后,这些向量都位于同一平面内,则称这组向量是共面的,否则称为不共面的.

定理 1　向量 a 与非零向量 b 共线的充分必要条件是存在唯一实数 λ,使得 $a = \lambda b$.

在空间中,一个点和一个非零向量确定一条直线,这个非零向量称为直线的方向向量,记作 s.

定理 2　空间中一个点和两个不共线的向量确定一个平面.

定理 3　在空间中,任意取定三个不共面的向量 e_1, e_2, e_3,则空间中每一个向量都可以唯一地表示成

$$a = a_1 e_1 + a_2 e_2 + a_3 e_3$$

定理 3 称为空间向量的分解定理,把这三个不共面的向量 e_1, e_2, e_3 称为空间的一个基底,系数 a_1, a_2, a_3 称为向量 a 在基底 e_1, e_2, e_3 下的坐标,记作 (a_1, a_2, a_3).

7.1.2　空间向量的坐标表示

在空间直角坐标系内,分别取与 x 轴,y 轴,z 轴正方向相同的单位向量 e_x, e_y, e_z,由于它们不共面,可以作为空间的一个基底. 由空间向量的分解定理,任意由原点出发的向量 $\overrightarrow{OM} = a$ 都可以表示成

$$a = x e_x + y e_y + z e_z$$

系数 x, y, z 称为向量 $\overrightarrow{OM} = a$ 的坐标,记作

$$a = (x, y, z)$$

上式称为空间向量的坐标表示. 其中 x 称为向量 $\boldsymbol{a}$ 在 x 轴上的坐标, y 称为向量 $\boldsymbol{a}$ 在 y 轴上的坐标, z 称为向量 $\boldsymbol{a}$ 在 z 轴上的坐标, 如图 7.1 所示.

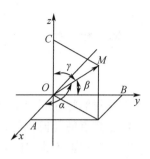

点 $M(x,y,z)$ 的坐标也是向量 $\overrightarrow{OM}$ 的坐标. 于是, 在空间直角坐标系内每一向量都可以用三个有序实数唯一表示.

若向量 $\boldsymbol{a} = (x,y,z)$, 则

$$|\boldsymbol{a}| = \sqrt{x^2 + y^2 + z^2}$$

设 $\boldsymbol{a}$ 为非零向量, 它的方向可以由 $\boldsymbol{a}$ 与三条坐标轴的夹角 α, β, γ 所确定. 一般地, 这三个角称为方向角. $\cos\alpha, \cos\beta, \cos\gamma$ 称为方向余弦. 用向量的坐标表示为

图 7.1

$$\cos\alpha = \frac{x}{\sqrt{x^2 + y^2 + z^2}}, \cos\beta = \frac{y}{\sqrt{x^2 + y^2 + z^2}}, \cos\gamma = \frac{z}{\sqrt{x^2 + y^2 + z^2}}$$

由上述三式可知

$$\cos^2\alpha + \cos^2\beta + \cos^2\gamma = 1$$

常将与方向余弦成比例的一组实数 m,n,p 称为方向数. 即若

$$\frac{m}{\cos\alpha} = \frac{n}{\cos\beta} = \frac{p}{\cos\gamma}$$

则 m,n,p 为方向数.

例 1 已知向量 $\boldsymbol{a}$ 与 x 轴和 y 轴的夹角分别为 $60°$ 和 $120°$, 求向量 $\boldsymbol{a}$ 与 z 轴的夹角.

解 由公式

$$\cos^2\alpha + \cos^2\beta + \cos^2\gamma = 1$$

有

$$\cos^2\gamma = 1 - (\cos^2\alpha + \cos^2\beta)$$

又 $\alpha = 60°, \beta = 120°$, 将其代入上式得

$$\cos^2\gamma = 1 - \left[\left(\frac{1}{2}\right)^2 + \left(-\frac{1}{2}\right)^2\right] = 1 - \frac{1}{2} = \frac{1}{2}$$

所以

$$\cos\gamma = \pm\frac{\sqrt{2}}{2}$$

于是

$$\gamma = 45° \text{ 或 } \gamma = 135°$$

7.1.3 向量坐标表示的线性运算

空间向量的坐标表示的线性运算同平面向量坐标表示的线性运算一样. 即两个向量和与差的坐标分别等于这两个向量对应坐标的和与差; 实数与向量乘积的坐标等于这个实数乘以原向量对应的坐标. 也就是

设 $\boldsymbol{a} = (x_1, y_1, z_1), \boldsymbol{b} = (x_2, y_2, z_2), \lambda, \mu \in \mathbf{R}$, 则

$$\lambda\boldsymbol{a} + \mu\boldsymbol{b} = (\lambda x_1 + \mu x_2, \lambda y_1 + \mu y_2, \lambda z_1 + \mu z_2)$$

特别地, $\boldsymbol{a} = \boldsymbol{b} \Leftrightarrow x_1 = x_2, y_1 = y_2, z_1 = z_2$.

例 2 已知 $\boldsymbol{a} = 2\boldsymbol{e}_x - \boldsymbol{e}_y + 3\boldsymbol{e}_z, \boldsymbol{b} = \boldsymbol{e}_x + 2\boldsymbol{e}_y - \boldsymbol{e}_z$, 求 $2\boldsymbol{a} + \boldsymbol{b}, 3\boldsymbol{a} - 2\boldsymbol{b}$.

解 $2\boldsymbol{a} + \boldsymbol{b} = 2(2, -1, 3) + (1, 2, -1) = (4, -2, 6) + (1, 2, -1)$

$\qquad\qquad = (4+1, -2+2, 6-1) = (5, 0, 5)$

即
$$2a + b = 5e_x + 5e_z$$
$$3a - 2b = 3(2, -1, 3) - 2(1, 2, -1) = (6, -3, 9) - (2, 4, -2)$$
$$= (6 - 2, -3 - 4, 9 + 2) = (4, -7, 11)$$
即
$$3a - 2b = 4e_x - 7e_y + 11e_z$$

设 $M_1(x_1, y_1, z_1)$，$M_2(x_2, y_2, z_2)$，下面来求 $\overrightarrow{M_1M_2}$ 的坐标表示，如图 7.2 所示.

向量

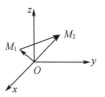

图 7.2

$$\overrightarrow{M_1M_2} = \overrightarrow{OM_2} - \overrightarrow{OM_1}$$

由向量坐标表示的线性运算得

$$\overrightarrow{M_1M_2} = \overrightarrow{OM_2} - \overrightarrow{OM_1} = (x_2 - x_1, y_2 - y_1, z_2 - z_1)$$

即自由向量的坐标表示等于此向量的终点坐标减去起点的对应坐标. 由向量的模的定义，有

$$|\overrightarrow{M_1M_2}| = \sqrt{(x_2 - x_1)^2 + (y_2 - y_1)^2 + (z_2 - z_1)^2}$$

上式称为空间两点间距离公式.

类似地，空间线段 M_1M_2 的中点坐标为

$$x = \frac{x_1 + x_2}{2}, y = \frac{y_1 + y_2}{2}, z = \frac{z_1 + z_2}{2}$$

例 3　已知线段 M_1M_2 的中点坐标为 $(3, 2, -1)$，端点 M_2 的坐标为 $(5, 6, 8)$，求端点 M_1 的坐标.

解　设端点 $M_1(x_1, y_1, z_1)$，由中点坐标公式得

$$3 = \frac{x_1 + 5}{2}, 2 = \frac{y_1 + 6}{2}, -1 = \frac{z_1 + 8}{2}$$

解得 $x_1 = 1, y_1 = -2, z_1 = -10$，所以点 $M_1(1, -2, -10)$.

习题 7.1

1. 填空题.

(1) 在空间直角坐标系中，指出下列各点在哪个卦限：

$A(2, -1, 2)$ 在第_____卦限，$B(3, 2, -1)$ 在第_____卦限，

$C(3, -1, -4)$ 在第_____卦限，$D(-1, -2, 3)$ 在第_____卦限.

(2) 空间直角坐标系中，除坐标原点外，在 xOy 平面上的点，_____坐标为零；在 yOz 平面上的点，_____坐标为零；在纵轴上的点，_____坐标为零；在竖轴上的点，_____坐标为零. 指出下列各点均在哪个坐标平面或坐标轴上：$A(1, -3, 0)$ 在_____，$B(0, -7, 0)$ 在_____，$C(0, 0, 3)$ 在_____，$D(-2, 0, 3)$ 在_____.

(3) 点 $(2, -3, -1)$ 关于 xOy 平面的对称点为_____，关于 yOz 平面的对称点为_____，关于 zOx 平面的对称点为_____.

(4) 已知 $P(4, \sqrt{2}, 1)$，$Q(3, 0, 2)$，则向量 $\overrightarrow{PQ} =$ _____，$|\overrightarrow{PQ}| =$ _____，$\overrightarrow{PQ}$ 的方向余弦为_____，方向角为_____.

(5) 已知 $A(1, 2, 2)$，$B(-1, 0, 1)$，则 AB 两点间的距离为_____，线段 AB 中点 C 的

坐标为_____.

2. 单项选择题.

(1)点 $M(4,-3,5)$ 到 y 轴的距离为(　　).

A. 3　　　　　B. 5　　　　　C. $\sqrt{34}$　　　　　D. $\sqrt{41}$

(2)向量 $\overrightarrow{AB}=4\boldsymbol{e}_x-4\boldsymbol{e}_y+7\boldsymbol{e}_z$,其终点坐标 $B(2,-1,7)$,则起点坐标为(　　).

A. $(-2,3,0)$　　B. $(2,-3,0)$　　C. $(6,-5,14)$　　D. $(-6,5,-14)$

(3)已知向量 $\boldsymbol{a}$ 与 x 轴和 y 轴的夹角分别为 $\dfrac{3\pi}{4}$ 和 $\dfrac{\pi}{3}$,则向量 $\boldsymbol{a}$ 与 z 轴的夹角为(　　).

A. $\dfrac{\pi}{3}$　　　　　B. $\dfrac{2\pi}{3}$　　　　　C. $\dfrac{\pi}{3}$ 或 $\dfrac{2\pi}{3}$　　　　　D. $\dfrac{\pi}{4}$ 或 $\dfrac{3\pi}{4}$

(4)设 α,β,γ 为向量 $\boldsymbol{a}$ 的三个方向角,则 $\sin2\alpha+\sin2\beta+\sin2\gamma=$_____.

A. 1　　　　　B. 2　　　　　C. 3　　　　　D. 0

3. 已知两点 $M_1(0,1,2)$ 和 $M_2(1,-1,0)$,求向量 $\overrightarrow{M_1M_2}$ 及 $-2\overrightarrow{M_1M_2}$ 的坐标表示式.

4. 在 z 轴上求与点 $A(-4,-2,1)$ 和点 $B(3,-2,2)$ 等距离的点 C 的坐标.

5. 已知两点 $A(3,2,-2),B(5,-2,2)$,求与向量 $\overrightarrow{AB}$ 平行的单位向量.

7.2　空间向量的数量积与向量积

7.2.1　空间向量的数量积

在空间中任取一点 O,作 $\overrightarrow{OA}=\boldsymbol{a}$,$\overrightarrow{OB}=\boldsymbol{b}$,把 $\overrightarrow{OA}$ 和 $\overrightarrow{OB}$ 组成的不大于 π 的角(这个角与 O 点的选取无关),称为向量 $\boldsymbol{a}$ 与 $\boldsymbol{b}$ 的夹角,记作 $(\boldsymbol{a},\boldsymbol{b})$. 于是

$$0\leqslant(\boldsymbol{a},\boldsymbol{b})\leqslant\pi,\text{且}(\boldsymbol{a},\boldsymbol{b})=(\boldsymbol{b},\boldsymbol{a})$$

定义 1　如果给定两空间向量 $\boldsymbol{a}$ 和 $\boldsymbol{b}$,定义实数 $|\boldsymbol{a}||\boldsymbol{b}|\cos(\boldsymbol{a},\boldsymbol{b})$ 为向量 $\boldsymbol{a}$ 与 $\boldsymbol{b}$ 的数量积,记作 $\boldsymbol{a}\cdot\boldsymbol{b}$,即

$$\boldsymbol{a}\cdot\boldsymbol{b}=|\boldsymbol{a}||\boldsymbol{b}|\cos(\boldsymbol{a},\boldsymbol{b})$$

数量积也称为点积.

由数量积的定义,有如下的结论:

(1) $\boldsymbol{a}\cdot\boldsymbol{a}=|\boldsymbol{a}|^2$

(2) $\cos(\boldsymbol{a},\boldsymbol{b})=\dfrac{\boldsymbol{a}\cdot\boldsymbol{b}}{|\boldsymbol{a}||\boldsymbol{b}|}(\boldsymbol{a}\neq0,\boldsymbol{b}\neq0)$

(3)空间中两非零向量 $\boldsymbol{a}$ 与 $\boldsymbol{b}$ 垂直的充分必要条件是它们的数量积为零,即

$$\boldsymbol{a}\perp\boldsymbol{b}\Leftrightarrow\boldsymbol{a}\cdot\boldsymbol{b}=0$$

结论(2)可以用来求两非零向量的夹角,结论(3)可以用来判别两非零向量是否垂直.

应用数量积的定义可以证明如下的运算规律:

(1) $\boldsymbol{a}\cdot\boldsymbol{b}=\boldsymbol{b}\cdot\boldsymbol{a}$　　　　　　(2) $(\lambda\boldsymbol{a})\cdot\boldsymbol{b}=\boldsymbol{a}\cdot(\lambda\boldsymbol{b})=\lambda(\boldsymbol{a}\cdot\boldsymbol{b})$

(3) $(\boldsymbol{a}+\boldsymbol{b})\cdot\boldsymbol{c}=\boldsymbol{a}\cdot\boldsymbol{c}+\boldsymbol{b}\cdot\boldsymbol{c}$

同平面向量一样,两空间向量数量积的坐标表示是两向量对应坐标的乘积之和,即设 $\boldsymbol{a}=(x_1,y_1,z_1)$,$\boldsymbol{b}=(x_2,y_2,z_2)$,则

$$\boldsymbol{a} \cdot \boldsymbol{b} = x_1 x_2 + y_1 y_2 + z_1 z_2$$

在向量的坐标表示下,两向量的夹角的余弦为

$$\cos(\boldsymbol{a}, \boldsymbol{b}) = \frac{x_1 x_2 + y_1 y_2 + z_1 z_2}{\sqrt{x_1^2 + y_1^2 + z_1^2} \sqrt{x_2^2 + y_2^2 + z_2^2}}$$

例 1　证明:$(\boldsymbol{a} + \boldsymbol{b}) \cdot (\boldsymbol{a} - \boldsymbol{b}) = |\boldsymbol{a}|^2 - |\boldsymbol{b}|^2$.

证明　$(\boldsymbol{a} + \boldsymbol{b}) \cdot (\boldsymbol{a} - \boldsymbol{b}) = \boldsymbol{a} \cdot \boldsymbol{a} + \boldsymbol{b} \cdot \boldsymbol{a} - \boldsymbol{a} \cdot \boldsymbol{b} - \boldsymbol{b} \cdot \boldsymbol{b}$

$$= |\boldsymbol{a}|^2 + \boldsymbol{a} \cdot \boldsymbol{b} - \boldsymbol{a} \cdot \boldsymbol{b} - |\boldsymbol{b}|^2 = |\boldsymbol{a}|^2 - |\boldsymbol{b}|^2$$

例 2　已知 $\boldsymbol{a} = (3, 0, -1)$,$\boldsymbol{b} = (-2, -1, 3)$,求 $\boldsymbol{a} \cdot \boldsymbol{b}$ 和 $(\boldsymbol{a}, \boldsymbol{b})$.

解　$\boldsymbol{a} \cdot \boldsymbol{b} = 3 \times (-2) + 0 \times (-1) + (-1) \times 3 = -9$

$$\cos(\boldsymbol{a}, \boldsymbol{b}) = \frac{-9}{\sqrt{3^2 + (-1)^2} \sqrt{(-2)^2 + (-1)^2 + 3^2}} = -\frac{9}{70}\sqrt{35}$$

所以

$$(\boldsymbol{a}, \boldsymbol{b}) = \arccos\left(-\frac{9}{70}\sqrt{35}\right)$$

例 3　设 $\boldsymbol{a} = 2\boldsymbol{e}_x + x\boldsymbol{e}_y - \boldsymbol{e}_z$,$\boldsymbol{b} = 3\boldsymbol{e}_x - \boldsymbol{e}_y + 2\boldsymbol{e}_z$,且 $\boldsymbol{a} \perp \boldsymbol{b}$,求 x.

解　由 $\boldsymbol{a} \perp \boldsymbol{b}$,知

$$2 \times 3 + x(-1) + (-1) \times 2 = 0$$

即

$$6 - x - 2 = 0$$

所以

$$x = 4$$

7.2.2　两向量的向量积

当用扳手拧螺母时,若扳手朝逆时针方向转动,螺母则向外移动;若扳手朝顺时针方向转动,螺母则向里移动. 移动的距离取决于所施外力的大小及扳手的长度,移动的方向垂直于外力方向与扳手的臂所确定的平面. 从力学的角度看,需要定义向量的另一种运算.

定义 2　由给定的空间两向量 $\boldsymbol{a}$ 和 $\boldsymbol{b}$,作出向量 $\boldsymbol{c}$,并且满足下列条件.

(1) $|\boldsymbol{c}| = |\boldsymbol{a}||\boldsymbol{b}|\sin(\boldsymbol{a}, \boldsymbol{b})$;　　　　(2) $\boldsymbol{c} \perp \boldsymbol{a}$,$\boldsymbol{c} \perp \boldsymbol{b}$;

(3) $\boldsymbol{a}, \boldsymbol{b}, \boldsymbol{c}$ 成右手系.

则将向量 $\boldsymbol{c}$ 称为向量 $\boldsymbol{a}$ 和 $\boldsymbol{b}$ 的向量积,记作 $\boldsymbol{c} = \boldsymbol{a} \times \boldsymbol{b}$(也称为叉积).

对两向量 $\boldsymbol{a}$ 和 $\boldsymbol{b}$ 的向量积可作如下的几何解释:$|\boldsymbol{c}|$ 在数值上等于以 $\boldsymbol{a}$ 和 $\boldsymbol{b}$ 为两邻边的平行四边形面积,而 $\boldsymbol{c}$ 的方向则垂直于 $\boldsymbol{a}$ 和 $\boldsymbol{b}$ 所确定的平面,且 $\boldsymbol{a}, \boldsymbol{b}, \boldsymbol{c}$ 成右手系,如图 7.3 所示.

图 7.3

由两向量的向量积的定义,有如下的结论:

两非零向量平行的充分必要条件是它们的向量积为零向量. 事实上,若 $\boldsymbol{a}, \boldsymbol{b}$ 平行,则 $(\boldsymbol{a}, \boldsymbol{b}) = 0$ 或 $(\boldsymbol{a}, \boldsymbol{b}) = \pi$,于是,由向量积的定义可知

$$|\boldsymbol{a}||\boldsymbol{b}|\sin(\boldsymbol{a}, \boldsymbol{b}) = 0$$

反之,若两向量的向量积为零向量,则 $|\boldsymbol{a}||\boldsymbol{b}|\sin(\boldsymbol{a}, \boldsymbol{b}) = 0$,又 $|\boldsymbol{a}|$,$|\boldsymbol{b}|$ 均不为零,于是必有

$$\sin(\boldsymbol{a}, \boldsymbol{b}) = 0$$

故 $(\boldsymbol{a}, \boldsymbol{b}) = 0$ 或 $(\boldsymbol{a}, \boldsymbol{b}) = \pi$,即 $\boldsymbol{a} // \boldsymbol{b}$.

由向量积的定义,可以证明向量积有如下的运算规律:

(1) $\boldsymbol{a} \times \boldsymbol{b} = -(\boldsymbol{b} \times \boldsymbol{a})$

(2) $(\lambda \boldsymbol{a}) \times \boldsymbol{b} = \lambda(\boldsymbol{a} \times \boldsymbol{b})$,$\boldsymbol{a} \times (\lambda \boldsymbol{b}) = \lambda(\boldsymbol{a} \times \boldsymbol{b})$,$\lambda \in \mathbf{R}$

（3）$(a+b)\times c = a\times c + b\times c$

空间两向量的向量积也可以用坐标表示. 设 $a = (x_1, y_1, z_1)$, $b = (x_2, y_2, z_2)$, 则

$$a\times b = (x_1 e_x + y_1 e_y + z_1 e_z)\times(x_2 e_x + y_2 e_y + z_2 e_z)$$
$$= x_1 x_2(e_x\times e_x) + x_1 y_2(e_x\times e_y) + x_1 z_2(e_x\times e_z) + y_1 x_2(e_y\times e_x) + y_1 y_2(e_y\times e_y) +$$
$$y_1 z_2(e_y\times e_z) + z_1 x_2(e_z\times e_x) + z_1 y_2(e_z\times e_y) + z_1 z_2(e_z\times e_z)$$

由于 e_x, e_y, e_z 是互相垂直的单位向量,所以有 $e_x\times e_x = e_y\times e_y = e_z\times e_z = 0$, $e_x\times e_y = e_z$, $e_y\times e_x = -e_z$, $e_y\times e_z = e_x$, $e_z\times e_y = -e_x$, $e_x\times e_z = -e_y$, $e_z\times e_x = e_y$, 故有

$$a\times b = (y_1 z_2 - z_1 y_2)e_x + (z_1 x_2 - x_1 z_2)e_y + (x_1 y_2 - y_1 x_2)e_z \tag{1}$$

为了便于记忆,我们借用行列式记号,将上式表示为

$$a\times b = \begin{vmatrix} e_x & e_y & e_z \\ x_1 & y_1 & z_1 \\ x_2 & y_2 & z_2 \end{vmatrix} = \begin{vmatrix} y_1 & z_1 \\ y_2 & z_2 \end{vmatrix} e_x - \begin{vmatrix} x_1 & z_1 \\ x_2 & z_2 \end{vmatrix} e_y + \begin{vmatrix} x_1 & y_1 \\ x_2 & y_2 \end{vmatrix} e_z$$

注意 由(1)式可知,若 $a\times b = 0$,则

$$y_1 z_2 - z_1 y_2 = 0, z_1 x_2 - x_1 z_2 = 0, x_1 y_2 - y_1 x_2 = 0$$

当 x_2, y_2, z_2 均不为零时有

$$\frac{x_1}{x_2} = \frac{y_1}{y_2} = \frac{z_1}{z_2}$$

当 x_2, y_2, z_2 中有一个为零时,不妨设 $x_2 = 0$,而 $y_2, z_2 \neq 0$,我们约定 $x_1 = 0$,上述比例式的记法仍有意义,于是有:

若 $a = (x_1, y_1, z_1)$, $b = (x_2, y_2, z_2)$, 则

$$a \ /\!/ \ b \Leftrightarrow \frac{x_1}{x_2} = \frac{y_1}{y_2} = \frac{z_1}{z_2}$$

例4 设 $a = (0, -1, 2)$, $b = (2, -3, 2)$, 求 $a\times b$.

解 由公式(1)有

$$a\times b = [(-1)\times 2 - (-3)\times 2]e_x + (2\times 2 - 2\times 0)e_y + [0\times(-3) - 2\times(-1)]e_z$$
$$= 4e_x + 4e_y + 2e_z$$

例5 已知向量 a, b 同例4,求与 a 和 b 都垂直的单位向量.

解 因 $c = a\times b$ 与 a 和 b 都垂直,由例4

$$c = a\times b = 4e_x + 4e_y + 2e_z$$

又因为与 c 同方向的单位向量为 $e_c = \dfrac{c}{|c|}$, $|c| = \sqrt{4^2 + 4^2 + 2^2} = 6$, 于是

$$e_c = \frac{2}{3}e_x + \frac{2}{3}e_y + \frac{1}{3}e_z$$

故与 a, b 都垂直的单位向量为 $\pm e_c$, 即 $\dfrac{2}{3}e_x + \dfrac{2}{3}e_y + \dfrac{1}{3}e_z$ 和 $-\left(\dfrac{2}{3}e_x + \dfrac{2}{3}e_y + \dfrac{1}{3}e_z\right)$.

例6 已知空间中的三点 $A(1,1,0)$, $B(-2,-1,2)$, $C(2,-2,3)$, 求 $\triangle ABC$ 的面积.

解 由向量积的几何解释, $\triangle ABC$ 的面积可以看成 $\overrightarrow{AB}\times\overrightarrow{AC}$ 模的一半,而

$$\overrightarrow{AB} = (-2-1, -1-1, 2-0) = (-3, -2, 2)$$
$$\overrightarrow{AC} = (2-1, -2-1, 3-0) = (1, -3, 3)$$

$$\overrightarrow{AB} \times \overrightarrow{AC} = [(-2) \times 3 - (-3) \times 2]\boldsymbol{e}_x + [2 \times 1 - (-3) \times 3]\boldsymbol{e}_y + [(-3) \times (-3) - (-2) \times 1]\boldsymbol{e}_z$$
$$= 11\boldsymbol{e}_y + 11\boldsymbol{e}_z$$

$$|\overrightarrow{AB} \times \overrightarrow{AC}| = \sqrt{11^2 + 11^2} = 11\sqrt{2}$$

故 $S_{\triangle ABC} = \dfrac{1}{2}|\overrightarrow{AB} \times \overrightarrow{AC}| = \dfrac{11}{2}\sqrt{2}$.

习题 7.2

1. 填空题.

(1) 设向量 $\boldsymbol{a} = \boldsymbol{e}_x + 3\boldsymbol{e}_y - 2\boldsymbol{e}_z$ 与 $\boldsymbol{b} = 2\boldsymbol{e}_x + 6\boldsymbol{e}_y + m\boldsymbol{e}_z$ 垂直,则 $m =$ _____.

(2) 设向量 $\boldsymbol{a} = (2, -1, 1)$, $\boldsymbol{b} = (4, 9, 1)$,则 $\boldsymbol{a} \cdot \boldsymbol{b} =$ _____,向量 $\boldsymbol{a}, \boldsymbol{b}$ 的夹角为_____.

(3) 已知三点 $M(1,1,1)$, $A(2,2,1)$, $B(2,1,2)$,则 $\angle AMB =$ _____.

(4) 设向量 $\boldsymbol{a} = 3\boldsymbol{e}_x + 2\boldsymbol{e}_y - \boldsymbol{e}_z$, $\boldsymbol{b} = \boldsymbol{e}_x - \boldsymbol{e}_y + 2\boldsymbol{e}_z$,则 $\boldsymbol{a} \times \boldsymbol{b} =$ _____.

(5) 与向量 $\boldsymbol{a} = \boldsymbol{e}_x - 3\boldsymbol{e}_y + \boldsymbol{e}_z$, $\boldsymbol{b} = 2\boldsymbol{e}_x - \boldsymbol{e}_y$ 都垂直的单位向量 $\boldsymbol{e}_c =$ _____.

2. 单项选择题.

(1) 设有三点的坐标为 $M(1, -3, 4)$, $N(-2, 1, -1)$, $P(-3, -1, 1)$,则 $\angle MNP = ($).

A. π 　　　　　 B. $\dfrac{3\pi}{4}$ 　　　　　 C. $\dfrac{\pi}{4}$ 　　　　　 D. $\dfrac{\pi}{2}$

(2) 设向量 $\boldsymbol{a} = x\boldsymbol{e}_x + 3\boldsymbol{e}_y + 2\boldsymbol{e}_z$, $\boldsymbol{b} = -\boldsymbol{e}_x + y\boldsymbol{e}_y + 4\boldsymbol{e}_z$,如果 $\boldsymbol{a} /\!/ \boldsymbol{b}$,那么( ).

A. $x = -1, y = -3$ 　　　　　　　　 B. $x = 1, y = -\dfrac{7}{3}$

C. $x = -\dfrac{1}{2}, y = -6$ 　　　　　　　 D. $x = -\dfrac{1}{2}, y = 6$

(3) 设向量 $\boldsymbol{a} = 3\boldsymbol{e}_x + 5\boldsymbol{e}_y - 2\boldsymbol{e}_z$, $\boldsymbol{b} = 2\boldsymbol{e}_x + \boldsymbol{e}_y + 4\boldsymbol{e}_z$,且 $\lambda\boldsymbol{a} + 2\boldsymbol{b}$ 与 z 轴垂直,那么 λ 为( ).

A. 4 　　　　　 B. 3 　　　　　 C. 2 　　　　　 D. 1

(4) 设 $\boldsymbol{a} = (2, -3, 1)$, $\boldsymbol{b} = (1, -1, 3)$, $\boldsymbol{c} = (1, -2, 0)$,则 $(\boldsymbol{a} + \boldsymbol{b}) \times (\boldsymbol{b} + \boldsymbol{c})$ 等于( ).

A. $\boldsymbol{e}_y - \boldsymbol{e}_z$ 　　　　 B. $-\boldsymbol{e}_y - \boldsymbol{e}_z$ 　　　　 C. $\boldsymbol{e}_y + \boldsymbol{e}_z$ 　　　　 D. $-\boldsymbol{e}_y + \boldsymbol{e}_z$

3. 设向量 $\boldsymbol{a}, \boldsymbol{b}$ 的模分别为 3, 5,试确定 λ,使得 $(\boldsymbol{a} + \lambda\boldsymbol{b}) \perp (\boldsymbol{a} - \lambda\boldsymbol{b})$.

4. 已知三点 $A(1,2,3)$, $B(1,1,1)$, $C(0,0,5)$,证明 $\overrightarrow{AB}$ 与 $\overrightarrow{AC}$ 垂直,并求 $\triangle ABC$ 中的 $\angle B$.

5. 已知三角形 ABC 的顶点分别为 $A(1, -1, 2)$, $B(3, 3, 1)$, $C(3, 1, 3)$,求三角形 ABC 的面积.

6. 求同时垂直于向量 $\boldsymbol{a} = 2\boldsymbol{e}_x + 2\boldsymbol{e}_y + \boldsymbol{e}_z$ 和 $\boldsymbol{b} = 4\boldsymbol{e}_x + 5\boldsymbol{e}_y + 3\boldsymbol{e}_z$ 的单位向量.

7.3　空间的曲面方程与曲线方程

空间的曲线和曲面都是由点构成的. 空间的点可以表示成一个有序实数组 (x, y, z),当数组 (x, y, z) 变化时,数组表示的点 M 也随之变化,这样点 M 的轨迹就形成了空间的曲线或曲面.

7.3.1 曲面方程和曲线方程

1. 曲面方程

同平面解析几何相仿也可以定义空间的曲面方程.

定义 1 如果一空间曲面 S 满足下列条件:

(1)曲面 S 上任意点的坐标(x_0,y_0,z_0)满足方程 $F(x,y,z)=0$;

(2)以方程 $F(x,y,z)=0$ 的解(x_0,y_0,z_0)为坐标的点在曲面 S 上(或不在曲面 S 上的点不满足方程 $F(x,y,z)=0$).

则称方程 $F(x,y,z)=0$ 是曲面 S 的方程,曲面 S 称为方程 $F(x,y,z)=0$ 的图形.

由定义,一个三元方程 $F(x,y,z)=0$ 总表示空间中的一个曲面.

由曲面求方程的方法同平面解析几何中由曲线求方程的方法.

例 1 求与定点 $M_0(x_0,y_0,z_0)$ 的距离为常数 R 的轨迹方程.

解 设曲面上任意点 M 的坐标为 $M(x,y,z)$,由题意

$$|\overrightarrow{M_0M}|=R$$

即

$$\sqrt{(x-x_0)^2+(y-y_0)^2+(z-z_0)^2}=R$$

两边平方,得

$$(x-x_0)^2+(y-y_0)^2+(z-z_0)^2=R^2$$

这就是所求的曲面方程,它是球心在点 M_0,半径为 R 的球面,如图 7.4所示. 上式称为球面的标准方程.

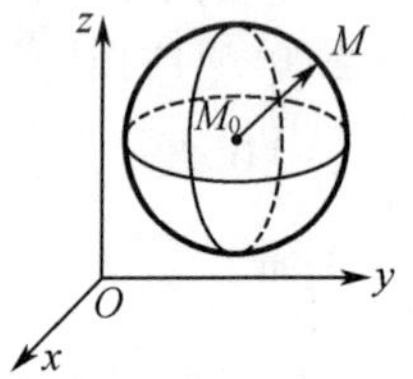

图 7.4

当 M_0 在原点时,上式成为

$$x^2+y^2+z^2=R^2$$

是球心在原点,半径为 R 的球面方程.

将球面的标准方程展开,则有

$$x^2+y^2+z^2-2x_0x-2y_0y-2z_0z+x_0^2+y_0^2+z_0^2=R^2$$

整理并令 $-2x_0=D$,$-2y_0=E$,$-2z_0=F$,$x_0^2+y_0^2+z_0^2-R^2=G$,则有

$$x^2+y^2+z^2+Dx+Ey+Fz+G=0$$

此式称为球面的一般方程.

2. 曲线方程

一般说来,两曲面相交,其交线就是一条曲线. 设 $F_1(x,y,z)=0$ 与 $F_2(x,y,z)=0$ 是空间中两个曲面,如果它们相交,就得到一条空间曲线 L,曲线 L 上的任意点的坐标一定满足这两个方程;反之,同时满足这两个方程的解所表示的点一定在曲线 L 上. 这样,空间曲线的方程可表示为

$$\begin{cases} F_1(x,y,z)=0 \\ F_2(x,y,z)=0 \end{cases}$$

上式称为曲线的一般方程.

如果将 x,y,z 用一个中间变量 t 来表示,即

$$\begin{cases} x=x(t) \\ y=y(t) \quad (\alpha \leqslant t \leqslant \beta \text{ 为参数}) \\ z=z(t) \end{cases}$$

上式称为曲线的参数方程.

使用空间曲线的参数方程来表示空间曲线,在实际应用中是比较方便的.

7.3.2　几种常见的曲面及方程

1. 旋转曲面

定义 2　平面上的一条曲线绕这个平面上的一条定直线旋转一周所生成的曲面,称为旋转曲面. 定直线称为旋转曲面的轴.

常见的旋转曲面有旋转抛物面、旋转椭圆面、旋转双曲面、锥面. 它们分别是由抛物线、椭圆、双曲线绕轴旋转生成的曲面. 如图 7.5 所示.

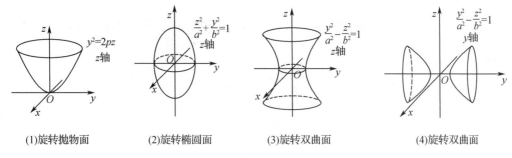

　(1)旋转抛物面　　　　(2)旋转椭圆面　　　　(3)旋转双曲面　　　　(4)旋转双曲面

图 7.5

下面介绍旋转曲面的方程.

设 yOz 平面的曲线方程为 $f(y,z)=0$,若曲线绕 z 轴旋转而生成曲面 S. 在方程 $f(y,z)=0$ 中,以 $\pm\sqrt{x^2+y^2}$ 代方程中 y 的位置,即

$$f(\pm\sqrt{x^2+y^2},z)=0$$

上式就是曲线绕 z 轴旋转的曲面 S 的方程.

同理,由曲线 $f(y,z)=0$ 绕 y 轴旋转得到的曲面方程,用 $\pm\sqrt{x^2+z^2}$ 代曲线方程中的 z 即可,也就是

$$f(y,\pm\sqrt{x^2+z^2})=0$$

上式就是曲线绕 y 轴旋转的曲面 S 方程.

其他两坐标平面上的曲线绕某轴旋转的曲面方程的求法同上,请读者自行讨论.

2. 柱面

定义 3　平行于定直线,并沿曲线 C 移动的直线 L 所生成的曲面称为柱面. 曲线 C 称为准线,动直线 L 称为柱面的母线.

常见的柱面有圆柱面、椭圆柱面、双曲柱面、抛物柱面. 一般地,在柱面方程中,给出的是准线,含有两个坐标,表示的是以该坐标平面的曲线作准线. 没有出现的坐标是表示母线平行于该坐标轴. 图 7.6 给出的是母线平行于 z 轴的柱面.

例 2　写出方程 $x^2+y^2+z^2-4x+2y-6z+10=0$ 所表示的曲面.

解　将原方程配方,得

$$(x-2)^2+(y+1)^2+(z-3)^2=4$$

所以原方程表示球心为 $M_0(2,-1,3)$,半径 $R=2$ 的球面.

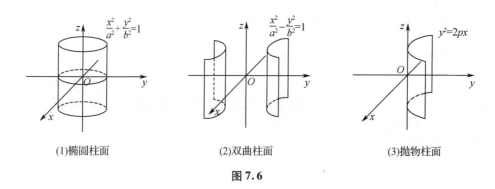

(1)椭圆柱面　　　　　　　(2)双曲柱面　　　　　　　(3)抛物柱面

图 7.6

例 3　求 yOz 平面上的椭圆 $\dfrac{y^2}{b^2}+\dfrac{z^2}{c^2}=1, x=0$，绕 z 轴旋转一周所形成的旋转曲面方程.

解　以 $\pm\sqrt{x^2+y^2}$ 代换方程中 y 得

$$\frac{(\pm\sqrt{x^2+y^2})^2}{b^2}+\frac{z^2}{c^2}=1$$

即

$$\frac{x^2+y^2}{b^2}+\frac{z^2}{c^2}=1$$

为所求的旋转曲面.

3. 二次曲面

与平面解析几何类似,把二元二次方程表示的曲面称为二次曲面. 除球面外,常见的二次曲面还有椭球面、各种抛物面、圆锥面等.

椭球面是由方程 $\dfrac{x^2}{a^2}+\dfrac{y^2}{b^2}+\dfrac{z^2}{c^2}=1$ 所表示的曲面. 椭球面有对称中心、对称平面和对称轴,并且在 $|x|\leqslant a, |y|\leqslant b, |z|\leqslant c$ 的范围内,它包含在以 $x=\pm a, y=\pm b, z=\pm c$ 六个平面为边界的长方体内.

抛物面有两种,一种称为椭圆抛物面,是由方程 $\dfrac{x^2}{2p}+\dfrac{y^2}{2q}=z(pq>0)$ 所表示的曲面;另一种称为双曲抛物面,是由方程 $-\dfrac{x^2}{2p}+\dfrac{y^2}{2q}=z(pq>0)$ 所表示的曲面. 它的图形像马鞍,因此又称为马鞍面.

研究二次曲线的性质,可用平行于各轴的平面去截这些曲面,研究其截痕的性质即可.

注意　前面所给出的几种旋转曲面都是二次曲面,它们是二次曲面的特例.

7.3.3　常见的空间曲线

空间曲线中,最常见的应用较广泛的是螺旋线. 它是质点运动合成的产物.

如果一质点一方面绕一条轴线作等角速圆周运动,角速度为 ω,另一方面作平行于轴线的等速直线运动,速度为 v,这个质点的运动轨迹就是螺旋线.

常见的螺丝钉上的痕迹就是螺旋线,如图 7.7 所示,螺旋线常用以 t 为参数的方程表示. t 的物理意义是时间,由定义及物理知识不难得到螺旋线的方程是

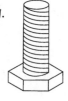

图 7.7

$$\begin{cases} x = a\cos\omega t \\ y = a\sin\omega t \\ z = vt \end{cases}$$

习题 7.3

1. 填空题.

(1)以点$(1,3,-3)$为球心,且通过坐标原点的球面方程为_____.

(2)球面$x^2 + y^2 + z^2 - 12x + 4y - 6z = 0$的球心坐标为_____,半径为_____.

(3)将zOx坐标面上的圆$x^2 + z^2 = 9$绕z轴旋转一周,所生成的旋转曲面方程为_____.

(4)将zOx坐标面上的抛物线$z^2 = 5x$绕x轴旋转一周,所生成的旋转曲面方程为_____.

(5)方程$\dfrac{z}{4} = \dfrac{x^2}{2} + \dfrac{y^2}{9}$表示的曲面是_____.

2. 方程$x^2 + y^2 + z^2 + 8x - 6y = 0$表示怎样的曲面?

3. 将xOy坐标面上的双曲线$4x^2 - 9y^2 = 36$分别绕x轴及y轴旋转一周,求所生成的旋转曲面的方程.

7.4　空间的平面与直线

平面与直线是空间中的曲面和曲线的最简单的形式. 本节主要研究它们的方程及各种位置关系.

7.4.1　平面的方程

1. 平面的点法式方程

一般说来,过空间一点$M_0(x_0,y_0,z_0)$可以作无数个平面. 但如果过这一点且垂直于一个已知向量,就确定唯一的平面. 这个垂直于平面π的向量称为平面的法向量.

下面来建立平面的方程.

设平面π过点$M_0(x_0,y_0,z_0)$,它的法向量为$\boldsymbol{n} = (A,B,C)$,如图 7.8 所示. 设平面上的任意一点为$M(x,y,z)$,则向量

$$\overrightarrow{M_0M} = (x - x_0, y - y_0, z - z_0)$$

是平面π上的向量. 因此,必有$\overrightarrow{M_0M} \perp \boldsymbol{n}$,即

$$\overrightarrow{M_0M} \cdot \boldsymbol{n} = 0$$

由数量积的坐标表示,有

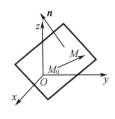

图 7.8

$$A(x - x_0) + B(y - y_0) + C(z - z_0) = 0$$

上式为过点$M_0(x_0,y_0,z_0)$,法向量为$\boldsymbol{n} = (A,B,C)$的平面方程,称为点法式方程.

例 1　求过点$(2,3,1)$,法向量为$\boldsymbol{n} = (4,1,-3)$的平面方程.

解　由点法式方程得,该平面方程为

$$4(x - 2) + (y - 3) - 3(z - 1) = 0$$

2. 平面的一般方程

若将平面的点法式方程展开,则有

$$Ax - Ax_0 + By - By_0 + Cz - Cz_0 = 0$$

令 $D = -Ax_0 - By_0 - Cz_0$,则

$$Ax + By + Cz + D = 0 \qquad\qquad (1)$$

这样,平面可以表示成一个三元一次方程.

反之,方程(1)总有解,设 x_0, y_0, z_0 为其解,则有

$$Ax_0 + By_0 + Cz_0 + D = 0 \qquad\qquad (2)$$

(1)与(2)相减,则得

$$A(x - x_0) + B(y - y_0) + C(z - z_0) = 0$$

因此,任何一个三元一次方程总表示空间中的一个平面.(1)式称为平面的一般方程.

例 2 平面经过点 $M_1(3, -2, 1)$ 且垂直于点 $M_1(3, -2, 1)$ 与点 $M_2(5, 1, 3)$ 的连线,求平面的方程.

解 由题设条件,向量 $\overrightarrow{M_1M_2}$ 垂直于所求平面,所以 $\overrightarrow{M_1M_2} = (2, 3, 2)$ 为所求平面的一个法向量. 于是所求平面为

$$2(x - 3) + 3(y + 2) + 2(z - 1) = 0$$

即

$$2x + 3y + 2z - 2 = 0$$

例 3 平面过三点 $M_1(1, 1, 1), M_2(-2, 1, 2), M_3(-3, 3, 1)$,求它的方程.

解一 设所求平面的方程为

$$Ax + By + Cz + D = 0$$

因平面过已知的三个点,所以有

$$\begin{cases} A + B + C + D = 0 & (1) \\ -2A + B + 2C + D = 0 & (2) \\ -3A + 3B + C + D = 0 & (3) \end{cases}$$

$(2) - (1), (3) - (1)$ 则

$$\begin{cases} -3A + C = 0 \\ -4A + 2B = 0 \end{cases}$$

解得 $C = 3A, B = 2A$,将其代入(1)中,有 $6A + D = 0$,取 $A = 1$,则 $D = -6$. 代入 $C = 3A, B = 2A$ 中得 $B = 2, C = 3$,于是,所求平面为

$$x + 2y + 3z - 6 = 0$$

解二 因所给三点在平面上,则向量 $\overrightarrow{M_1M_2}$ 与向量 $\overrightarrow{M_1M_3}$ 确定这个平面. 向量 $\overrightarrow{M_1M_2} = (-3, 0, 1), \overrightarrow{M_1M_3} = (-4, 2, 0)$,则这个平面的一个法向量为 $n = \overrightarrow{M_1M_2} \times \overrightarrow{M_1M_3}$,而

$$\overrightarrow{M_1M_2} \times \overrightarrow{M_1M_3} = -2e_x - 4e_y - 6e_z$$

选取平面上任意一个已知点,如 M_1,按点法式方程有

$$-2(x - 1) - 4(y - 1) - 6(z - 1) = 0$$

即

$$x + 2y + 3z - 6 = 0$$

除上述两种平面方程外,还有平面的截距式方程,其形式为

$$\frac{x}{a} + \frac{y}{b} + \frac{z}{c} = 1$$

其中 a,b,c 是平面在三个坐标轴上的截距.

7.4.2　两平面的位置关系

两平面的位置关系有三种,即相交、平行和重合.下面主要讨论两平面的平行、垂直和夹角问题.

两相交平面的法向量的夹角中较小的一个角,称为两平面的夹角.

设平面 $\pi_1 : A_1 x + B_1 y + C_1 z + D_1 = 0$, $\pi_2 : A_2 x + B_2 y + C_2 z + D_2 = 0$,其法向量分别为 $\boldsymbol{n}_1 = (A_1, B_1, C_1)$, $\boldsymbol{n}_2 = (A_2, B_2, C_2)$,则平面 π_1 与 π_2 的夹角 θ 应为 $(\boldsymbol{n}_1, \boldsymbol{n}_2)$ 和 $\pi - (\boldsymbol{n}_1, \boldsymbol{n}_2)$ 中较小的一个,因此

$$\cos\theta = \mid \cos(\boldsymbol{n}_1, \boldsymbol{n}_2) \mid = \frac{\mid A_1 A_2 + B_1 B_2 + C_1 C_2 \mid}{\sqrt{A_1^2 + B_1^2 + C_1^2}\, \sqrt{A_2^2 + B_2^2 + C_2^2}}$$

由两向量平行和垂直的充要条件可得如下定理.

定理 1　两平面平行 $\Leftrightarrow \boldsymbol{n}_1 /\!/ \boldsymbol{n}_2 \Leftrightarrow \dfrac{A_1}{A_2} = \dfrac{B_1}{B_2} = \dfrac{C_1}{C_2}$;

两平面垂直 $\Leftrightarrow \boldsymbol{n}_1 \perp \boldsymbol{n}_2 \Leftrightarrow A_1 A_2 + B_1 B_2 + C_1 C_2 = 0$.

例 4　求两平面 $x - y - 11 = 0$ 和 $3x + 8 = 0$ 的夹角.

解　因两平面的法向量分别是 $\boldsymbol{n}_1 = (1, -1, 0)$, $\boldsymbol{n}_2 = (3, 0, 0)$,由公式得

$$\cos\theta = \frac{\mid 1 \times 3 + (-1) \times 0 + 0 \mid}{\sqrt{1^2 + (-1)^2}\, \sqrt{3^2}} = \frac{\sqrt{2}}{2}$$

所以

$$\theta = \frac{\pi}{4}$$

例 5　一平面通过点 $M_1 = (1, 1, 1)$ 和点 $M_2 = (0, 1, -1)$,且垂直于平面 $x + y + z = 0$,求该平面的方程.

解　设所求平面的法向量为 $\boldsymbol{n} = (A, B, C)$,因为 M_1, M_2 在所求平面内,所以,向量 $\overrightarrow{M_1 M_2} = (-1, 0, -2)$ 在所求平面内.因此,有 $\boldsymbol{n} \perp \overrightarrow{M_1 M_2}$,于是

$$-A - 2C = 0 \tag{1}$$

由于所求平面与已知平面 $x + y + z = 0$ 垂直,故它们的法向量也垂直.有

$$A + B + C = 0 \tag{2}$$

由(1) $A = -2C$,代入(2)中,有 $B = C$.取 $C = -1$,则 $A = 2, B = -1$,故所求平面方程为

$$2(x - 1) - (y - 1) - (z - 1) = 0$$

即

$$2x - y - z = 0$$

7.4.3　空间的直线方程

在 7.1 节中曾指出:在空间中,一个点和一非零向量确定一条直线.这个非零向量称为直线的方向向量.

下面求直线的方程.

设直线上的已知点为 $M_0(x_0, y_0, z_0)$,直线的方向向量为 $\boldsymbol{s} = (m, n, p)$, $M(x, y, z)$ 为直线上的任意点,则方向向量 $\boldsymbol{s}$ 与 $\overrightarrow{M_0 M}$ 共线,如图 7.9 所示.由共线的条件可知

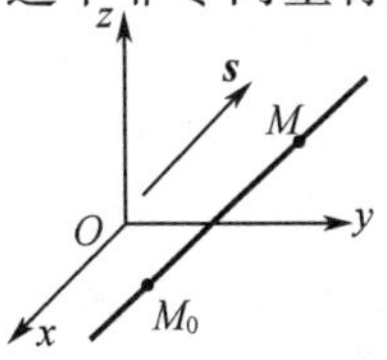

图 7.9

$$\overrightarrow{M_0M} = \lambda s, \lambda \in \mathbf{R}$$

即

$$\begin{cases} x - x_0 = \lambda m \\ y - y_0 = \lambda n \\ z - z_0 = \lambda p \end{cases}$$

上式称为直线的参数方程, λ 为参数. 从中消去参数 λ , 则

$$\frac{x - x_0}{m} = \frac{y - y_0}{n} = \frac{z - z_0}{p}$$

称为直线的标准方程. 因已知点 $M_0(x_0, y_0, z_0)$ 和方向向量 $s = (m, n, p)$, 故也称为点向式方程. 向量 s 的坐标 $s = (m, n, p)$ 称为直线的一组方向数.

方向数 m, n, p 不全为零. 如果有某一个或某两个方向数为零时, 规定其分子也为零. 例如, $\frac{x - x_0}{0} = \frac{y - y_0}{n} = \frac{z - z_0}{0}$, 可理解为 $x - x_0 = 0, z - z_0 = 0$.

例 6　求过点 $M_0(1, 2, -1)$ 且平行于向量 $s = (2, -1, 1)$ 的直线方程.

解　由点向式方程得

$$\frac{x - 1}{2} = \frac{y - 2}{-1} = \frac{z + 1}{1}$$

空间中的直线也可以看成是两不平行的平面的交线, 而平面的方程是三元一次方程, 因而, 两个系数不成比例的三元一次方程组

$$\begin{cases} A_1 x + B_1 y + C_1 z + D_1 = 0 \\ A_2 x + B_2 y + C_2 z + D_2 = 0 \end{cases}$$

就表示一条直线, 上式称为直线的一般方程.

例 7　试由直线的点向式方程

$$\frac{x - 1}{2} = \frac{y - 1}{1} = \frac{z + 1}{3}$$

导出直线的一般式方程.

解　所给的直线方程等价于

$$\begin{cases} \dfrac{x - 1}{2} = \dfrac{y - 1}{1} \\ \dfrac{y - 1}{1} = \dfrac{z + 1}{3} \end{cases}$$

整理化简可得

$$\begin{cases} x - 2y + 1 = 0 \\ 3y - z - 4 = 0 \end{cases}$$

为所给直线的一般方程.

若将一般式方程转化为点向式方程, 在一般式方程中先求出任意一点 $M_0(x_0, y_0, z_0)$: 给定这三个坐标中的一个, 比如 x_0 , 将其代入到一般式方程中, 得到一个二元一次方程组, 该方程组的解为 y_0, z_0 . 然后求直线的方向向量 s : 设 n_1, n_2 为一般式方程中两平面的法向量, $n_1 = (A_1, B_1, C_1), n_2 = (A_2, B_2, C_2)$, 应有 $s \perp n_1, s \perp n_2$, 故 $s = n_1 \times n_2$, 由点 M_0 和方向向量 s 就可以写出点向式方程.

7.4.4　两直线的位置关系

为便于研究两直线的关系,先给出两直线的夹角的概念. 若给定两直线 l_1 和 l_2,则将这两直线的方向向量的夹角和其补角中较小的一个角,称为两直线的夹角.

设两直线的方程分别为

$$l_1 : \frac{x - x_1}{m_1} = \frac{y - y_1}{n_1} = \frac{z - z_1}{p_1}$$

$$l_2 : \frac{x - x_2}{m_2} = \frac{y - y_2}{n_2} = \frac{z - z_2}{p_2}$$

其方向向量分别为 $\boldsymbol{s}_1 = (m_1, n_1, p_1), \boldsymbol{s}_2 = (m_2, n_2, p_2)$,由两向量的夹角公式,两直线的夹角 φ 满足

$$\cos\varphi = \frac{m_1 m_2 + n_1 n_2 + p_1 p_2}{\sqrt{m_1^2 + n_1^2 + p_1^2} \sqrt{m_2^2 + n_2^2 + p_2^2}}$$

由两向量垂直和平行的充要条件可得如下定理.

定理 2　两直线垂直 $\Leftrightarrow \boldsymbol{s}_1 \perp \boldsymbol{s}_2 \Leftrightarrow m_1 m_2 + n_1 n_2 + p_1 p_2 = 0$;

两直线平行 $\Leftrightarrow \boldsymbol{s}_1 /\!/ \boldsymbol{s}_2 \Leftrightarrow \dfrac{m_1}{m_2} = \dfrac{n_1}{n_2} = \dfrac{p_1}{p_2}$.

例 8　求过点 $(1, -2, 1)$ 且与直线 $\dfrac{x - 1}{2} = \dfrac{y + 1}{3} = \dfrac{z - 1}{1}$ 平行的直线方程.

解　设过点 $(1, -2, 1)$ 的直线 l 的方程为

$$\frac{x - 1}{m} = \frac{y + 2}{n} = \frac{z - 1}{p}$$

由于所求直线与已知直线平行,因此,有

$$\frac{m}{2} = \frac{n}{3} = \frac{p}{1}$$

可以设它们的比值为 1,则 $m = 2, n = 3, p = 1$,故所求的直线方程为

$$\frac{x - 1}{2} = \frac{y + 2}{3} = \frac{z - 1}{1}$$

7.4.5　直线与平面的位置关系

给定直线 l 及平面 π 的方程分别是

$$l : \frac{x - x_0}{m} = \frac{y - y_0}{n} = \frac{z - z_0}{p}$$

$$\pi : Ax + By + Cz + D = 0$$

同立体几何类似,直线 l 与平面 π 的夹角定义为直线 l 与它在平面 π 的射影的夹角,如图 7.10 所示. 设这个角为 φ,则直线与平面的法向量之间的夹角为 $\dfrac{\pi}{2} - \varphi$ 或 $\dfrac{\pi}{2} + \varphi$. 于是

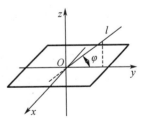

图 7.10

$$\sin\varphi = \cos\left(\frac{\pi}{2} - \varphi\right) = -\cos\left(\frac{\pi}{2} + \varphi\right)$$

$$= \frac{|Am + Bn + Cp|}{\sqrt{A^2 + B^2 + C^2} \sqrt{m^2 + n^2 + p^2}}$$

上式为直线与平面的夹角公式.

由两向量平行和垂直的充要条件可得如下定理.

定理3 直线与平面平行的充分必要条件是

$$Am + Bn + Cp = 0$$

直线与平面垂直的充分必要条件是

$$\frac{A}{m} = \frac{B}{n} = \frac{C}{p}$$

例9 判断下面各组平面与直线的关系:

(1) $l: \dfrac{x-2}{-2} = \dfrac{y+2}{-7} = \dfrac{z-3}{3}$　　　　(2) $l: \dfrac{x}{3} = \dfrac{y}{-2} = \dfrac{z}{7}$

$\pi: 4x - 2y - 2z - 3 = 0$　　　　　　　$\pi: 3x - 2y + 7z - 8 = 0$

解 (1) 由于 $s \cdot n = (-2) \times 4 + (-7) \times (-2) + 3 \times (-2) = 0$，可知 $l /\!/ \pi$. 由于点 $M_0(2, -2, 3)$ 在直线 l 上，将 M_0 代入平面的方程中，得

$$4 \times 2 - 2 \times (-2) - 2 \times 3 - 3 = 3 \neq 0$$

所以点 M_0 不在平面 π 上，知 $l /\!/ \pi$，l 不在 π 上.

(2) 因为 $s = n$ 可知 $l \perp \pi$.

例10 已知直线 $l: \dfrac{x+1}{3} = \dfrac{y-1}{2} = \dfrac{z}{-1}$，若平面 π 过点 $M(2, 1, -5)$ 且与 l 垂直，求平面 π 的方程.

解 由题意知，直线 l 的方向向量平行于平面 π 的法向量. 于是，可以取 $s = n = (3, 2, -1)$，由点法式得

$$3(x - 2) + 2(y - 1) - (z + 5) = 0$$

即

$$3x + 2y - z - 13 = 0$$

为所求直线方程.

习题 7.4

1. 填空题.

(1) 写出下列平面方程: ① xOy 平面 ＿＿＿＿. ② zOx 平面 ＿＿＿＿. ③ yOz 平面 ＿＿＿＿.

(2) 平面 $5x + y - 3z - 15 = 0$ 在坐标轴上的截距分别为 ＿＿＿＿.

(3) 过点 $(3, 0, -5)$ 且以 $n = (2, -8, 1)$ 为法向量的平面方程为 ＿＿＿＿.

(4) 平面 $2x - 3y + z - 2 = 0$ 的法向量为 ＿＿＿＿.

(5) 过点 $(-2, 7, 3)$，且平行于平面 $x - 4y + 5z - 1 = 0$ 的平面方程为 ＿＿＿＿.

(6) 过三点 $A(0, 4, -5)$，$B(-1, -2, 2)$ 和 $C(4, 2, 1)$ 的平面方程为 ＿＿＿＿.

(7) 一平面垂直平分两点 $A(1, 2, 3)$，$B(2, -1, 4)$ 间的线段，则该平面方程为 ＿＿＿＿.

(8) 过点 $(1, -2, 3)$ 且以向量 $a = (1, -2, 3)$ 为方向向量的直线方程为 ＿＿＿＿.

(9) 过点 $(4, -1, 3)$ 且平行于直线 $\dfrac{x-3}{2} = \dfrac{y}{1} = \dfrac{z-1}{5}$ 的直线方程为 ＿＿＿＿.

(10)直线 $l_1: \dfrac{x-1}{1} = \dfrac{y}{-4} = \dfrac{z+3}{1}$ 与 $l_2: \dfrac{x}{2} = \dfrac{y+2}{-2} = \dfrac{z}{-1}$ 的夹角 $\varphi = $ _____.

2. 单项选择题.

(1)若平面 $ax + by + cz + d = 0$ 平行于 z 轴,则有(　　).

A. $a = 0$ 　　　　　　　　　　　　B. $b = 0$

C. $c = 0$ 　　　　　　　　　　　　D. $d = 0$

(2)平面 $8y - 5z = 0$ 的位置的特殊性是(　　).

A. 过原点 　　　　　　　　　　　　B. 过 x 轴

C. 过 y 轴 　　　　　　　　　　　D. 过 z 轴

(3)两平面 $2x + 3y + 4z + 4 = 0$ 与 $2x - 3y + 4z - 4 = 0$(　　).

A. 相交且垂直 　　　　　　　　　　B. 相交但不重合,也不垂直

C. 平行 　　　　　　　　　　　　　D. 重合

(4)设直线 $\dfrac{x}{0} = \dfrac{y}{4} = \dfrac{z}{-3}$,则该直线必定(　　).

A. 过原点且垂直于 x 轴 　　　　　B. 过原点且平行于 x 轴

C. 不过原点,但垂直于 x 轴 　　　D. 不过原点,但平行于 x 轴

(5)平面 $\pi: 4x - 2z = 5$ 与直线 $l: 2x = 5y = z - 1$ 的位置关系为(　　).

A. l 在平面 π 上 　　　　　　　B. l 与 π 只有一个交点但不垂直

C. $l // \pi$ 　　　　　　　　　　　D. $l \perp \pi$

(6)平面 $x + 2y - z + 3 = 0$ 与直线 $\dfrac{x-1}{3} = \dfrac{y+1}{-1} = \dfrac{z-2}{1}$ 的位置关系是(　　).

A. 互相垂直 　　　　　　　　　　　B. 平行但直线不在平面上

C. 既不平行也不垂直 　　　　　　　D. 直线在平面上

(7)直线 $l: \dfrac{x+3}{-2} = \dfrac{y+4}{-7} = \dfrac{z}{3}$ 与平面 $\pi: 4x - 2y - 2z = 3$ 的位置关系是(　　).

A. l 在平面 π 上 　　　　　　　B. l 与 π 相交但不垂直

C. $l // \pi$ 　　　　　　　　　　　D. $l \perp \pi$

(8)直线 $\begin{cases} x + y + 3z = 0 \\ x - y - z = 0 \end{cases}$ 与平面 $x - y - z + 1 = 0$ 的夹角为(　　).

A. $0°$ 　　　　　　　　　　　　　B. $0°$

C. $60°$ 　　　　　　　　　　　　D. $90°$

3. 按下列条件求平面方程.

(1)过三点 $A(2, -1, 4), B(-1, 3, -2)$ 和 $C(0, 2, 3)$.

(2)通过 x 轴和点 $(4, -3, -1)$.

(3)过点 $(3, 0, -1)$,且平行于平面 $3x - 7y + 5z - 12 = 0$.

(4)求经过原点且垂直于两平面 $2x - y + 5z + 3 = 0$ 及 $x + 3y - z - 7 = 0$ 的平面方程.

(5)通过两点 $P_1(8, -3, 1), P_2(4, 7, 2)$,且垂直于平面 $3x + 5y - 7z + 21 = 0$.

4. 求两平面 $x - y + 2z - 6 = 0$ 和 $2x + y + z - 5 = 0$ 的夹角.

5. 按下列条件求直线方程.

(1)经过点 $(2, 3, -8)$ 且平行于直线 $\dfrac{x-2}{3} = \dfrac{y}{-2} = \dfrac{z+8}{5}$.

（2）经过两点$(1,2,1)$和$(-3,2,4)$.

（3）经过点$(2,-3,4)$且与平面$3x-y+2z=4$垂直.

（4）经过点$(2,-3,4)$且和z轴垂直相交.

（5）经过点$(-1,2,1)$且平行于直线$\begin{cases} x+y-2z-1=0 \\ x+2y-z+1=0 \end{cases}$的直线的方程.

6. 求经过点$(2,1,1)$且与直线$\begin{cases} x+2y-z+1=0 \\ 2x+y-z=0 \end{cases}$垂直的平面方程.

第8章 级 数

无穷级数是高等数学的重要组成部分. 它是表示函数、研究函数的性质以及进行数值计算的一种工具. 本章首先介绍无穷级数的概念及其基本性质,然后重点讨论常数项级数的收敛、发散判别法. 在此基础上,介绍函数项级数的有关内容,并由此得出幂级数的一些最基本的结论和初等函数的幂级数展开式;以及傅里叶级数的一些最基本的结论和在任意区间上将周期为 $2l$ 的函数展开为傅里叶级数.

8.1 数 项 级 数

8.1.1 级数的概念

人们认识事物在数量方面的特性,往往有一个由近似到精确的过程. 在这种认识过程中,会遇到由有限个数量相加到无穷多个数量相加的问题.

例如计算半径为 R 的圆面积 A,具体做法如下. 作圆的内接正六边形,算出这六边形的面积 a_1,它是圆面积 A 的一个粗糙的近似值. 为了比较准确地计算出 A 的值,以这个正六边形的每一边为底分别作一个顶点在圆周上的等腰三角形(图 8.1),算出这六个等腰三角形的面积之和 a_2. 那么 $a_1 + a_2$(即内接正十二边形的面积)就是 A 的一个较好的近似值. 同样地,在这正十二边形的每一边上分别作一个顶点在圆周上的等腰三角形,算出这十二个等腰三角形的面积之和 a_3. 那么 $a_1 + a_2 + a_3$(即内接正二十四边形的面积)是 A 的一个更好的近似值. 如此继续下去,内接正 3×2^n 边形的面积就逐步逼近圆面积:

图 8.1

$$A \approx a_1, A \approx a_1 + a_2, A \approx a_1 + a_2 + a_3, \cdots, A \approx a_1 + a_2 + \cdots + a_n$$

如果内接正多边形的边数无限增多,即 n 无限增大,则 $a_1 + a_2 + \cdots + a_n$ 的极限就是所要求的圆面积 A. 这时和式中的项数无限增多,于是出现了无穷多个数量依次相加的数学式. 把这种思想归纳出来便得出:

定义 1 设有数列

$$u_1, u_2, \cdots, u_n, \cdots$$

则形如

$$u_1 + u_2 + \cdots + u_n + \cdots \tag{8.1}$$

的式子称为无穷级数(简称级数),通常记为 $\sum_{n=1}^{\infty} u_n$,其中 u_1 称为级数的首项,u_n 称为级数的通项或一般项. 如果 $u_n(n = 1, 2, \cdots)$ 均为常数,则称该级数为常数项级数,而当 u_n 为函数时,就称该级数为函数项级数. 本节主要讨论常数项级数.

级数(8.1)的前 n 项的和

$$S_n = u_1 + u_2 + \cdots + u_n$$

称为该级数的部分和. 于是,我们得到另一个数列

$$S_1, S_2, \cdots, S_n, \cdots$$

级数(8.1)的"和"的问题与数列 $\{S_n\}$ 的极限是否有密切关系.

定义 2 若级数的部分和数列 $\{S_n\}$ 的极限为 S,即

$$\lim_{n \to \infty} S_n = S$$

则称级数 $\sum_{n=1}^{\infty} u_n$ 收敛,S 称为它的和,记作

$$S = \sum_{n=1}^{\infty} u_n = u_1 + u_2 + \cdots + u_n + \cdots \tag{8.2}$$

如果 $\{S_n\}$ 的极限不存在,则称级数(8.1)发散. 发散的级数没有和. 当级数收敛时,其和与部分和的差

$$r_n = S - S_n = u_{n+1} + u_{n+2} + \cdots$$

称为级数的余项. 此时用近似值 S_n 代替和值 S 所产生的误差就是余项的绝对值 $|r_n|$.

例 1 证明几何级数(等比级数)

$$\sum_{n=1}^{\infty} aq^{n-1} = a + aq + aq^2 + \cdots + aq^{n-1} + \cdots \quad (a \neq 0)$$

当 $|q| < 1$ 时收敛,当 $|q| \geq 1$ 时发散.

证明 (1)设 $|q| \neq 1$,则

$$S_n = a + aq + aq^2 + \cdots + aq^{n-1} = \frac{a - aq^n}{1 - q} = \frac{a}{1-q} - \frac{aq^n}{1-q}$$

如果 $|q| < 1$,则

$$\lim_{n \to \infty} S_n = \frac{a}{1-q}$$

这时几何级数收敛,其和为 $\frac{a}{1-q}$.

如果 $|q| > 1$,则

$$\lim_{n \to \infty} S_n = \infty$$

这时几何级数发散.

(2)如果 $q = 1$,则 $S_n = na$,从而 $\lim_{n \to \infty} S_n = \infty$,级数发散.

(3)如果 $q = -1$,则级数成为

$$a - a + a - a + \cdots + a - a + \cdots$$

这时部分和数列 $\{S_n\}$ 的各项在 0 和 a 这两个数值上跳来跳去,从而 $\lim_{n \to \infty} S_n$ 不存在,所以级数发散.

综上所述,几何级数 $\sum_{n=1}^{\infty} aq^{n-1}$,当 $|q| < 1$ 时收敛,且其和为 $\frac{a}{1-q}$;当 $|q| \geq 1$ 时,级数发散.

例 2 判别级数 $\sum_{n=1}^{\infty} \frac{1}{n(n+1)} = \frac{1}{1 \cdot 2} + \frac{1}{2 \cdot 3} + \frac{1}{3 \cdot 4} + \cdots \frac{1}{n(n+1)} + \cdots$ 的敛散性.

解 由于 $\frac{1}{n(n+1)} = \frac{1}{n} - \frac{1}{n+1}$,所以级数部分和

$$S_n = \frac{1}{1 \cdot 2} + \frac{1}{2 \cdot 3} + \cdots + \frac{1}{n(n+1)} = \left(1 - \frac{1}{2}\right) + \left(\frac{1}{2} - \frac{1}{3}\right) + \cdots + \left(\frac{1}{n} - \frac{1}{n+1}\right) = 1 - \frac{1}{n+1}$$

因为 $\lim\limits_{n \to \infty} S_n = 1$，所以级数收敛，且和为 1.

8.1.2 级数的基本性质

由上述关于常数项级数敛散性定义可知，级数的收敛问题，实际上就是其部分和数列的极限问题，因此我们能应用数列极限的有关性质来推得级数的一系列重要性质.

性质 1 若级数 $\sum\limits_{n=1}^{\infty} u_n$ 收敛于 S，k 是常数，则级数 $\sum\limits_{n=1}^{\infty} ku_n$ 收敛于 kS.

性质 2 若两个级数 $\sum\limits_{n=1}^{\infty} u_n$ 与 $\sum\limits_{n=1}^{\infty} v_n$ 都收敛，则级数 $\sum\limits_{n=1}^{\infty} (u_n \pm v_n)$ 也收敛，且

$$\sum_{n=1}^{\infty} (u_n \pm v_n) = \sum_{n=1}^{\infty} u_n \pm \sum_{n=1}^{\infty} v_n$$

性质 3 在级数的前面加上(或去掉)有限项，级数的敛散性不变(在收敛的情况下，级数的和一般要改变).

性质 4 若级数 $\sum\limits_{n=1}^{\infty} u_n$ 收敛于 S，则对其各项间任意加括号后所得的级数仍收敛，且其和不变.

注意 当原级数为收敛时，任意加括号后所得新级数亦收敛. 但反之不然，也就是说，如果加括号后级数收敛，则原级数未必收敛. 例如：级数

$$(1 - 1) + (1 - 1) + \cdots + (1 - 1) + \cdots$$

是收敛于零的，但去掉括号后，所得级数

$$1 - 1 + 1 - 1 + \cdots + (-1)^{n-1} \cdots$$

却是发散的.

8.1.3 级数收敛的必要条件

下面讨论级数的敛散性与其通项之间的关系.

设级数 $\sum\limits_{n=1}^{\infty} u_n$ 收敛，和为 S. 由于

$$u_n = S_n - S_{n-1} \text{ 且} \lim_{n \to \infty} S_n = \lim_{n \to \infty} S_{n-1} = S$$

所以

$$\lim_{n \to \infty} u_n = \lim_{n \to \infty} S_n - \lim_{n \to \infty} S_{n-1} = S - S = 0$$

于是有如下结论.

定理 1(级数收敛的必要条件) 若级数 $\sum\limits_{n=1}^{\infty} u_n$ 收敛，则其通项 u_n 的极限为零，即

$$\lim_{n \to \infty} u_n = 0$$

证明 因为 $S_n = \sum\limits_{k=1}^{n} u_k$，则 $u_n = S_n - S_{n-1}$. 又由于级数 $\sum\limits_{n=1}^{\infty} u_n$ 收敛，所以

$$\lim_{n \to \infty} S_n = \lim_{n \to \infty} S_{n-1} = S(\text{有限值})$$

于是 $\lim\limits_{n \to \infty} u_n = \lim\limits_{n \to \infty} (S_n - S_{n-1}) = S - S = 0$.

由定理可知，收敛级数通项 u_n 必以零为极限. 所以当 $\lim\limits_{n \to \infty} u_n \neq 0$ 时，级数一定发散. 因此

在讨论级数敛散性时,我们首先计算极限 $\lim\limits_{n \to \infty} u_n$,当它不存在或极限不等于零时,级数必发散.

例如,我们来讨论级数 $\sum\limits_{n=1}^{\infty} \dfrac{n}{2n+1}$ 的敛散性,显然

$$\lim_{n \to \infty} u_n = \lim_{n \to \infty} \frac{n}{2n+1} = \frac{1}{2} \neq 0$$

所以级数发散.

又如几何级数 $\sum\limits_{n=1}^{\infty} aq^{n-1}$,当 $|q| \geq 1$ 时,$\lim\limits_{n \to \infty} u_n = \lim\limits_{n \to \infty} aq^{n-1}$ 显然不趋于零,所以级数 $\sum\limits_{n=1}^{\infty} aq^{n-1}$ 发散.

注意　通项趋于零并非级数收敛的充分条件,即通项趋于零的级数也可能发散.
下面给出通项趋于零的发散级数的例子.

例3　证明调和级数 $\sum\limits_{n=1}^{\infty} \dfrac{1}{n} = 1 + \dfrac{1}{2} + \dfrac{1}{3} + \cdots + \dfrac{1}{n} + \cdots$ 是发散的.

证　如图 8.2 所示,显然台阶形面积比同底的曲边梯形面积大.

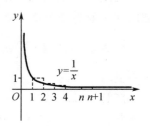

图 8.2

因为台阶形面积 $S_n = 1 + \dfrac{1}{2} + \cdots + \dfrac{1}{n}$,曲边梯形面积 $= \int_1^{n+1} \dfrac{1}{x} dx = \ln(n+1)$,所以 $S_n > \ln(n+1)$. 考察调和级数的部分和数列 $\{S_n\}$.

因为 $\lim\limits_{n \to \infty} \ln(n+1) = +\infty$,所以 $\lim\limits_{n \to \infty} S_n = +\infty$,即调和级数 $\sum\limits_{n=1}^{\infty} \dfrac{1}{n}$ 发散.

习题 8.1

1. 填空题.

(1)级数 $1 + \dfrac{1}{2} + \dfrac{1}{4} + \dfrac{1}{8} + \cdots$ 的一般项为_____.

(2)当 q 满足条件_____时,级数 $\sum\limits_{n=1}^{\infty} 2 \cdot \left(\dfrac{1}{5} q\right)^n$ 收敛.

(3)级数 $\sum\limits_{n=1}^{\infty} \left(\dfrac{2}{3}\right)^n$ 的和 $S =$ _____.

(4)若级数 $\sum\limits_{n=1}^{\infty} u_n$ 收敛,且 $u_n \neq 0 (n=1,2,\cdots)$,则级数 $\sum\limits_{n=1}^{\infty} \dfrac{1}{u_n}$ 的敛散性_____.

(5)级数 $\sum\limits_{n=1}^{\infty} u_n$ 收敛的必要条件为_____.

2. 单项选择题.

(1)下列(　　)条件成立时,级数 $\sum\limits_{n=1}^{\infty} u_n$ 收敛.

A. $\lim\limits_{n \to \infty} \dfrac{u_{n+1}}{u_n} < 1$ B. 部分和数列 $\{S_n\}$ 有界

C. $\lim\limits_{n \to \infty} u_n = 0$ D. $\lim\limits_{n \to \infty}(u_1 + u_2 + \cdots + u_n)$ 存在

(2) $\lim\limits_{n \to \infty} u_n = 0$ 是级数 $\sum\limits_{n=0}^{\infty}$ 收敛的(　　　).

A. 必要条件   B. 充分条件   C. 充要条件   D. 无关条件

(3) 若级数 $\sum\limits_{n=1}^{\infty} u_n$ 发散,则 $\sum\limits_{n=1}^{\infty} a u_n (a \neq 0)$ (　　　).

A. 一定发散   B. 可能收敛,也可能发散

C. $a > 0$ 时收敛,$a < 0$ 时发散   D. $|a| < 1$ 时收敛,$|a| > 1$ 时发散

(4) 若级数 $\sum\limits_{n=1}^{\infty} \dfrac{1}{q^n}$ 收敛,则(　　　).

A. $q < 1$ B. $|q| < 1$ C. $q > 1$ D. $|q| < 1$

(5) 若级数 $\sum\limits_{n=1}^{\infty} \dfrac{1}{n^{p+1}}$ 发散,则(　　　).

A. $p \leqslant 0$ B. $p > 0$ C. $p \leqslant 0$ D. $p < 1$

3. 判别下列级数的敛散性.

(1) $\sum\limits_{n=1}^{\infty}\left(\dfrac{100}{2^n} + \dfrac{1}{n(n+1)}\right)$ (2) $\sum\limits_{n=1}^{\infty}\left(\dfrac{n}{n+1}\right)^n$

4. 证明级数 $\sum\limits_{n=1}^{\infty} \ln\left(1 + \dfrac{1}{n}\right)$ 是发散的.

8.2　数项级数的审敛方法

8.2.1　正项级数的审敛法

前面一节介绍了任意项级数(级数的各项 u_n 可以为正数也可以为负数)的基本性质以及收敛的必要条件. 本节将讨论正项级数(一般项 $u_n \geqslant 0$). 这是一类十分重要的级数,以后将会知道任意项级数敛散性问题有许多可以用正项级数敛散性来讨论.

定义 1　若级数 $\sum\limits_{n=1}^{\infty} u_n$ 满足 $u_n \geqslant 0 (n = 1, 2, \cdots)$,则称为正项级数.

记 $S = \sum\limits_{k=1}^{n} u_k$,则 S_n 是单调增加数列. 因此,如果数列 S_n 有界,根据单调有界数列必有极限的准则,便可得级数 $\sum\limits_{n=1}^{\infty} u_n$ 收敛. 因此有下面的定理.

定理 1　正项级数收敛的充要条件是:它的部分和数列 S_n 有界.

定理 2(比较判别法)　设 $\sum\limits_{n=1}^{\infty} u_n = u_1 + u_2 + \cdots + u_n + \cdots$ (8.3)

$$\sum\limits_{n=1}^{\infty} v_n = v_1 + v_2 + \cdots + v_n + \cdots \tag{8.4}$$

是两个正项级数.

（1）若 $u_n \leqslant v_n (n=1,2,\cdots)$，且级数（8.4）收敛，则级数（8.3）也收敛；

（2）若 $u_n \geqslant v_n (n=1,2,\cdots)$，且级数（8.4）发散，则级数（8.3）也发散.

例1 判定 p 级数 $1+\dfrac{1}{2^p}+\dfrac{1}{3^p}+\cdots+\dfrac{1}{n^p}+\cdots$ 的敛散性.

解 当 $p \leqslant 1$ 时，因为 $\dfrac{1}{n^p} \geqslant \dfrac{1}{n}(n=1,2,\cdots)$，而 $\displaystyle\sum_{n=1}^{\infty}\dfrac{1}{n}$ 发散，所以级数 $\displaystyle\sum_{n=1}^{\infty}\dfrac{1}{n^p}$ 发散.

当 $p>1$ 时，从图 8.3 看出，台阶形的面积比同底的曲边梯形的面积小，所以有

$$S_n = 1+\frac{1}{2^p}+\frac{1}{3^p}+\cdots+\frac{1}{n^p} < 1+\int_1^n \frac{\mathrm{d}x}{x^p} < 1+\int_1^{+\infty}\frac{\mathrm{d}x}{x^p} = 1+\frac{1}{p-1}$$

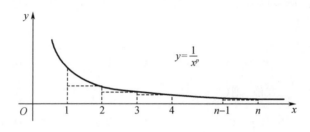

图 8.3

因此，S_n 有界，由定理 1 知级数收敛. 归纳起来得 p 级数 $\displaystyle\sum_{n=1}^{\infty}\dfrac{1}{n^p}$，当 $p>1$ 时收敛，当 $p \leqslant 1$ 时发散.

p 级数的结论还可以用来判定其他级数的敛散性.

例2 判定级数 $\displaystyle\sum_{n=1}^{\infty}\dfrac{1}{n(n+1)}$ 的敛散性.

解 由于 $\dfrac{1}{n(n+1)} < \dfrac{1}{n^2}$，而 $\displaystyle\sum_{n=1}^{\infty}\dfrac{1}{n^2}$ 收敛，根据比较判别法 $\displaystyle\sum_{n=1}^{\infty}\dfrac{1}{n(n+1)}$ 也收敛.

定理 2 中的 v_n 经常取作 $\dfrac{1}{n^p}$ 与 aq^n. 在实用上比较方便的另一判别法是比值判别法. 现叙述如下.

定理3（达朗贝尔比值判别法） 设正项级数 $\displaystyle\sum_{n=1}^{\infty}u_n$，若 $\displaystyle\lim_{n\to\infty}\dfrac{u_{n+1}}{u_n}=\rho$，则当 $\rho<1$ 时，$\displaystyle\sum_{n=1}^{\infty}u_n$ 收敛，当 $\rho>1$（或 $\rho=\infty$）时，$\displaystyle\sum_{n=1}^{\infty}u_n$ 发散.

例3 判定级数 $\displaystyle\sum_{n=1}^{\infty}\dfrac{n}{3^n}$ 的敛散性.

解 由于

$$\lim_{n\to\infty}\frac{u_{n+1}}{u_n} = \lim_{n\to\infty}\frac{n+1}{3^{n+1}}\cdot\frac{3^n}{n} = \frac{1}{3} < 1$$

故由定理 3 知，级数 $\displaystyle\sum_{n=1}^{\infty}\dfrac{n}{3^n}$ 收敛.

例4 判定级数 $\displaystyle\sum_{n=1}^{\infty}\dfrac{n^n}{n!}$ 的敛散性.

解 由于

$$\lim_{n\to\infty}\frac{u_{n+1}}{u_n}=\lim_{n\to\infty}\frac{(n+1)^{n+1}}{(n+1)!}\cdot\frac{n!}{n^n}=\lim_{n\to\infty}\frac{(n+1)^n}{n^n}=\lim_{n\to\infty}\left(1+\frac{1}{n}\right)^n=e>1$$

由比值判别法知该级数发散.

对 p 级数 $\sum_{n=1}^{\infty}\frac{1}{n^p}$，用比值判别法,有

$$\rho=\lim_{n\to\infty}\frac{u_{n+1}}{u_n}=\lim_{n\to\infty}\frac{n^p}{(n+1)^p}=\lim_{n\to\infty}\left(\frac{n}{n+1}\right)^p=1$$

即不论 p 为何值, ρ 始终为 1. 但我们从上面已知,当 $p>1$ 时,级数是收敛的,当 $p\leq1$ 时级数发散. 这说明 $\rho=1$ 时不能判定级数的敛散性,而必须用其他方法来讨论.

例5 判定级数 $\sum_{n=1}^{\infty}\frac{x^n}{n}(x>0)$ 的敛散性.

解 $\lim_{n\to\infty}\frac{u_{n+1}}{u_n}=\lim_{n\to\infty}\frac{x^{n+1}}{n+1}\cdot\frac{n}{x^n}=\lim_{n\to\infty}\frac{n}{n+1}\cdot x=x$

所以级数当 $0<x<1$ 时收敛,当 $x\geq1$ 时发散($x=1$ 时级数成为调和级数).

8.2.2 交错级数审敛法

定义2 设 $u_n>0(n=1,2,\cdots)$，形如

$$u_1-u_2+u_3-u_4+\cdots$$

的级数称为交错级数.

定理4(莱布尼茨定理) 如果交错级数 $\sum_{n=1}^{\infty}(-1)^{n-1}u_n$ 满足条件

(1) $u_n\geq u_{n+1}(n=1,2,\cdots)$;

(2) $\lim_{n\to\infty}u_n=0.$

则交错级数 $\sum_{n=1}^{\infty}(-1)^{n-1}u_n$ 收敛,且其和 $S\leq u_1$,其余项 r_n 的绝对值 $|r_n|\leq u_{n+1}$.

例6 判别交错级数

$$1-\frac{1}{2}+\frac{1}{3}-\frac{1}{4}+\cdots+(-1)^{n-1}\frac{1}{n}+\cdots$$

的敛散性.

解 这个交错级数满足定理4的两个条件:

(1) $u_n=\frac{1}{n}>\frac{1}{n+1}=u_{n+1}$;

(2) $\lim_{n\to\infty}u_n=\lim_{n\to\infty}\frac{1}{n}=0.$

所以此级数收敛.

8.2.3 绝对收敛与条件收敛

级数 $\sum_{n=1}^{\infty}u_n$,其中 $u_n(n=1,2,\cdots)$ 为任意实数,这样的级数称为任意项级数. 某些任意项级数的敛散性可转化为正项级数来研究. 为此,先考察由各项绝对值所构成的级数

$$\sum_{n=1}^{\infty} |u_n| = |u_1| + |u_2| + \cdots + |u_n| + \cdots$$

定理 5 如果级数 $\sum_{n=1}^{\infty} |u_n|$ 收敛,则级数 $\sum_{n=1}^{\infty} u_n$ 也收敛.

定义 3 若级数 $\sum_{n=1}^{\infty} |u_n|$ 收敛,则称级数 $\sum_{n=1}^{\infty} u_n$ 绝对收敛.

例 7 判定级数 $\sum_{n=1}^{\infty} \dfrac{\cos x}{n^2}$ 的敛散性.

解 由于 $\left| \dfrac{\cos x}{n^2} \right| \leqslant \dfrac{1}{n^2}$,而 $\sum_{n=1}^{\infty} \dfrac{1}{n^2}$ 收敛,根据正项级数的比较判别法,级数 $\sum_{n=1}^{\infty} \left| \dfrac{\cos x}{n^2} \right|$ 收敛.因此级数 $\sum_{n=1}^{\infty} \dfrac{\cos x}{n^2}$ 绝对收敛.由定理 5 知级数 $\sum_{n=1}^{\infty} \dfrac{\cos x}{n^2}$ 收敛.

定义 4 如果级数 $\sum_{n=1}^{\infty} u_n$ 收敛,而 $\sum_{n=1}^{\infty} |u_n|$ 发散,则称级数 $\sum_{n=1}^{\infty} u_n$ 条件收敛.

例 8 证明级数 $\sum_{n=1}^{\infty} (-1)^{n-1} \dfrac{1}{n}$ 条件收敛.

解 由例 6 知级数 $\sum_{n=1}^{\infty} (-1)^{n-1} \dfrac{1}{n}$ 收敛,而级数 $\sum_{n=1}^{\infty} \left| (-1)^{n-1} \dfrac{1}{n} \right|$ 发散,所以级数 $\sum_{n=1}^{\infty} (-1)^{n-1} \dfrac{1}{n}$ 条件收敛.

定理 6 如果对于任意项级数 $\sum_{n=1}^{\infty} u_n$,有

$$\lim_{n \to \infty} \left| \frac{u_{n+1}}{u_n} \right| = l$$

则当 $l < 1$ 时级数绝对收敛,$l > 1$ 时级数发散,$l = 1$ 时不能用此法判断级数收敛与发散.

例 9 判定级数 $\sum_{n=1}^{\infty} \dfrac{x^n}{n}$ 的敛散性.

解 $\lim_{n \to \infty} \left| \dfrac{u_{n+1}}{u_n} \right| = \lim_{n \to \infty} \dfrac{|x|^{n+1}}{n+1} \cdot \dfrac{n}{|x|^n} = |x|$

所以,当 $|x| < 1$ 时,级数绝对收敛;当 $|x| > 1$ 时,级数发散;当 $x = 1$ 时,级数为调和级数,故发散;当 $x = -1$ 时,级数为 $\sum_{n=1}^{\infty} (-1)^n \dfrac{1}{n}$,故其为条件收敛(见例 8).

习题 8.2

1. 填空题.

(1)当 p _____ 时,级数 $\sum_{n=1}^{\infty} \dfrac{1}{n^3 p}$ 收敛.

(2)当 a _____ 时,级数 $\sum_{n=1}^{\infty} \dfrac{n+1}{a^n}$ 收敛 $(a > 0)$.

(3)当 k _____ 时,级数 $\sum_{n=1}^{\infty} \dfrac{1}{\sqrt[k]{n}}$ 发散.

(4) 交错级数 $\sum\limits_{n=1}^{\infty}(-1)^{n}u_{n}$ 满足条件_____时收敛.

(5) 级数 $\sum\limits_{n=1}^{\infty}\dfrac{\sin na}{n^{2}}$ 的敛散性_____.

2. 单项选择题.

(1) 下列级数中收敛的是(　　).

A. $\sum\limits_{n=1}^{\infty}\dfrac{1}{\sqrt{2n+1}}$　　B. $\sum\limits_{n=1}^{\infty}\dfrac{n}{3n+1}$　　C. $\sum\limits_{n=1}^{\infty}\dfrac{100}{q^{n}}(|q|<1)$　　D. $\sum\limits_{n=1}^{\infty}\dfrac{2^{n-1}}{3^{n}}$

(2) 设有正项级数 $\sum\limits_{n=1}^{\infty}u_{n}$,若 $\lim\limits_{n\to\infty}\dfrac{u_{n+1}}{u_{n}}=l$,则(　　).

A. $l\le 1$ 时 $\sum\limits_{n=1}^{\infty}u_{n}$ 收敛　　　　　　B. $l>1$ 时 $\sum\limits_{n=1}^{\infty}u_{n}$ 发散

C. $l<1$ 时 $\sum\limits_{n=1}^{\infty}u_{n}$ 发散　　　　　　D. $l\ge 1$ 时 $\sum\limits_{n=1}^{\infty}u_{n}$ 发散

(3) 下列正项级数发散的是(　　).

A. $\sum\limits_{n=1}^{\infty}\dfrac{n+1}{3^{n}}$　　B. $\sum\limits_{n=1}^{\infty}\dfrac{3^{n}n!}{n^{n}}$　　C. $\sum\limits_{n=1}^{\infty}\dfrac{1}{n!}$　　D. $\sum\limits_{n=1}^{\infty}\dfrac{\sin^{2}\dfrac{n\pi}{2}}{2^{n}}$

(4) 设正项级数 $\sum\limits_{n=1}^{\infty}u_{n}$ 收敛,则下面级数中,一定收敛的是(　　).

A. $\sum\limits_{n=1}^{\infty}(u_{n}+a)(0\le a<1)$　　　　B. $\sum\limits_{n=1}^{\infty}\sqrt{u_{n}}$

C. $\sum\limits_{n=1}^{\infty}\dfrac{1}{u_{n}}$　　　　　　　　D. $\sum\limits_{n=1}^{\infty}(-1)^{n}u_{n}$

(5) 下列级数中条件收敛的是(　　).

A. $\sum\limits_{n=1}^{\infty}\dfrac{(-1)^{n-1}}{\sqrt{n}}$　　　　　　B. $\sum\limits_{n=1}^{\infty}(-1)^{n-1}\left(\dfrac{2}{3}\right)^{n}$

C. $\sum\limits_{n=1}^{\infty}\dfrac{(-1)^{n-1}n}{\sqrt{2^{n}+1}}$　　　　　D. $\sum\limits_{n=1}^{\infty}\dfrac{(-1)^{n-1}}{\sqrt{2n^{3}+4}}$

3. 判定级数 $\sum\limits_{n=1}^{\infty}\dfrac{1+n^{2}}{1+n^{3}}$ 的敛散性.

4. 判定级数 $\sum\limits_{n=1}^{\infty}\dfrac{5^{n}\cdot n!}{n^{n}}$ 的敛散性.

5. 判定交错级数 $1-\dfrac{1}{\sqrt{2}}+\dfrac{1}{\sqrt{3}}-\dfrac{1}{\sqrt{4}}+\cdots$ 的敛散性. 若收敛,指出是条件收敛还是绝对收敛.

6. 判定交错级数 $\sum\limits_{n=1}^{\infty}(-1)^{n+1}\ln\dfrac{n^{2}+1}{n^{2}}$ 的敛散性. 若收敛,指出是条件收敛还是绝对收敛.

8.3　幂　级　数

8.3.1　幂级数的概念

定义 1　形如

$$a_0 + a_1 x + a_2 x^2 + \cdots + a_n x^n + \cdots \tag{8.5}$$

的级数,称为 x 的幂级数. 其中 $a_0, a_1, a_2, \cdots, a_n, \cdots$ 均是常数,称为幂级数的系数. 例如

$$1 + x + x^2 + \cdots + x^n + \cdots$$

$$1 + x + \frac{1}{2!} x^2 + \cdots + \frac{1}{n!} x^n + \cdots$$

都是幂级数.

幂级数的一般形式是

$$a_0 + a_1 (x - x_0) + a_2 (x - x_0)^2 + \cdots + a_n (x - x_0)^n + \cdots \tag{8.6}$$

称为 $x - x_0$ 的幂级数. 只要作代换 $X = x - x_0$,则级数(8.6)就化为(8.5)的形式. 所以,我们着重讨论(8.5)型的幂级数.

当 $x = x_0$ 时,幂级数(8.5)成为常数项级数

$$a_0 + a_1 x_0 + a_2 x_0^2 + \cdots + a_n x_0^n + \cdots \tag{8.7}$$

如果级数(8.7)收敛,则称是幂级数(8.5)的收敛点;如果级数(8.7)发散,那么称是幂级数(8.5)的发散点. 幂级数(8.5)的所有收敛点的全体称为幂级数(8.5)的收敛域.

对应于幂级数(8.5)的收敛域内任一数 x,幂级数(8.5)成为一个收敛的常数项级数,因而有确定的和 S. 因此在收敛域上,幂级数的和是 x 的函数 $S(x)$. 称 $S(x)$ 为幂级数(8.5)的和函数,且写成

$$S(x) = \sum_{n=0}^{\infty} a_n x^n = a_0 + a_1 x + a_2 x^2 + \cdots + a_n x^n + \cdots$$

下面考察幂级数

$$1 + x + x^2 + \cdots + x^n + \cdots$$

的敛散性. 由 8.1 节中例 1 知道,当 $|x| < 1$ 时,此级数收敛于 $\frac{1}{1-x}$;当 $|x| \geqslant 1$ 时,此级数发散. 因此,此幂级数的收敛域是开区间 $(-1,1)$,发散域是 $(-\infty, -1]$ 及 $[1, +\infty)$. 如果 x 在区间 $(-1,1)$ 内取值,则

$$\frac{1}{1-x} = 1 + x + x^2 + \cdots + x^n + \cdots$$

应用 8.2 节中定理 3,取 $u_n = a_n x^n$,可以得到下面的定理.

定理 1　设 $\lim\limits_{n \to \infty} \left| \dfrac{a_{n+1}}{a_n} \right| = \rho$,那么

(1)若 $\rho \neq 0$,则当 $|x| < \dfrac{1}{\rho} = R$ 时,级数(8.5)绝对收敛,当 $|x| > \dfrac{1}{\rho} = R$ 时,则级数(8.5)发散;

(2)若 $\rho = 0$,则级数(8.5)对任何 x 都收敛;

(3)若 $\rho = +\infty$,则级数(8.5)除 $x = 0$ 外都发散.

从上面可知,幂级数(8.5)的收敛区间是一个以原点为中心的区间$(-R,R)$,其中$R=\dfrac{1}{\rho}$称为幂级数的收敛半径,区间端点$x=\pm R$处幂级数的敛散性须专门讨论. 因此,幂级数的收敛域可能是$(-R,R)$,$[-R,R)$,$(-R,R]$或$[-R,R]$.

例 1　求幂级数$\displaystyle\sum_{n=1}^{\infty}(-1)^{n-1}\dfrac{x^n}{n}$的收敛域.

解　$\rho=\lim\limits_{n\to\infty}\left|\dfrac{a_{n+1}}{a_n}\right|=\lim\limits_{n\to\infty}\dfrac{n}{n+1}=1$

所以收敛半径$R=\dfrac{1}{\rho}=1$. 当$x=1$时,级数$\displaystyle\sum_{n=1}^{\infty}(-1)^{n-1}\dfrac{1}{n}$显然收敛;当$x=-1$时,级数

$\displaystyle\sum_{n=1}^{\infty}(-1)^{2n-1}\dfrac{1}{n}=-\sum_{n=1}^{\infty}\dfrac{1}{n}$发散. 所以收敛域为$(-1,1]$.

例 2　求幂级数$\displaystyle\sum_{n=1}^{\infty}\dfrac{n}{2^n}x^n$的收敛域.

解　$\rho=\lim\limits_{n\to\infty}\left|\dfrac{a_{n+1}}{a_n}\right|=\lim\limits_{n\to\infty}\dfrac{n+1}{2^{n+1}}\cdot\dfrac{2^n}{n}=\lim\limits_{n\to\infty}\dfrac{n+1}{2n}=\dfrac{1}{2}$

所以收敛半径$R=\dfrac{1}{\rho}=2$. 当$x=2$时,级数$\displaystyle\sum_{n=1}^{\infty}n$显然发散;当$x=-2$时,级数$\displaystyle\sum_{n=1}^{\infty}(-1)^n n$的一般项不趋于零,故发散. 所以收敛域为$(-2,2)$.

例 3　求幂级数$\displaystyle\sum_{n=1}^{\infty}\dfrac{(x-1)^n}{n\cdot 3^n}$的收敛域.

解　作变换$X=x-1$,讨论级数$\displaystyle\sum_{n=1}^{\infty}\dfrac{X^n}{n\cdot 3^n}$的收敛域.

$$\rho=\lim\limits_{n\to\infty}\left|\dfrac{a_{n+1}}{a_n}\right|=\lim\limits_{n\to\infty}\dfrac{n\cdot 3^n}{(n+1)3^{n+1}}=\dfrac{1}{3}$$

对于X,幂级数收敛半径为$R=\dfrac{1}{\rho}=3$. 因此,当$-3<x-1<3$时,即$-2<x<4$时,幂级数$\displaystyle\sum_{n=1}^{\infty}\dfrac{(x-1)^n}{n}$收敛.

当$x=-2$时,级数成为$\displaystyle\sum_{n=1}^{\infty}\dfrac{(-1)^n}{n}$,因此其收敛;当$x=4$时,级数成为$\displaystyle\sum_{n=1}^{\infty}\dfrac{1}{n}$,因此其发散.

所以级数的收敛域为$[-2,4)$.

8.3.2　幂级数的性质

设有幂级数$\displaystyle\sum_{n=0}^{\infty}a_n x^n$及$\displaystyle\sum_{n=0}^{\infty}b_n x^n$,分别在区间$(-R,R)$及$(-R',R')$内收敛,则

(1)它们的和$\displaystyle\sum_{n=0}^{\infty}(a_n+b_n)x^n$在$(-R,R)$与$(-R',R')$中较小的区间内也收敛.

(2)它们的乘积$\displaystyle\sum_{n=0}^{\infty}b_n x^n\cdot\sum_{n=0}^{\infty}a_n x^n$在$(-R,R)$与$(-R',R')$中较小的区间内也收敛.

关于幂级数的和函数有下列重要性质.

性质 1 幂级数 $\sum\limits_{n=1}^{\infty} a_n x^n$ 的和函数 $S(x)$ 在收敛区间 $(-R,R)$ 内是连续的.

性质 2 幂级数 $\sum\limits_{n=1}^{\infty} a_n x^n$ 的和函数 $S(x)$ 在收敛区间 $(-R,R)$ 内是可导的,且在 $(-R,R)$ 内有 $S'(x) = \left(\sum\limits_{n=0}^{\infty} a_n x^n\right)' = \sum\limits_{n=1}^{\infty} (a_n x^n)' = \sum\limits_{n=1}^{\infty} n a_n x^{n-1}$,即幂级数在其收敛区间内可逐项求导,且求导后所得的幂级数的收敛半径与原级数的收敛半径相同.

性质 3 对于幂级数 $\sum\limits_{n=0}^{\infty} a_n x^n$ 的收敛区间 $(-R,R)$ 内任意一点 x,有

$$\int_0^x S(x)\,\mathrm{d}x = \int_0^x \left(\sum\limits_{n=0}^{\infty} a_n x^n\right)\mathrm{d}x = \sum\limits_{n=0}^{\infty} \int_0^x a_n x^n \mathrm{d}x = \sum\limits_{n=0}^{\infty} \frac{a_n}{n+1} x^{n+1} \quad (-R < x < R)$$

即幂级数在其收敛区间内可逐项积分. 并且积分后级数的收敛半径与原级数的收敛半径相同.

例 4 已知

$$\frac{1}{1-x} = 1 + x + x^2 + \cdots + x^n + \cdots \quad (-1 < x < 1)$$

对上面级数逐项求导得

$$\frac{1}{(1-x)^2} = 1 + 2x + 3x^2 + \cdots + n x^{n-1} + \cdots$$

逐项积分得

$$\int_0^x \frac{\mathrm{d}x}{1-x} = \int_0^x 1\,\mathrm{d}x + \int_0^x x\,\mathrm{d}x + \int_0^x x^2\,\mathrm{d}x + \cdots + \int_0^x x^n\,\mathrm{d}x + \cdots$$

$$\ln\frac{1}{1-x} = x + \frac{x^2}{2} + \frac{x^3}{3} + \cdots + \frac{x^{n+1}}{n+1} + \cdots \quad (-1 < x < 1)$$

上式对 $x = -1$ 也成立.

利用幂级数的性质,可以求某些级数的和函数.

例 5 求幂级数 $\sum\limits_{n=0}^{\infty} (-1)^n \dfrac{x^{n+1}}{n+1}$ 的和函数.

解 设 $S(x) = x - \dfrac{1}{2}x^2 + \dfrac{1}{3}x^3 - \cdots + (-1)^n \dfrac{x^{n+1}}{n+1} + \cdots$,则有

$$S(x) = \left[\sum\limits_{n=0}^{\infty} (-1)^n \frac{x^{n+1}}{n+1}\right]' = \sum\limits_{n=0}^{\infty} (-1)^n \left(\frac{x^{n+1}}{n+1}\right)' = \sum\limits_{n=0}^{\infty} (-1)^n x^n$$

$$= -1 - x + x^2 - x^3 + \cdots = \frac{1}{x+1} \quad (-1 < x < 1)$$

两边积分

$$\int_0^x S'(x)\,\mathrm{d}x = \int_0^x \frac{\mathrm{d}x}{1+x} = \ln(1+x)$$

因为 $S(0) = 0$,所以

$$\int_0^x S'(x)\,\mathrm{d}x = S(x) - S(0) = S(x)$$

所以和函数 $S(x)$ 为 $\ln(1+x)$,即

$$\ln(1+x) = \sum\limits_{n=0}^{\infty} (-1)^n \frac{x^{n+1}}{n+1} \quad (-1 < x < 1)$$

上述结果在 $x = 1$ 亦成立,即

$$\ln(1 + x) = \sum_{n=0}^{\infty} (-1)^n \frac{x^{n+1}}{n+1} \quad (-1 < x \leq 1)$$

8.3.3　函数展开为幂级数

在第 2 章,已知道函数的增量可以用函数的微分来近似代替,即

$$\Delta y = f(x + \Delta x) - f(x) \approx f'(x)\Delta x = \mathrm{d}y$$

或

$$f(x) \approx f(x_0) + f'(x_0)(x - x_0)$$

这是用过曲线 $f(x)$ 上点 $(x_0, f(x_0))$ 的切线来近似函数 $f(x)$. 可以想象用二次、三次、…、n 次多项式来近似 $f(x)$ 可以获得更好的效果. 可以证明,当 $f(x)$ 在点 x_0 的邻域内具有 $n + 1$ 阶导数时,有

$$f(x) = f(x_0) + f'(x_0)(x - x_0) + \frac{f''(x_0)}{2!}(x - x_0)^2 + \cdots + \frac{f^{(n)}(x_0)}{n!}(x - x_0)^n + R_n(x)$$

$$(8.8)$$

其中余项

$$R_n(x) = \frac{f^{n+1}(\xi)}{(n+1)!}(x - x_0)^{n+1}$$

ξ 是介于 x 和 x_0 之间的某个值.

式(8.8)称为函数 $f(x)$ 在点 x_0 处的 n 阶泰勒公式. 特别地,当 $x_0 = 0$ 时,式(8.8)称为 $f(x)$ 的 n 阶马克劳林公式.

1. 泰勒级数

如果函数 $f(x)$ 在点 x_0 处具有任意阶导数,则称幂级数

$$f(x_0) + f'(x_0)(x - x_0) + \frac{f''(x_0)}{2!}(x - x_0)^2 + \cdots + \frac{f^{(n)}(x_0)}{n!}(x - x_0)^n + \cdots \quad (8.9)$$

为函数 $f(x)$ 在 x_0 处的泰勒级数.

幂级数(8.9)是否收敛? 若收敛是否收敛于 $f(x)$ 呢? 事实上,函数 $f(x)$ 在 x_0 处的泰勒级数可以是发散的. 而且有这样的泰勒级数,它虽收敛,但却不收敛于 $f(x)$. 那么在什么条件下,由 $f(x)$ 产生的 x_0 处的泰勒级数能收敛于 $f(x)$ 呢? 不加证明给出下面的定理.

定理 2　函数 $f(x)$ 的泰勒级数(8.9)在点 x_0 的某邻域内收敛于 $f(x)$ 的充要条件是:当 $n \to \infty$ 时,泰勒级数的余项 $R_n(x) \to 0$. 于是有

$$f(x) = f(x_0) + f'(x_0)(x - x_0) + \frac{f''(x_0)}{2!}(x - x_0)^2 + \cdots + \frac{f^{(n)}(x_0)}{n!}(x - x_0)^n + \cdots$$

$$(8.10)$$

$f(x)$ 是泰勒级数(8.9)的和函数. (8.10)式称为函数 $f(x)$ 在 x_0 处的泰勒展开式.

若 $x_0 = 0$,则(8.10)式化为

$$f(x) = f(0) + f'(0)x + \frac{f''(0)}{2!}x^2 + \cdots + \frac{f^{(0)}(0)}{n!}x^n + \cdots \quad (8.11)$$

式(8.11)称为 $f(x)$ 的马克劳林展开式.

下面将具体讨论把函数 $f(x)$ 展开为 x 的幂级数的方法.

2. 函数展开成幂级数

要把函数 $f(x)$ 展开成 x 的幂级数,可以按照下列步骤进行:

第一步 求出 $f(x)$ 的各阶导数 $f'(x), f''(x), \cdots, f^{(n)}(x), \cdots$,如果在 $x = 0$ 处某阶导数不存在,就停止进行,例如在 $x = 0$ 处,$f(x) = x^{\frac{9}{4}}$ 的三阶导数不存在,它就不能展开为 x 的幂级数.

第二步 求函数及其各阶导数在处的值:

$$f(0), f'(0), f''(0), \cdots, f^{(n)}(0), \cdots$$

第三步 写出幂级数

$$f(0) + f'(0)x + \frac{f''(0)}{2!}x^2 + \cdots + \frac{f^{(n)}(0)}{n!}x^n + \cdots$$

并求出收敛半径 R.

第四步 考察 x 在区间 $(-R, R)$ 内时余项 $R_n(x)$ 的极限

$$\lim_{n \to \infty} R_n(x) = \lim_{n \to \infty} \frac{f^{n+1}(\xi)}{(n+1)!}x^{n+1} \quad (\xi \text{ 在 } 0 \text{ 与 } x \text{ 之间})$$

是否为零. 如果为零,则函数 $f(x)$ 在区间 $(-R, R)$ 内的幂级数展开式为

$$f(x) = f(0) + f'(0)x + \frac{f''(0)}{2!}x^2 + \cdots + \frac{f^{(n)}(0)}{n!}x^n + \cdots \quad (-R < x < R)$$

一般地,第四步可以省略不写.

例 6 将函数 $f(x) = \mathrm{e}^x$ 展开成 x 的幂级数.

解 因为 $f(x) = \mathrm{e}^x, f'(x) = f''(x) = \cdots = f^{(n)}(x) = \mathrm{e}^x$,

$$f(0) = f^{(n)}(0) = 1 \quad (n = 1, 2, \cdots)$$

于是有级数

$$1 + x + \frac{x^2}{2!} + \cdots + \frac{x^n}{n!} + \cdots$$

可以证明马克劳林公式的余项 $R_n(x) \to 0$,所以有展开式

$$\mathrm{e}^x = 1 + x + \frac{x^2}{2!} + \cdots + \frac{x^n}{n!} + \cdots \quad (-\infty < x < +\infty)$$

例 7 将函数 $f(x) = \sin x$ 展开成 x 的幂级数.

解 因为 $f(x) = \sin x$,它的 n 阶导数为

$$f^{(n)}(x) = \sin\left(x + n \cdot \frac{\pi}{2}\right) \quad (n = 1, 2, \cdots)$$

所以 $f(0) = 0, f'(0) = 1, f''(0) = 0, f'''(0) = -1, \cdots, f^{(2n)}(0) = 0, f^{(2n+1)}(0) = (-1)^n$. 于是有级数

$$x - \frac{x^3}{3!} + \frac{x^5}{5!} - \frac{x^7}{7!} + \cdots + (-1)^n \frac{x^{2n+1}}{(2n+1)!} + \cdots$$

可以证明马克劳林公式的余项 $R_n(x) \to 0$,所以有展开式

$$\sin x = x - \frac{x^3}{3!} + \frac{x^5}{5!} - \frac{x^7}{7!} + \cdots + (-1)^n \frac{x^{2n+1}}{(2n+1)!} + \cdots \quad (-\infty < x < +\infty)$$

以上将函数展开成幂级数的例子,是直接按公式 $a_n = \frac{f^{(n)}(0)}{n!}$ 计算幂级数的系数,最后考察余项 $R_n(x)$ 是否趋于零. 这种展开法称为直接展开法. 这种展开法计算量较大,而且研究余项即使在初等函数中也不是一件容易的事. 下面,我们用间接展开的方法,即利用一些已知的函数展开式、幂级数的运算(如四则运算、逐项求导、逐项积分)以及变量代换等,将

所给函数展开成幂级数. 这样做不但计算简单,而且可以避免研究余项.

例 8 将函数 $f(x) = \cos x$ 展开成 x 的幂级数.

解 将例 7 的 $\sin x$ 展开式逐项求导,得

$$\cos x = 1 - \frac{x^2}{2!} + \frac{x^4}{4!} - \frac{x^6}{6!} + \cdots + (-1)^n \frac{x^{2n}}{(2n)!} + \cdots \quad (-\infty < x < +\infty)$$

例 9 将函数 $\frac{1}{1+x^2}$ 展开成 x 的幂级数.

解 因为

$$\frac{1}{1-x} = 1 + x + x^2 + \cdots + x^n + \cdots \quad (-1 < x < 1)$$

把 x 换成 $-x^2$,得

$$\frac{1}{1+x^2} = 1 - x^2 + x^4 - \cdots + (-1)^n x^{2n} + \cdots \quad (-1 < x < 1)$$

例 10 将函数 $f(x) = \arctan x$ 展开成 x 的幂级数.

解 因为

$$\frac{1}{1+x^2} = 1 - x^2 + x^4 - \cdots + (-1)^n x^{2n} + \cdots \quad (-1 < x < 1)$$

将上式从 0 到 x 逐项积分得

$$\int_0^x \frac{dx}{1+x^2} = x - \frac{x^3}{3} + \frac{x^5}{5} - \frac{x^7}{7} + \cdots + (-1)^n \frac{x^{2n+1}}{2n+1} + \cdots$$

右端的级数当 $x = \pm 1$ 时都收敛,因此有

$$\arctan x = x - \frac{x^3}{3} + \frac{x^5}{5} - \frac{x^7}{7} + \cdots + (-1)^n \frac{x^{2n+1}}{2n+1} + \cdots \quad (-1 \leq x \leq 1)$$

同样的方法可以得到 $\ln(1+x)$ 展开成的幂级数为

$$\ln(1+x) = x - \frac{x^2}{2} + \frac{x^3}{3} - \frac{x^4}{4} + \cdots + (-1)^n \frac{x^{n+1}}{n+1} + \cdots \quad (-1 < x \leq 1)$$

例 11 将函数 $f(x) = (1+x)^\alpha$ 展开成 x 的幂级数.

解 因为 $f'(x) = \alpha(1+x)^{\alpha-1}, f''(x) = \alpha(\alpha-1)(1+x)^{\alpha-2}, \cdots,$

$$f^{(n)}(x) = \alpha(\alpha-1)(\alpha-2)\cdots(\alpha-n+1)(1+x)^{\alpha-n}$$

所以 $f(0) = 1, f'(0) = \alpha, \cdots, f^{(n)}(0) = \alpha(\alpha-1)\cdots(\alpha-n+1)$. 由此得幂级数

$$1 + \alpha x + \frac{\alpha(\alpha-1)}{2!}x^2 + \cdots + \frac{\alpha(\alpha-1)\cdots(\alpha-n+1)}{n!}x^n + \cdots \quad (-1 < x < 1)$$

可以证明马克劳林公式的余项 $R_n(x) \to 0 (n \to \infty, |x| < 1)$,所以有展开式

$$(1+x)^\alpha = 1 + \alpha x + \frac{\alpha(\alpha-1)}{2!}x^2 + \cdots + \frac{\alpha(\alpha-1)\cdots(\alpha-n+1)}{n!}x^n + \cdots \quad (-1 < x < 1)$$

上面公式称为二项展开式.

关于 $\frac{1}{1-x}, e^x, \sin x, \cos x, \arctan x, \ln(1+x)$ 和 $(1+x)^\alpha$ 的幂级数展开式,以后可以直接引用.

最后再举一个用间接法将函数展开成 $x - x_0$ 的幂级数的例子.

例 12 将函数 $\sin x$ 展开成 $x - \dfrac{\pi}{4}$ 的幂级数.

解 因为

$$\sin x = \sin\left[\frac{\pi}{4} + \left(x - \frac{\pi}{4}\right)\right] = \sin\frac{\pi}{4}\cos\left(x - \frac{\pi}{4}\right) + \cos\frac{\pi}{4}\sin\left(x - \frac{\pi}{4}\right)$$

$$= \frac{1}{\sqrt{2}}\left[\cos\left(x - \frac{\pi}{4}\right) + \sin\left(x - \frac{\pi}{4}\right)\right]$$

并且有(见例 7, 例 8)

$$\cos\left(x - \frac{\pi}{4}\right) = 1 - \frac{\left(x - \frac{\pi}{4}\right)^2}{2!} + \frac{\left(x - \frac{\pi}{4}\right)^4}{4!} - \cdots + (-1)^n \frac{\left(x - \frac{\pi}{4}\right)^{2n}}{(2n)!} + \cdots \quad (-\infty < x < +\infty)$$

$$\sin\left(x - \frac{\pi}{4}\right) = \left(x - \frac{\pi}{4}\right) - \frac{\left(x - \frac{\pi}{4}\right)^3}{3!} + \frac{\left(x - \frac{\pi}{4}\right)^5}{5!} - \cdots + (-1)^n \frac{\left(x - \frac{\pi}{4}\right)^{2n+1}}{(2n+1)!} + \cdots \quad (-\infty < x < +\infty)$$

所以

$$\sin x = \frac{1}{\sqrt{2}}\left[1 + \left(x - \frac{\pi}{4}\right) - \frac{\left(x - \frac{\pi}{4}\right)^2}{2!} - \frac{\left(x - \frac{\pi}{4}\right)^3}{3!} + \cdots\right] \quad (-\infty < x < +\infty)$$

习题 8.3

1. 填空题.

(1) 幂级数 $\displaystyle\sum_{n=1}^{\infty} (-1)^n \frac{2^n}{3^n} x^n$ 的收敛半径为_____.

(2) 幂级数 $\displaystyle\sum_{n=0}^{\infty} (-1)^n \frac{n}{n+1} x^n$ 的收敛半径为_____.

(3) 幂级数 $\displaystyle\sum_{n=1}^{\infty} \frac{(-1)^n (x+1)^n}{n}$ 的收敛域为_____.

(4) 幂级数 $\displaystyle\sum_{n=1}^{\infty} \frac{(x-1)^n}{2n}$ 的收敛区间为_____.

(5) 级数 $\displaystyle\sum_{n=0}^{\infty} \frac{1}{2n+1} x^{2n+1}$ 在收敛区间内 $(-1,1)$ 的和函数是_____.

2. 单项选择题.

(1) 幂级数 $\displaystyle\sum_{n=1}^{\infty} \frac{2^n}{n+2} x^n$ 的收敛半径 $R = (\quad\quad)$.

A. 1　　　　　　　　B. 2　　　　　　　　C. $\dfrac{1}{2}$　　　　　　　　D. ∞

(2) 幂级数 $\displaystyle\sum_{n=1}^{\infty} \frac{x^n}{2^n \cdot n}$ 的收敛半径 $R = (\quad\quad)$.

A. 1　　　　　　　　B. 2　　　　　　　　C. $\dfrac{1}{2}$　　　　　　　　D. ∞

(3) 幂级数 $\displaystyle\sum_{n=1}^{\infty} (-1)^{n-1} \frac{x^n}{n}$ 的收敛区间是 $(\quad\quad)$.

A. $[-1,1]$ B. $(-1,1)$ C. $[-1,1)$ D. $(-1,1]$

(4) 幂级数 $\displaystyle\sum_{n=1}^{\infty} \frac{(2x+1)^n}{n}$ 的收敛区间是 ( ).

A. $(-1,1)$ B. $(-1,0)$ C. $[-1,0)$ D. $(-1,0]$

(5) 幂级数 $\displaystyle\sum_{n=0}^{\infty} \frac{(-1)^n}{n+1} x^{n+1}$ 的和函数 (在 $-1 < x \leq 1$ 时) 是 ( ).

A. e^x B. $\ln(1+x)$ C. $(1+x)^\alpha$ D. $\sin x$

3. 求幂级数 $\displaystyle\sum_{n=1}^{\infty} (-1)^{n-1} \frac{(2x-3)^n}{2n-1}$ 的收敛区间.

4. 利用已知幂级数展开式, 将 $f(x) = \cos 2x$ 展开为 x 的幂级数.

5. 将 $\ln\dfrac{1-x}{1+x}$ 展开为 x 的幂级数, 并求收敛范围.

6. 将 $\ln(5+x)$ 展开为 x 的幂级数, 并求收敛范围.

7. 将 $f(x) = \dfrac{1}{3-x}$ 展开为 $x-1$ 的幂级数.

8. 将 $\ln x$ 展开为 $x-2$ 的幂级数, 并求收敛范围.

8.4 傅里叶级数

8.4.1 三角函数系的正交性

定义 1 由函数列 $1, \cos x, \sin x, \cos 2x, \sin 2x, \cdots, \cos nx, \sin nx, \cdots$ 构成的集合称为三角函数系.

在三角函数系中, 任何两个不同的函数的乘积在区间 $[-\pi, \pi]$ 上的积分值为零. 即

$$\int_{-\pi}^{\pi} 1 \cdot \cos nx \, dx = 0 \quad (n = 1, 2, 3, \cdots)$$

$$\int_{-\pi}^{\pi} 1 \cdot \sin nx \, dx = 0 \quad (n = 1, 2, 3, \cdots)$$

$$\int_{-\pi}^{\pi} \sin kx \cos nx \, dx = 0 \quad (k, n = 1, 2, 3, \cdots, k \neq n)$$

$$\int_{-\pi}^{\pi} \cos kx \cos nx \, dx = 0 \quad (k, n = 1, 2, 3, \cdots, k \neq n)$$

$$\int_{-\pi}^{\pi} \sin kx \sin nx \, dx = 0 \quad (k, n = 1, 2, 3, \cdots, k \neq n)$$

这个性质称为三角函数系的正交性.

在三角函数系中, 任何两个相同函数的乘积在区间 $[-\pi, \pi]$ 上的积分值不为零. 即

$$\int_{-\pi}^{\pi} dx = 2\pi, \int_{-\pi}^{\pi} \sin^2 nx \, dx = \pi, \int_{-\pi}^{\pi} \cos^2 nx \, dx = \pi \, (n = 1, 2, 3, \cdots)$$

8.4.2 傅里叶级数

在自然科学和工程技术中, 经常会遇到周期函数的问题. 例如, 物体做简谐振动是通过正弦型函数 $y = A\sin(\omega t + \varphi)$ 来描述的, 这是个以 $T = \dfrac{2\pi}{\omega}$ 为周期的周期函数, 其中, y 表示动

点在 t 时刻的位置, A 为振幅, ω 为角频率, φ 为初相角.

经研究发现,较为复杂的周期函数可以展开成正弦型函数组成的级数. 也就是说,周期 $T = \dfrac{2\pi}{\omega}$ 的函数 $f(t)$ 可以用一系列正弦型函数 $A_n \sin(n\omega t + \varphi_n)$ $(n = 1,2,3,\cdots)$ 之和来表示,即

$$f(t) = A_0 + \sum_{n=1}^{\infty} A_n \sin(n\omega t + \varphi_n) \tag{8.12}$$

其中, $A_0, A_n, \varphi_n (n = 1,2,3,\cdots)$ 均为常数.

将式(8.12)的正弦型函数展开:

$$A_n \sin(n\omega t + \varphi_n) = A_n \sin n\omega t \cos \varphi_n + A_n \cos n\omega t \sin \varphi_n$$

令 $A_0 = \dfrac{a_0}{2}$, $a_n = A_n \sin \varphi_n$, $b_n = A_n \cos \varphi_n$, $x = \omega t$,则式(8.12)的右端可写成

$$\frac{a_0}{2} + \sum_{n=1}^{\infty} (a_n \cos nx + b_n \sin nx) \tag{8.13}$$

形如式(8.13)的级数称为三角级数.

定义 2　如果一个以 2π 为周期的函数 $f(x)$ 能展开成式(8.13)形式的三角级数,其中 $a_0, a_n, b_n (n = 1,2,3,\cdots)$ 都是常数,则把式(8.13)称为函数 $f(x)$ 的傅里叶级数, a_0, a_n, b_n 称为傅里叶系数. 即

$$f(x) = \frac{a_0}{2} + \sum_{n=1}^{\infty} (a_n \cos nx + b_n \sin nx) \tag{8.14}$$

下面求系数 a_0, a_n, b_n,假设式(8.14)可以逐项积分.

先求 a_0,将式(8.14)两端在区间 $[-\pi,\pi]$ 上对 x 积分,根据三角函数系的正交性,得

$$\int_{-\pi}^{\pi} f(x)\,\mathrm{d}x = \frac{a_0}{2} \int_{-\pi}^{\pi} \mathrm{d}x + \sum_{n=1}^{\infty} \left(a_n \int_{-\pi}^{\pi} \cos nx\,\mathrm{d}x + b_n \int_{-\pi}^{\pi} \sin nx\,\mathrm{d}x \right)$$

$$= \frac{a_0}{2} \int_{-\pi}^{\pi} \mathrm{d}x = \pi a_0$$

即

$$a_0 = \frac{1}{\pi} \int_{-\pi}^{\pi} f(x)\,\mathrm{d}x$$

再求 a_n,将式(8.14)两端同时乘以 $\cos kx$,在区间 $[-\pi,\pi]$ 上积分,得

$$\int_{-\pi}^{\pi} f(x)\cos kx\,\mathrm{d}x = \frac{a_0}{2} \int_{-\pi}^{\pi} \cos kx\,\mathrm{d}x + \sum_{n=1}^{\infty} \left(a_n \int_{-\pi}^{\pi} \cos kx \cos nx\,\mathrm{d}x + b_n \int_{-\pi}^{\pi} \cos kx \sin nx\,\mathrm{d}x \right)$$

根据三角函数的正交性,右端除 $k = n$ 这项外,其余项均为零,所以

$$\int_{-\pi}^{\pi} f(x)\cos nx\,\mathrm{d}x = a_n \int_{-\pi}^{\pi} \cos nx \cos nx\,\mathrm{d}x = a_n \pi$$

即

$$a_n = \frac{1}{\pi} \int_{-\pi}^{\pi} f(x)\cos nx\,\mathrm{d}x .$$

类似的,将式(8.14)两端同时乘以 $\sin kx$,在区间 $[-\pi,\pi]$ 上积分,得

$$b_n = \frac{1}{\pi} \int_{-\pi}^{\pi} f(x)\sin nx\,\mathrm{d}x$$

将 $a_0 = \dfrac{1}{\pi} \int_{-\pi}^{\pi} f(x)\,\mathrm{d}x$, $a_n = \dfrac{1}{\pi} \int_{-\pi}^{\pi} f(x)\cos nx\,\mathrm{d}x$, $b_n = \dfrac{1}{\pi} \int_{-\pi}^{\pi} f(x)\sin nx\,\mathrm{d}x$ 分别代入式(8.14),得到 $f(x)$ 的傅里叶级数.

下面讨论 $f(x)$ 在什么条件下,它的傅里叶级数收敛于 $f(x)$,也就是 $f(x)$ 满足什么条件

能展开成傅里叶级数.

定理 $f(x)$ 是以 2π 为周期的函数, 若 $f(x)$ 在一个周期内连续或至多只有有限个第一类间断点, 且至多只有有限个极值点, 则 $f(x)$ 的傅里叶级数收敛, 并且

(1) 当 x 是 $f(x)$ 的连续点时, 级数收敛于 $f(x)$;

(2) 当 x 是 $f(x)$ 的间断点时, 级数收敛于 $\dfrac{f(x-0)+f(x+0)}{2}$.

通常实际应用中所遇到的周期函数都能满足收敛定理的条件.

8.4.3 周期为 2π 的函数展开成傅里叶级数

例1 设 $f(x)$ 是以 2π 为周期的函数, 它在 $[-\pi, \pi)$ 上的表达式为

$$f(x) = \begin{cases} -1 & -\pi \leqslant x < 0 \\ 1 & 0 \leqslant x < \pi \end{cases}$$

将 $f(x)$ 展开成傅里叶级数.

解 $f(x)$ 满足收敛定理的条件, 它在点 $x = k\pi (k \in Z)$ 处间断, 在其他点处连续, 从而 $f(x)$ 的傅里叶级数收敛, 且当 $x = k\pi$ 时, 级数收敛于 $\dfrac{-1+1}{2} = 0$, 当 $x \neq k\pi$ 时收敛于 $f(x)$.

由傅里叶系数计算公式, 得

$$a_0 = \frac{1}{\pi}\int_{-\pi}^{\pi} f(x)\mathrm{d}x = \frac{1}{\pi}\Big[\int_{-\pi}^{0}(-1)\mathrm{d}x + \int_{0}^{\pi} 1 \cdot \mathrm{d}x\Big] = 0$$

$$a_n = \frac{1}{\pi}\int_{-\pi}^{\pi} f(x)\cos nx\mathrm{d}x$$

$$= \frac{1}{\pi}\Big[\int_{-\pi}^{0}(-1)\cos nx\mathrm{d}x + \int_{0}^{\pi} 1 \cdot \cos nx\mathrm{d}x\Big] = 0$$

$$b_n = \frac{1}{\pi}\int_{-\pi}^{\pi} f(x)\sin nx\mathrm{d}x = \frac{1}{\pi}\Big[\int_{-\pi}^{0}(-1)\sin nx\mathrm{d}x + \int_{0}^{\pi} 1 \cdot \sin nx\mathrm{d}x\Big]$$

$$= \frac{1}{n\pi}\cos nx\Big|_{-\pi}^{0} + \frac{1}{n\pi}\cos nx\Big|_{0}^{\pi}$$

$$= \frac{2}{n\pi}(1 - \cos n\pi) = \begin{cases} \dfrac{4}{n\pi} & \text{当 } n \text{ 为奇数时} \\ 0 & \text{当 } n \text{ 为偶数时} \end{cases}$$

于是 $f(x)$ 的傅里叶级数为

$$f(x) = \frac{4}{\pi}\Big[\sin x + \frac{1}{3}\sin 3x + \cdots + \frac{1}{2n-1}\sin(2n-1)x + \cdots\Big](x \neq 0, \pm\pi, \pm 2\pi, \cdots)$$

随堂练习

设 $f(x)$ 是周期为 2π 的周期函数, 它在 $[-\pi, \pi)$ 上的表达式为

$$f(x) = \begin{cases} 0 & -\pi \leqslant x < -\dfrac{\pi}{2} \\ 1 & -\dfrac{\pi}{2} \leqslant x < 0 \\ 2 & 0 \leqslant x < \dfrac{\pi}{2} \\ 3 & \dfrac{\pi}{2} \leqslant x < \pi \end{cases}$$

将 $f(x)$ 展开成傅里叶级数.

例 2　将周期为 2π 的函数 $f(x)$ 展开成傅里叶级数

$$f(x) = \begin{cases} 0 & -\pi \leqslant x < 0 \\ x & 0 \leqslant x < \pi \end{cases}$$

解　$f(x)$ 在区间 $(-\pi,\pi)$ 内连续,在区间端点 $x = \pm\pi$ 处间断,满足收敛定理的条件. 它的傅里叶级数在区间 $(-\pi,\pi)$ 内收敛于 $f(x)$,在区间端点处收敛于 $\dfrac{0+\pi}{2} = \dfrac{\pi}{2}$.

下面计算傅里叶系数.

$$a_0 = \frac{1}{\pi}\int_{-\pi}^{\pi} f(x)\mathrm{d}x = \frac{1}{\pi}\int_0^{\pi} x\mathrm{d}x = \frac{\pi}{2}$$

$$a_n = \frac{1}{\pi}\int_{-\pi}^{\pi} f(x)\cos nx\mathrm{d}x = \frac{1}{\pi}\int_0^{\pi} x\cos nx\mathrm{d}x = \frac{1}{\pi}\left(\frac{x\sin nx}{n} + \frac{\cos nx}{n^2}\right)\Big|_0^{\pi}$$

$$= \frac{1}{n^2\pi}(\cos n\pi - 1) = \begin{cases} -\dfrac{2}{n^2\pi} & \text{当 } n \text{ 为奇数时} \\ 0 & \text{当 } n \text{ 为偶数时} \end{cases}$$

$$b_n = \frac{1}{\pi}\int_{-\pi}^{\pi} f(x)\sin nx\mathrm{d}x = \frac{1}{\pi}\int_0^{\pi} x\sin nx\mathrm{d}x$$

$$= \frac{1}{\pi}\left(-\frac{x\cos nx}{n} + \frac{\sin nx}{n^2}\right)\Big|_0^{\pi} = -\frac{1}{n}\cos n\pi = (-1)^{n+1}\frac{1}{n}$$

得 $f(x)$ 的傅里叶级数展开式

$$f(x) = \frac{\pi}{4} + \left(-\frac{2}{\pi}\cos x + \sin x\right) - \frac{1}{2}\sin 2x + \left(-\frac{2}{3^2\pi}\cos 3x + \frac{1}{3}\sin 3x\right) - \frac{1}{4}\sin 4x + \cdots +$$

$$\left[-\frac{2}{(2n-1)^2\pi}\cos(2n-1)x + \frac{1}{2n-1}\sin(2n-1)x\right] - \frac{1}{2n}\sin 2nx + \cdots$$

$$(x \neq (2k+1)\pi, k \in Z)$$

特别地,(1) 如果 $f(x)$ 是奇函数,则 $a_n = 0(n = 0,1,2,\cdots)$,$b_n = \dfrac{2}{\pi}\displaystyle\int_0^{\pi} f(x)\sin nx\mathrm{d}x$

$(n = 1,2,3,\cdots)$,所得 $f(x)$ 的傅里叶级数 $\displaystyle\sum_{n=1}^{\infty} b_n\sin nx$ 称为正弦级数.

(2) 如果 $f(x)$ 是偶函数,则 $b_n = 0$,$a_0 = \dfrac{2}{\pi}\displaystyle\int_0^{\pi} f(x)\mathrm{d}x$,$a_n = \dfrac{2}{\pi}\displaystyle\int_0^{\pi} f(x)\cos nx\mathrm{d}x(n = 1,2,$

$3,\cdots)$,所得 $f(x)$ 的傅里叶级数 $\dfrac{a_0}{2} + \displaystyle\sum_{n=1}^{\infty} a_n\cos nx$ 称为余弦级数.

习题 8.4

1. 填空题.

(1) 若 $f(x)$ 在 $[-\pi,\pi)$ 上满足收敛定理的条件,则在连续点 x_0 处它的傅里叶级数与 $f(x_0)$ _____.

(2) 设周期函数 $f(x) = \dfrac{x}{2}(-\pi \leqslant x < \pi)$,则它的傅里叶级数系数 $a_0 = $ _____,

$a_n = $ _____,$b_n = $ _____.

（3）设周期函数 $f(x) = |x|(-\pi \leqslant x < \pi)$，则它的傅里叶系数 $a_0 = $ _____．

（4）周期为 2π 的奇函数 $f(x)$ 的正弦级数为_____．

（5）周期为 2π 的函数 $f(x) = \begin{cases} x+4 & -\pi \leqslant x < 0 \\ 0 & 0 \leqslant x < \pi \end{cases}$ 在 $x = 0$ 处收敛于_____．

2. 把下列周期为 2π 的函数展开成傅里叶级数．

$(1) f(x) = \cos \dfrac{x}{2}(-\pi \leqslant x < \pi)$ $(2) f(x) = \begin{cases} x-1 & -\pi \leqslant x < 0 \\ x+1 & 0 \leqslant x < \pi \end{cases}$

$(3) f(x) = \begin{cases} 0 & -\pi \leqslant x < 0 \\ \pi & 0 \leqslant x < \pi \end{cases}$

3. 将函数 $f(x) = x^3(-\pi \leqslant x < \pi)$ 展开成傅里叶级数．

8.5 任意区间上的函数展开为傅里叶级数

实际问题中所遇到的周期函数，周期不一定为 2π，为了研究任意区间上函数的傅里叶级数展开式，有必要将以 2π 为周期的函数的傅里叶级数展开式加以推广，讨论以 $2l(l$ 为任意实数) 为周期的函数的问题．

8.5.1 周期为 $2l$ 的函数展开为傅里叶级数

设以 $2l$ 为周期的函数 $f(x)$ 在区间 $[-l, l)$ 上满足收敛定理的条件．

作变量代换 $x = \dfrac{lt}{\pi}$，则当 $x = -l$ 时，$t = -\pi$，当 $x = l$ 时，$t = \pi$，设 $\varphi(t) = f(x) = f\left(\dfrac{lt}{\pi}\right)$，则 $\varphi(t)$ 是 $[-\pi, \pi]$ 上以 2π 为周期的函数，且满足收敛定理的条件，$\varphi(t)$ 的傅里叶级数展开式为

$$\varphi(t) = \frac{a_0}{2} + \sum_{n=1}^{\infty} (a_n \cos nt + b_n \sin nt) \tag{8.15}$$

其中 $a_0 = \dfrac{1}{\pi} \int_{-\pi}^{\pi} \varphi(t) \mathrm{d}t, a_n = \dfrac{1}{\pi} \int_{-\pi}^{\pi} \varphi(t) \cos nt \mathrm{d}t, b_n = \dfrac{1}{\pi} \int_{-\pi}^{\pi} \varphi(t) \sin nt \mathrm{d}t (n = 1, 2, 3, \cdots)$．

将变量 t 换成 x，将 $t = \dfrac{\pi x}{l}$ 代入式（8.15），又由于 $\varphi(t) = f(x)$，得到 $f(x)$ 的傅里叶展开式

$$f(x) = \frac{a_0}{2} + \sum_{n=1}^{\infty} \left(a_n \cos \frac{n\pi x}{l} + b_n \sin \frac{n\pi x}{l}\right) \tag{8.16}$$

其中，$a_0 = \dfrac{1}{l} \int_{-l}^{l} f(x) \mathrm{d}x, a_n = \dfrac{1}{l} \int_{-l}^{l} f(x) \cos \dfrac{n\pi x}{l} \mathrm{d}x, b_n = \dfrac{1}{l} \int_{-l}^{l} f(x) \sin \dfrac{n\pi x}{l} \mathrm{d}x (n = 1, 2, 3, \cdots)$．

特别地，（1）若 $f(x)$ 为 $[-l, l)$ 上的奇函数，则式（8.16）为正弦级数

$$f(x) = \sum_{n=1}^{\infty} b_n \sin \frac{n\pi x}{l}$$

其中，$b_n = \dfrac{2}{l} \int_0^l f(x) \sin \dfrac{n\pi x}{l} \mathrm{d}x (n = 1, 2, 3, \cdots)$．

（2）若 $f(x)$ 为 $[-l, l)$ 上的偶函数，则式（8.16）为余弦级数

$$f(x) = \frac{a_0}{2} + \sum_{n=1}^{\infty} a_n \cos \frac{n\pi x}{l}$$

其中,$a_0 = \dfrac{2}{l}\displaystyle\int_0^l f(x)\,\mathrm{d}x$,$a_n = \dfrac{2}{l}\displaystyle\int_0^l f(x)\cos\dfrac{n\pi x}{l}\mathrm{d}x(n = 1,2,3,\cdots)$.

例 1 设以 2 为周期的函数 $f(x)$ 的表达式为

$$f(x) = \begin{cases} 0 & -1 \leqslant x < 0 \\ 1 & 0 \leqslant x < 1 \end{cases}$$

将 $f(x)$ 展开成傅里叶级数.

解 $l = 1$,$f(x)$ 的傅里叶系数为

$$a_0 = \int_{-1}^1 f(x)\,\mathrm{d}x = \int_0^1 1 \cdot \mathrm{d}x = 1$$

$$a_n = \int_{-1}^1 f(x)\cos n\pi x\,\mathrm{d}x = \int_0^1 \cos n\pi x\,\mathrm{d}x = \frac{1}{n\pi}\sin n\pi x\ \bigg|_0^1 = 0$$

$$b_n = \int_{-1}^1 f(x)\sin n\pi x\,\mathrm{d}x = \int_0^1 \sin n\pi x\,\mathrm{d}x = -\frac{1}{n\pi}\cos n\pi x\ \bigg|_0^1$$

$$= \begin{cases} 0 & n\ \text{为偶数} \\ \dfrac{2}{n\pi} & n\ \text{为奇数} \end{cases}$$

由收敛定理,$f(x)$ 在区间 $[-1,1)$ 内的间断点 $x = 0$ 和端点 $x = \pm1$ 处均收敛于 $\dfrac{1}{2}$. $f(x)$ 的傅里叶级数为

$$f(x) = \frac{1}{2} + \frac{2}{\pi}\Big[\sin\pi x + \frac{1}{3}\sin3\pi x + \cdots + \frac{1}{2n-1}\sin(2n-1)\pi x + \cdots\Big]$$

$$(x \neq 0,\ \pm1,\ \pm2,\cdots)$$

随堂练习 1

设 $f(x)$ 是周期为 6 的周期函数,它在 $[-3,3)$ 上的表达式为

$$f(x) = \begin{cases} 0 & -3 \leqslant x < 0 \\ c & 0 \leqslant x < 3 \end{cases}$$

将 $f(x)$ 展开成傅里叶级数.

8.5.2 在区间 $[0,l]$ 上将函数展开为傅里叶级数

设 $f(x)$ 定义在区间 $[0,l]$ 上,且满足收敛定理的条件,若要将 $f(x)$ 展开成傅里叶级数,需要对 $f(x)$ 在区间 $[-l,0]$ 上补充函数的定义,使新函数 $F(x)$ 是定义在 $[-l,l]$ 上的奇(偶)函数,在区间 $[0,l]$ 上,$F(x) = f(x)$,这种过程称为奇延拓(偶延拓). 然后将 $F(x)$ 视为以 $2l$ 为周期的奇(偶)函数,将 $F(x)$ 展开成傅里叶级数,再将 x 限制在区间 $[0,l]$ 上,相应地得到 $f(x)$ 的傅里叶级数展开式.

例 2 将函数 $f(x) = x + 1(0 \leqslant x \leqslant 1)$ 分别展开成正弦级数和余弦级数

解 先求正弦级数,对 $f(x)$ 作奇延拓,如图 8.4 所示,则 $l = 1$,

$$b_n = 2\int_0^1 (x + 1)\sin n\pi x\,\mathrm{d}x = \frac{2}{n\pi}(1 - 2\cos n\pi) = \frac{2}{n\pi}[1 - 2(-1)^n]\quad (n = 1,2,3,\cdots)$$

得到 $f(x)$ 的正弦级数展开式为

$$f(x) = \frac{2}{\pi}\Big(3\sin\pi x - \frac{1}{2}\sin2\pi x + \frac{3}{3}\sin3\pi x - \frac{1}{4}\sin4\pi x + \cdots\Big)\quad (0 < x < 1)$$

当 $x = 0,1$ 时,正弦级数都收敛于 0.

再求余弦级数,对 $f(x)$ 作偶延拓,如图 8.5 所示,则

$$a_0 = 2\int_0^1 (x+1)\mathrm{d}x = 3$$

$$a_n = 2\int_0^1 (x+1)\cos n\pi x\mathrm{d}x = \frac{2}{n^2\pi^2}(\cos n\pi - 1) = \begin{cases} 0 & \text{当 } n \text{ 为偶数} \\ -\dfrac{4}{n^2\pi^2} & \text{当 } n \text{ 为奇数} \end{cases}$$

于是,$f(x)$ 的余弦级数展开式为

$$f(x) = \frac{3}{2} - \frac{4}{\pi^2}\left(\cos\pi x + \frac{1}{3^2}\cos 3\pi x + \frac{1}{5^2}\cos 5\pi x + \cdots\right) \quad (0 \leqslant x \leqslant 1)$$

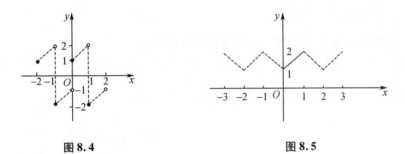

图 8.4   图 8.5

8.5.3　傅里叶级数的复数形式

在电子技术中,经常需要把傅里叶级数用复数形式表示.

设 $f(x)$ 是以 $2l$ 为周期的函数,且满足收敛定理的条件,它的傅里叶级数为

$$f(x) = \frac{a_0}{2} + \sum_{n=1}^{\infty}\left(a_n\cos\frac{n\pi x}{l} + b_n\sin\frac{n\pi x}{l}\right) \tag{8.17}$$

其中,$a_0 = \dfrac{1}{l}\displaystyle\int_{-l}^{l} f(x)\mathrm{d}x$,$a_n = \dfrac{1}{l}\displaystyle\int_{-i}^{l} f(x)\cos\frac{n\pi x}{l}\mathrm{d}x$,$b_n = \dfrac{1}{l}\displaystyle\int_{-l}^{l} f(x)\sin\frac{n\pi x}{l}\mathrm{d}x(n = 1,2,$ $3,\cdots)$.

利用欧拉公式 $\mathrm{e}^{ix} = \cos x + i\sin x$,得

$$\cos\frac{n\pi x}{l} = \frac{1}{2}(\mathrm{e}^{i\frac{n\pi x}{l}} + \mathrm{e}^{-i\frac{n\pi x}{l}}), \sin\frac{n\pi x}{l} = \frac{1}{2i}(\mathrm{e}^{i\frac{n\pi x}{l}} - \mathrm{e}^{-i\frac{n\pi x}{l}})$$

代入式(8.17),则得

$$f(x) = \frac{a_0}{2} + \sum_{n=1}^{\infty}\left[a_n\cdot\frac{1}{2}(\mathrm{e}^{i\frac{n\pi x}{l}} + \mathrm{e}^{-i\frac{n\pi x}{l}}) + b_n\cdot\frac{1}{2i}(\mathrm{e}^{i\frac{n\pi x}{l}} - \mathrm{e}^{-i\frac{n\pi x}{l}})\right]$$

$$= \frac{a_0}{2} + \sum_{n=1}^{\infty}\left[\frac{a_n - ib_n}{2}\mathrm{e}^{i\frac{n\pi x}{l}} + \frac{a_n + ib_n}{2}\mathrm{e}^{-i\frac{n\pi x}{l}}\right] \tag{8.18}$$

令 $c_0 = \dfrac{a_0}{2}$,$c_n = \dfrac{a_n - ib_n}{2}$,$c_{-n} = \dfrac{a_n + ib_n}{2}(n = 1,2,3,\cdots)$,其中 c_n 和 c_{-n} 是共轭复数,式(8.18)可写成

$$f(x) = c_0 + \sum_{n=1}^{\infty}(c_n\mathrm{e}^{i\frac{n\pi x}{l}} + c_{-n}\mathrm{e}^{-i\frac{n\pi x}{l}}) \tag{8.19}$$

其中 $c_0 = \dfrac{1}{2l}\displaystyle\int_{-l}^{l} f(x)\mathrm{d}x$

$$c_n = \frac{a_n - ib_n}{2} = \frac{1}{2}\left[\frac{1}{l}\int_{-l}^{l}f(x)\cos\frac{n\pi x}{l}\mathrm{d}x - \frac{i}{l}\int_{-l}^{l}f(x)\sin\frac{n\pi x}{l}\mathrm{d}x\right]$$

$$= \frac{1}{2l}\left[\int_{-l}^{l}f(x)\left(\cos\frac{n\pi x}{l} - i\sin\frac{n\pi x}{l}\right)\mathrm{d}x\right] = \frac{1}{2l}\int_{-l}^{l}f(x)\mathrm{e}^{-i\frac{n\pi x}{l}}\mathrm{d}x$$

同样可以求出 $c_{-n} = \dfrac{a_n + ib_n}{2} = \dfrac{1}{2l}\int_{-l}^{l}f(x)\mathrm{e}^{i\frac{n\pi x}{l}}\mathrm{d}x = \dfrac{1}{2l}\int_{-l}^{l}f(x)\mathrm{e}^{-i\frac{(-n)\pi x}{l}}\mathrm{d}x$.

式(8.19)统一写成

$$f(x) = \sum_{n=-\infty}^{\infty}c_n\mathrm{e}^{i\frac{n\pi x}{l}} \tag{8.20}$$

其中,$c_n = \dfrac{1}{2l}\int_{-l}^{l}f(x)\mathrm{e}^{-i\frac{n\pi x}{l}}\mathrm{d}x$.

式(8.20)的右端称为 $f(x)$ 的傅里叶级数的复数形式.

例3　把高为 h,宽为 t,周期为 T 的矩形波(图8.6)展开成复数形式的傅里叶级数.

解　由图8.6可得,$f(x)$ 在区间 $\left[-\dfrac{T}{2}, \dfrac{T}{2}\right)$ 上的表达式为

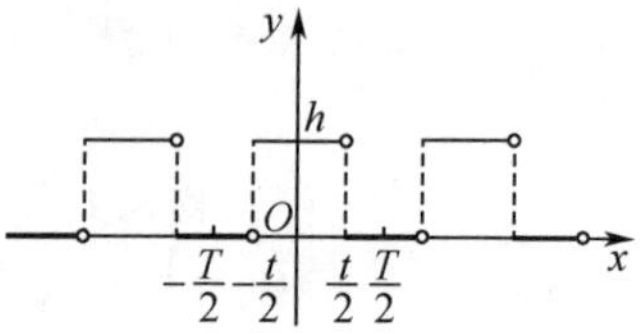

$$f(x) = \begin{cases} 0 & -\dfrac{T}{2} \leqslant x < -\dfrac{t}{2} \\ h & -\dfrac{t}{2} \leqslant x < \dfrac{t}{2} \\ 0 & \dfrac{t}{2} \leqslant x < \dfrac{T}{2} \end{cases}$$

图 8.6

$$c_n = \frac{1}{2l}\int_{-l}^{l}f(x)\mathrm{e}^{-i\frac{n\pi}{l}x}\mathrm{d}x = \frac{1}{T}\int_{-\frac{T}{2}}^{\frac{T}{2}}f(x)\mathrm{e}^{-i\frac{2n\pi}{T}x}\mathrm{d}x = \frac{h}{T}\int_{-\frac{t}{2}}^{\frac{t}{2}}\mathrm{e}^{-i\frac{2n\pi}{T}x}\mathrm{d}x$$

$$= \frac{h}{T}\left[\frac{-T}{2n\pi i}\mathrm{e}^{-i\frac{2n\pi}{T}x}\right]_{-\frac{t}{2}}^{\frac{t}{2}} = \frac{h}{n\pi}\sin\frac{n\pi t}{T} \quad (n = \pm 1, \pm 2, \cdots)$$

$$c_0 = \frac{1}{T}\int_{-\frac{t}{2}}^{\frac{t}{2}}h\mathrm{d}t = \frac{ht}{T}$$

把 c_n 代入式(8.20),得 $f(x)$ 的傅里叶级数的复数形式:

$$f(x) = \frac{ht}{T} + \frac{h}{\pi}\sum_{n=-\infty}^{\infty}\frac{1}{n}\sin\frac{n\pi t}{T}\mathrm{e}^{i\frac{2n\pi}{T}x}$$

其中,$n\neq 0$ 且 $x\neq \pm\dfrac{t}{2} + kT, k \in \mathbf{Z}$.

随堂练习2

周期脉冲信号函数在一个周期内的表达式为

$$u(t) = \begin{cases} 0 & -2 \leqslant t < 0 \\ E & 0 \leqslant t < 1 \\ 0 & 1 \leqslant t < 2 \end{cases}$$

试将其展开成复数形式的傅里叶级数.

习题 8.5

1. 下面各函数是周期函数在一个周期内的表达式,试将其展开成傅里叶级数.

$(1)f(x) = \begin{cases} 0 & -2 \leqslant x < 0 \\ A & 0 \leqslant x < 2 \end{cases}$ $\qquad$ $(2)f(x) = 1 - x^2 \quad \left(-\dfrac{1}{2} \leqslant x < \dfrac{1}{2}\right)$

$(3)f(x) = \begin{cases} 2x + 1 & -3 \leqslant x < 0 \\ 1 & 0 \leqslant x < 3 \end{cases}$ $\qquad$ $(4)f(x) = \begin{cases} -1 & -2 \leqslant x < -1 \\ x & -1 \leqslant x < 1 \\ 1 & 1 \leqslant x \leqslant 2 \end{cases}$

2. 将函数 $f(x)$ 分别展开成正弦级数和余弦级数,函数表达式为

$$f(x) = \begin{cases} 1 & 0 \leqslant x < \dfrac{1}{2} \\ -1 & \dfrac{1}{2} \leqslant x < 1 \end{cases}$$

3. 设 $f(x)$ 是周期为 2 的周期函数,它在 $[-1,1)$ 上的表达式为 $f(x) = e^{-x}$,将 $f(x)$ 展开成复数形式的傅里叶级数.

第9章 拉普拉斯变换

拉普拉斯变换(简称拉氏变换)是一种积分变换. 它是分析和求解常系数线性微分方程的一种简便方法,同时还是研究电学、自动控制理论等学科的重要工具. 本章将介绍拉氏变换的基本概念、基本公式、主要性质、拉氏逆变换及一些简单的应用.

9.1 拉氏变换的概念及基本公式

9.1.1 拉氏变换的概念

定义 设函数 $f(t)$ 在 $[0, +\infty)$ 上有定义,若广义积分

$$\int_0^{+\infty} f(t) e^{-st} dt$$

对于 s 在某一范围内的值收敛,则此积分就确定了一个以 s 为自变量的函数,记作 $F(s)$,即

$$F(s) = \int_0^{+\infty} f(t) e^{-st} dt$$

函数 $F(s)$ 称为 $f(t)$ 的拉氏变换,也称为 $f(t)$ 的象函数,上式称为函数 $f(t)$ 的拉氏变换式,用记号 $L[f(t)]$ 表示,即

$$F(s) = L[f(t)]$$

若 $F(s)$ 是 $f(t)$ 的拉氏变换,则称 $f(t)$ 为 $F(s)$ 的拉氏逆变换,也称为 $F(s)$ 的象原函数,记作 $L^{-1}[F(s)]$,即

$$f(t) = L^{-1}[F(s)]$$

注 (1)在拉氏变换的定义中,只要求 $f(t)$ 在 $t \geq 0$ 时有定义,为了研究方便,以后总假定在 $t < 0$ 时,$f(t) \equiv 0$.

(2)拉氏变换中的参数 s 的取值范围是复数集. 为了简便起见,本章只讨论 s 在实数集取值的情况,但所得的结果仍适用于 s 在复数集取值的情况.

(3)并非所有函数的拉氏变换都存在,但在科学技术中遇到的函数,一般来说它的拉氏变换总是存在的,所以本章略去函数拉氏变换存在性的讨论.

由拉氏变换的定义可知,求函数 $f(t)$ 的拉氏变换,实质上就是将该函数通过广义积分转换成一个新的函数.

例1 求指数函数 $f(t) = e^{at}$($t \geq 0$,a 是常数)的拉氏变换.

解 根据拉氏变换定义,得

$$L[e^{at}] = \int_0^{+\infty} e^{at} e^{-st} dt = \int_0^{+\infty} e^{-(s-a)t} dt = \frac{1}{s-a}(s > a)$$

因此

$$L[e^{at}] = \frac{1}{s-a}(s > a)$$

9.1.2　单位阶梯函数、狄拉克函数

在自动控制理论中,常会用到单位阶梯函数、狄拉克函数.

1. 单位阶梯函数

函数

$$u(t) = \begin{cases} 0 & t < 0 \\ 1 & t \geq 0 \end{cases} \tag{9.1}$$

称为单位阶梯函数,图像如图 9.1 所示.

随堂练习 1

求单位阶梯函数 $u(t) = \begin{cases} 0 & t < 0 \\ 1 & t \geq 0 \end{cases}$ 的拉氏变换.

如果把 $u(t)$ 分别向右平移 a 和 b 个单位($a > 0, b > 0$),则得到

$$u(t - a) = \begin{cases} 0 & t < a \\ 1 & t \geq a \end{cases} \tag{9.2}$$

$$u(t - b) = \begin{cases} 0 & t < b \\ 1 & t \geq b \end{cases} \tag{9.3}$$

图像如图 9.2 和图 9.3 所示.

当 $a < b$ 时,式(9.2)减去式(9.3),得

$$u(t - a) - u(t - b) = \begin{cases} 1 & a \leq t < b \\ 0 & t < a \text{ 或 } t \geq b \end{cases} \tag{9.4}$$

图像如图 9.4 所示.

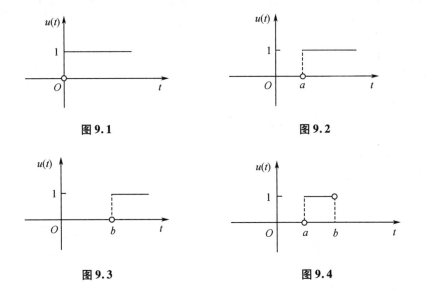

图 9.1　　　　　　　　　　　　图 9.2

图 9.3　　　　　　　　　　　　图 9.4

利用单位阶梯函数式(9.1)以及式(9.2)、(9.3)、(9.4)可以将某些分段函数的表达式合写成一个式子. 例如

$$f(t) = \begin{cases} 0 & t < 0 \\ c_1 & 0 \leqslant t < a_1 \\ c_2 & a_1 \leqslant t < a_2 \\ \vdots & \vdots \\ c_n & t \geqslant a_{n-1} \end{cases}$$

其中 $0 < a_1 < a_2 < \cdots < a_{n-1}$，$c_i(i = 1,2,\cdots,n)$ 为常数. 不难推得

$$f(t) = c_1 u(t) + (c_2 - c_1) u(t - a_1) + \cdots + (c_n - c_{n-1}) u(t - a_{n-1}) \tag{9.5}$$

例2 把函数

$$f(t) = \begin{cases} 0 & t < 0 \\ c & 0 \leqslant t < a \\ 2c & a \leqslant t < 3a \\ 0 & t \geqslant 3a \end{cases} \quad (c \text{ 为常数})$$

用 $u(t)$ 合写成一个式子.

解 根据式(9.5)，得

$$\begin{aligned} f(t) &= cu(t) + (2c - c)u(t - a) + (0 - 2c)u(t - 3a) \\ &= cu(t) + cu(t - a) - 2cu(t - 3a) \end{aligned}$$

随堂练习2

利用单位阶梯函数将下列函数合写成一个式子.

$$(1)\,f(t) = \begin{cases} 0 & t < 0 \\ 1 & 0 \leqslant t < 1 \\ 2 & t \geqslant 1 \end{cases} \qquad (2)\,f(t) = \begin{cases} 0 & t < 0 \\ -1 & 0 \leqslant t < 4 \\ 1 & t \geqslant 4 \end{cases} \qquad (3)\,f(t) = \begin{cases} 0 & t < 0 \\ c_1 & 0 \leqslant t < a_1 \\ c_2 & a_1 \leqslant t < a_2 \\ c_3 & t \geqslant a_2 \end{cases}$$

2. 狄拉克函数

已知函数

$$\delta_\tau(t) = \begin{cases} 0 & t < 0 \\ \dfrac{1}{\tau} & 0 \leqslant t \leqslant \tau \\ 0 & t > \tau \end{cases}$$

当 $\tau \to 0$ 时，$\delta_\tau(t)$ 的极限

$$\delta(t) = \lim_{\tau \to 0} \delta_\tau(t)$$

称为狄拉克函数，简称 δ 函数，即

$$\delta(t) = \begin{cases} 0 & t \neq 0 \\ \infty & t = 0 \end{cases}$$

$\delta_\tau(t)$ 的图像如图 9.5 所示.

工程技术中，常将 $\delta(t)$ 称为单位脉冲函数.

9.1.3 拉氏变换的基本公式

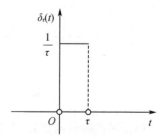

图 9.5

现将一些常用函数的拉氏变换列表 9.1 以便使用.

表 9.1

序号	$f(t)$	$F(s)$
1	$\delta(t)$	1
2	$u(t)$	$\dfrac{1}{s}$
3	t	$\dfrac{1}{s^2}$
4	$t^n\,(n=1,2,\cdots)$	$\dfrac{n!}{s^{n+1}}$
5	e^{at}	$\dfrac{1}{s-a}$
6	$1-e^{-at}$	$\dfrac{a}{s(s+a)}$
7	te^{at}	$\dfrac{1}{(s-a)^2}$
8	$t^n e^{at}\,(n=1,2,\cdots)$	$\dfrac{n!}{(s-a)^{n+1}}$
9	$\sin\omega t$	$\dfrac{\omega}{s^2+\omega^2}$
10	$\cos\omega t$	$\dfrac{s}{s^2+\omega^2}$
11	$\sin(\omega t+\varphi)$	$\dfrac{s\sin\varphi+\omega\cos\varphi}{s^2+\omega^2}$
12	$\cos(\omega t+\varphi)$	$\dfrac{s\cos\varphi-\omega\sin\varphi}{s^2+\omega^2}$
13	$t\sin\omega t$	$\dfrac{2\omega s}{(s^2+\omega^2)^2}$
14	$t\cos\omega t$	$\dfrac{s^2-\omega^2}{(s^2+\omega^2)^2}$
15	$e^{-at}\sin\omega t$	$\dfrac{\omega}{(s+a)^2+\omega^2}$
16	$e^{-at}\cos\omega t$	$\dfrac{s+a}{(s+a)^2+\omega^2}$
17	$\dfrac{1}{a^2}(1-\cos at)$	$\dfrac{1}{s(s^2+a^2)}$
18	$e^{at}-e^{bt}$	$\dfrac{a-b}{(s-a)(s-b)}$
19	$\sin\omega t-\omega t\cos\omega t$	$\dfrac{2\omega^3}{(s^2+\omega^2)^2}$

利用拉氏变换表 9.1 可以直接求出一些简单函数的拉氏变换.

例3 求下列函数的拉氏变换.

(1)$f(t) = e^{2t}$　　(2)$f(t) = t^3$　　(3)$f(t) = \sin 4t$　　(4)$f(t) = \cos 2t$

解　(1)$L[e^{2t}] = \dfrac{1}{s-2}$　　　　(2)$L[t^3] = \dfrac{6}{s^4}$

(3)$L[\sin 4t] = \dfrac{4}{s^2+16}$　　　　(4)$L[\cos 2t] = \dfrac{s}{s^2+4}$

随堂练习3

求下列函数的拉氏变换.

(1)$f(t) = e^{-4t}$　　　　　　　　(2)$f(t) = t^4$

(3)$f(t) = \sin 2t$　　　　　　　　(4)$f(t) = \cos 3t$

习题 9.1

1.用单位阶梯函数 $u(t)$ 将下列函数合写成一个式子.

$$(1)f(t) = \begin{cases} 0 & t < 0 \\ 2 & 0 \le t < 1 \\ 1 & t \ge 1 \end{cases} \quad (2)f(t) = \begin{cases} 0 & t < 0 \\ 1 & 0 \le t < 1 \\ 2 & 1 \le t < 3 \\ 0 & t \ge 3 \end{cases} \quad (3)f(t) = \begin{cases} 0 & t < 0 \\ 1 & 0 \le t < 1 \\ 3 & 1 \le t < 5 \\ 7 & t \ge 5 \end{cases}$$

2.求下列函数的拉氏变换.

(1)$f(t) = e^{-3t}$　　　(2)$f(t) = t^2$　　　(3)$f(t) = \sin 3t$　　　(4)$f(t) = \cos 6t$

9.2　拉氏变换的性质

拉氏变换有很多重要性质,利用这些性质可以求一些较复杂函数的拉氏变换.现将这些性质列表9.2以便使用.

表 9.2

序号	拉氏变换性质(设 $L[f(t)] = F(s)$)
1	$L[a_1 f_1(t) + a_2 f_2(t)] = a_1 L[f_1(t)] + a_2 L[f_2(t)]$
2	$L[e^{at} f(t)] = F(s-a)$
3	$L[f(t-a)] = e^{-as} F(s) \quad (a > 0)$
4	$L[f'(t)] = sF(s) - f(0)$
5	$L[f^{(n)}(t)] = s^n F(s) - [s^{n-1} f(0) + s^{n-2} f'(0) + \cdots + f^{(n-1)}(0)]$
6	$L\left[\displaystyle\int_0^t f(x)\,\mathrm{d}x\right] = \dfrac{F(s)}{s}$
7	$L[f(at)] = \dfrac{1}{a} F\left(\dfrac{s}{a}\right) \quad (a > 0)$
8	$L[t^n f(t)] = (-1)^n F^{(n)}(s)$
9	$L\left[\dfrac{f(t)}{t}\right] = \displaystyle\int_s^{+\infty} F(s)\,\mathrm{d}s$

例 1　求函数 $f(t) = \dfrac{1}{a}(1 - \mathrm{e}^{-at})$ 的拉氏变换.

解　$L\left[\dfrac{1}{a}(1 - \mathrm{e}^{-at})\right] = \dfrac{1}{a}\{L[1] - L[\mathrm{e}^{-at}]\} = \dfrac{1}{a}\left(\dfrac{1}{s} - \dfrac{1}{s+a}\right) = \dfrac{1}{s(s+a)}$

随堂练习 1

利用拉氏变换性质求下列函数的拉氏变换.

$(1)f(t) = \dfrac{1}{a^2}(1 - \cos at)$　　　　$(2)\ f(t) = \mathrm{e}^{at} - \mathrm{e}^{bt}$　　　　$(3)f(t) = 2\sin^2 3t$

例 2　利用拉氏变换性质求 $L[te^{at}]$ 及 $L[\mathrm{e}^{-at}\sin\omega t]$.

解　由表 9.1 中的 3 和 9 及表 9.2 中的 2,得

$$L[te^{at}] = \dfrac{1}{(s-a)^2},\ L[\mathrm{e}^{-at}\sin\omega t] = \dfrac{\omega}{(s+a)^2 + \omega^2}$$

随堂练习 2

利用拉氏变换性质求下列函数的拉氏变换.

$(1)f(t) = \mathrm{e}^{2t}\sin 4t$　　　　$(2)f(t) = \mathrm{e}^{-at}\cos\omega t$　　　　$(3)f(t) = t^n \mathrm{e}^{at}$

例 3　求函数 $u(t-a) = \begin{cases} 0 & t < a \\ 1 & t \geqslant a \end{cases}$ 的拉氏变换.

解　由表 9.2 中的 3 及表 9.1 中的 2,得

$$L[u(t-a)] = \dfrac{1}{s}\mathrm{e}^{-as}$$

随堂练习 3

求下列拉氏变换.

$(1)L[u(t-1)]$　　$(2)L[u(t-2)]$　　$(3)L[u(t-3)]$　　$(4)L[u(t-3a)]$

例 4　求函数 $f(t) = \begin{cases} 0 & t < 0 \\ c & 0 \leqslant t < a \\ 2c & a \leqslant t < 3a \\ 0 & t \geqslant 3a \end{cases}$ 的拉氏变换.

解　由 9.1 节例 2 知,可将 $f(t)$ 写成

$$f(t) = cu(t) + cu(t-a) - 2cu(t-3a)$$

由表 9.2 中的 1 及本节例 3 的结果,得

$$L[f(t)] = L[cu(t) + cu(t-a) - 2cu(t-3a)]$$
$$= \dfrac{c}{s} + \dfrac{c}{s}\mathrm{e}^{-as} - \dfrac{2c}{s}\mathrm{e}^{-3as} = \dfrac{c}{s}(1 + \mathrm{e}^{-as} - 2\mathrm{e}^{-3as})$$

由例 4 可以看到,求分段函数的拉氏变换时,先把它用 $u(t)$ 合写成一个式子,再用拉氏变换的性质来求.

随堂练习 4

求下列函数的拉氏变换.

$(1)f(t) = \begin{cases} 0 & t < 0 \\ 1 & 0 \leqslant t < 1 \\ 2 & t \geqslant 1 \end{cases}$　　　$(2)f(t) = \begin{cases} 0 & t < 0 \\ -1 & 0 \leqslant t < 4 \\ 1 & t \geqslant 4 \end{cases}$　　　$(3)f(t) = \begin{cases} 0 & t < 0 \\ c_1 & 0 \leqslant t < a_1 \\ c_2 & a_1 \leqslant t < a_2 \\ c_3 & t \geqslant a_2 \end{cases}$

例 5 利用拉氏变换性质求 $L[\sin\omega t]$ 和 $L[\cos\omega t]$.

解 设 $f(t) = \sin\omega t$,则

$$f(0) = 0, f'(t) = \omega\cos\omega t, f'(0) = \omega, f''(t) = -\omega^2\sin\omega t$$

由表 9.2 中的 5 得

$$L[-\omega^2\sin\omega t] = L[f''(t)] = s^2 L[f(t)] - sf(0) - f'(0)$$

即

$$-\omega^2 L[\sin\omega t] = s^2 L[\sin\omega t] - \omega$$

从而

$$L[\sin\omega t] = \frac{\omega}{s^2 + \omega^2}$$

又因为 $\cos\omega t = \frac{1}{\omega}(\sin\omega t)'$,由 $L[\sin\omega t]$ 及表 9.2 中的 4 可得

$$L[\cos\omega t] = L\left[\frac{1}{\omega}(\sin\omega t)'\right] = \frac{1}{\omega}L[(\sin\omega t)'] = \frac{1}{\omega}\{sL[\sin\omega t] - \sin 0\}$$

$$= \frac{1}{\omega}\left(\frac{s\omega}{s^2 + \omega^2} - 0\right) = \frac{s}{s^2 + \omega^2}$$

习题 9.2

利用拉氏变换性质求下列函数的拉氏变换.

(1) $f(t) = 5\sin 2t - 3\cos 2t$ (2) $f(t) = 8\sin^2 3t$ (3) $f(t) = e^{3t}\sin 4t$

(4) $f(t) = t^2 e^{-2t}$ (5) $f(t) = \begin{cases} 8 & 0 \leqslant t < 2 \\ 6 & t \geqslant 2 \end{cases}$

9.3　拉氏变换的逆变换

前两节讨论了由已知函数 $f(t)$ 求它的象函数 $F(s)$ 的问题. 但在实际应用中还会遇到与此相反的问题,即已知象函数 $F(s)$ 求它的象原函数 $f(t)$ 的问题,这就是拉氏变换的逆变换.

在求象函数 $F(s)$ 的逆变换时,常常要从拉氏变换表 9.1 中查找,同时要结合运用拉氏变换的性质. 为此,在这里把最常用的拉氏变换的性质用逆变换的形式列出来.

1. $L^{-1}[a_1 F_1(s) + a_2 F_2(s)] = a_1 L^{-1}[F_1(s)] + a_2 L^{-1}[F_2(s)]$

2. $L^{-1}[F(s-a)] = e^{at} L^{-1}[F(s)]$

例 1 求下列象函数的逆变换:

(1) $F(s) = \frac{1}{s+3}$ (2) $F(s) = \frac{1}{(s-2)^3}$ (3) $F(s) = \frac{2s-5}{s^2}$ (4) $F(s) = \frac{4s-3}{s^2+4}$

解 (1)由表 9.1 中的 5,取 $a = -3$,得

$$f(t) = L^{-1}\left[\frac{1}{s+3}\right] = e^{-3t}$$

(2)由性质 2 及表 9.1 中的 4,得

$$f(t) = L^{-1}\left[\frac{1}{(s-2)^3}\right] = e^{2t}L^{-1}\left[\frac{1}{s^3}\right] = \frac{e^{2t}}{2}L^{-1}\left[\frac{2!}{s^3}\right] = \frac{1}{2}t^2 e^{2t}$$

（3）由性质 1 及表 9.1 中的 2、3，得

$$f(t) = L^{-1}\left[\frac{2s-5}{s^2}\right] = 2L^{-1}\left[\frac{1}{s}\right] - 5L^{-1}\left[\frac{1}{s^2}\right] = 2 - 5t$$

（4）由性质 1 及表 9.1 中的 10、9，得

$$f(t) = L^{-1}\left[\frac{4s-3}{s^2+4}\right] = 4L^{-1}\left[\frac{s}{s^2+4}\right] - \frac{3}{2}L^{-1}\left[\frac{2}{s^2+4}\right] = 4\cos 2t - \frac{3}{2}\sin 2t$$

例 2　求 $F(s) = \dfrac{2s+3}{s^2-2s+5}$ 的逆变换.

解　$f(t) = L^{-1}\left[\dfrac{2s+3}{s^2-2s+5}\right] = L^{-1}\left[\dfrac{2(s-1)+5}{(s-1)^2+4}\right]$

$$= 2L^{-1}\left[\frac{s-1}{(s-1)^2+4}\right] + \frac{5}{2}L^{-1}\left[\frac{2}{(s-1)^2+4}\right]$$

$$= 2\mathrm{e}^t L^{-1}\left[\frac{s}{s^2+4}\right] + \frac{5}{2}\mathrm{e}^t L^{-1}\left[\frac{2}{s^2+4}\right] = 2\mathrm{e}^t\cos 2t + \frac{5}{2}\mathrm{e}^t\sin 2t$$

$$= \mathrm{e}^t\left(2\cos 2t + \frac{5}{2}\sin 2t\right)$$

随堂练习 1

求下列象函数的拉氏逆变换.

（1）$F(s) = \dfrac{1}{s+5}$　　　　　（2）$F(s) = \dfrac{1}{(s-3)^3}$　　　　　（3）$F(s) = \dfrac{3s-7}{s^2}$

（4）$F(s) = \dfrac{2s-8}{s^2+36}$　　　　（5）$F(s) = \dfrac{3s+1}{s^2+2s+1}$

　　在运用拉氏变换解决工程技术中的应用问题时，通常遇到的象函数是有理分式，一般可采用部分分式方法将它分解为较简单的分式之和，然后再利用拉氏变换表求出象原函数.

　　例 3　求 $F(s) = \dfrac{s+9}{s^2+5s+6}$ 的逆变换.

　　解　先将 $F(s)$ 分解为两个简单的分式之和. 设

$$\frac{s+9}{s^2+5s+6} = \frac{s+9}{(s+2)(s+3)} = \frac{A}{s+2} + \frac{B}{s+3}$$

其中 A、B 是待定系数. 通分后去分母得

$$s + 9 = A(s+3) + B(s+2)$$

令 $s = -2$，得 $A = 7$；令 $s = -3$，得 $B = -6$. 所以

$$\frac{s+9}{s^2+5s+6} = \frac{7}{s+2} - \frac{6}{s+3}$$

于是

$$f(t) = L^{-1}\left[\frac{7}{s+2} - \frac{6}{s+3}\right] = 7L^{-1}\left[\frac{1}{s+2}\right] - 6L^{-1}\left[\frac{1}{s+3}\right] = 7\mathrm{e}^{-2t} - 6\mathrm{e}^{-3t}$$

　　例 4　求 $F(s) = \dfrac{s+3}{s^3+4s^2+4s}$ 的逆变换.

　　解　先将 $F(s)$ 分解为几个简单的分式之和. 设

$$\frac{s+3}{s^3+4s^2+4s}=\frac{s+3}{s(s+2)^2}=\frac{A}{s}+\frac{B}{s+2}+\frac{C}{(s+2)^2}$$

其中 A、B、C 是待定系数. 通分后去分母得

$$s+3=A(s+2)^2+Bs(s+2)+Cs$$

令 $s=0$，得 $A=\frac{3}{4}$；令 $s=-2$，得 $C=-\frac{1}{2}$；令 $s=-1$，得 $B=-\frac{3}{4}$. 所以

$$\frac{s+3}{s^3+4s^2+4s}=\frac{\frac{3}{4}}{s}-\frac{\frac{3}{4}}{s+2}-\frac{\frac{1}{2}}{(s+2)^2}$$

于是

$$\begin{aligned}
f(t)&=L^{-1}\Big[\frac{3}{4}\cdot\frac{1}{s}-\frac{3}{4}\cdot\frac{1}{s+2}-\frac{1}{2}\cdot\frac{1}{(s+2)^2}\Big]\\
&=\frac{3}{4}L^{-1}\Big[\frac{1}{s}\Big]-\frac{3}{4}L^{-1}\Big[\frac{1}{s+2}\Big]-\frac{1}{2}L^{-1}\Big[\frac{1}{(s+2)^2}\Big]\\
&=\frac{3}{4}-\frac{3}{4}e^{-2t}-\frac{1}{2}te^{-2t}
\end{aligned}$$

随堂练习 2

求下列象函数的拉氏逆变换.

$(1)F(s)=\dfrac{1}{s(s+1)}$ $\qquad$ $(2)F(s)=\dfrac{s}{s^2-5s+6}$ $\qquad$ $(3)F(s)=\dfrac{1}{s(s-1)^2}$

习题 9.3

求下列各函数的拉氏逆变换.

$(1)F(s)=\dfrac{2}{s-3}$ $\qquad$ $(2)F(s)=\dfrac{1}{3s+5}$ $\qquad$ $(3)F(s)=\dfrac{4s}{s^2+16}$

$(4)F(s)=\dfrac{1}{4s^2+9}$ $\qquad$ $(5)F(s)=\dfrac{2s-8}{s^2+36}$ $\qquad$ $(6)F(s)=\dfrac{s}{(s+3)(s+5)}$

$(7)F(s)=\dfrac{1}{s(s+1)(s+2)}$ $\qquad$ $(8)F(s)=\dfrac{4}{s^2+4s+10}$ $\qquad$ $(9)F(s)=\dfrac{s^2+2}{s^3+6s^2+9s}$

$(10)F(s)=\dfrac{(2s+1)^2}{s^5}$

9.4　拉氏变换的应用

本节将应用拉氏变换解线性微分方程,并建立线性系统的一个基本概念——传递函数.

9.4.1　解微分方程

下面举例说明用拉氏变换解常系数线性微分方程的方法和步骤.

例 1　求微分方程 $x'(t)+2x(t)=0$ 满足初始条件 $x(0)=3$ 的解.

解　(1)对方程两端取拉氏变换,并设 $L[x(t)]=X(s)$,有

$$L[x'(t) + 2x(t)] = L[0]$$
$$L[x'(t)] + 2L[x(t)] = 0$$
$$sX(s) - x(0) + 2X(s) = 0$$

代入初始条件 $x(0) = 3$，整理后得

$$(s + 2)X(s) = 3$$

这样，经变换后，原微分方程已转化为象函数 $X(s)$ 的代数方程.

（2）解出 $X(s)$，得

$$X(s) = \frac{3}{s + 2}$$

（3）求象函数 $X(s)$ 的逆变换，得

$$x(t) = L^{-1}[X(s)] = L^{-1}\left[\frac{3}{s + 2}\right] = 3e^{-2t}$$

这就是所求的解.

例 2　求微分方程 $y'' - 3y' + 2y = 2e^{-t}$ 满足初始条件 $y(0) = 2, y'(0) = -1$ 的解.

解　对方程两端取拉氏变换，并设 $L[y(t)] = Y(s)$，有

$$[s^2 Y(s) - sy(0) - y'(0)] - 3[sY(s) - y(0)] + 2Y(s) = \frac{2}{s + 1}$$

代入初始条件 $y(0) = 2, y'(0) = -1$，得到 $Y(s)$ 的代数方程，整理后解出 $Y(s)$，得

$$Y(s) = \frac{2s^2 - 5s - 5}{(s + 1)(s - 1)(s - 2)}$$

设

$$\frac{2s^2 - 5s - 5}{(s + 1)(s - 1)(s - 2)} = \frac{A}{s + 1} + \frac{B}{s - 1} + \frac{C}{s - 2}$$

其中 A、B、C 是待定系数. 通分后去分母得

$$2s^2 - 5s - 5 = A(s - 1)(s - 2) + B(s + 1)(s - 2) + C(s + 1)(s - 1)$$

令 $s = -1$，得 $A = \frac{1}{3}$；令 $s = 1$，得 $B = 4$；令 $s = 2$，得 $C = -\frac{7}{3}$. 于是

$$Y(s) = \frac{\frac{1}{3}}{s + 1} + \frac{4}{s - 1} - \frac{\frac{7}{3}}{s - 2}$$

求拉氏逆变换得所求的解为

$$y(t) = \frac{1}{3}e^{-t} + 4e^t - \frac{7}{3}e^{2t}$$

随堂练习

用拉氏变换解下列微分方程.

（1）$y'(t) + 3y = 0, y\big|_{t=0} = 3$　　　　　　（2）$y'' + 9y = 0, y(0) = 2, y'(0) = 4$

例 3　RC 并联电路与电流为单位脉冲函数的电流源接通如图 9.6 所示. 设电容 C 上原来没有电压，即 $u(0) = 0$，求电压 $u(t)$.

解　设通过 R 和 C 的电流分别为 $i_1(t)$ 和 $i_2(t)$，则由电学可知

$$i_1(t) = \frac{u(t)}{R}, i_2(t) = C\frac{du(t)}{dt}$$

按题意有

$$i_1(t) + i_2(t) = \delta(t)$$

于是

$$C\frac{\mathrm{d}u(t)}{\mathrm{d}t} + \frac{u(t)}{R} = \delta(t)$$

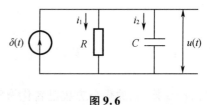

图 9.6

对方程两端取拉氏变换,并设 $L[u(t)] = U(s)$,有

$$C[sU(s) - u(0)] + \frac{U(s)}{R} = 1$$

代入初始条件 $u(0) = 0$,整理后得

$$U(s) = \cfrac{1}{\cfrac{1}{R} + Cs} = \frac{1}{C} \cdot \cfrac{1}{s + \cfrac{1}{RC}}$$

求拉氏逆变换得

$$u(t) = L^{-1}[U(s)] = \frac{1}{C}\mathrm{e}^{-\frac{1}{RC}t}$$

该解的物理意义是:由于电流源的电流是单位脉冲电流,它在一瞬间把电容充电使其电压从 0 跃变为 $\frac{1}{C}$,然后电容向电阻按指数规律放电.

9.4.2 线性系统的传递函数

1. 线性系统的激励和响应

一个线性系统,可以用一个常系数线性微分方程来描述. 如图 9.7 所示是 RC 串联电路,电容器两端的电压 $u_C(t)$ 满足关系式

$$RC\frac{\mathrm{d}u_C(t)}{\mathrm{d}t} + u_C(t) = e(t)$$

这是一个一阶常系数线性微分方程,通常将外加电动势 $e(t)$ 看成是这个系统的随时间 t 变化的输入函数,称为激励,而把电容器两端的电压 $u_C(t)$ 看成是这个系统的随时间 t 变化的输出函数,称为响应. 这样 RC 串联的闭合回路,就可以看成是一个有输入端和输出端的线性系统,如图 9.8 所示.

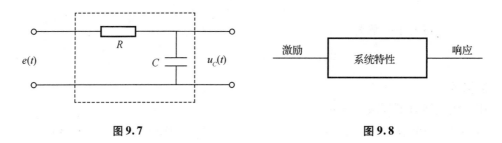

图 9.7　　　　　　　　　　　图 9.8

一个系统的响应是由激励与系统本身的特性决定的,在分析线性系统时,主要研究激励和响应与系统本身特性之间的联系.

2. 传递函数

一个线性系统的传递函数就是当初始条件为零时它的响应的拉氏变换与其激励的拉氏变换的比,即

$$G(s) = \frac{Y(s)}{X(s)}$$

式中 $Y(s)$ 和 $X(s)$ 分别是系统的响应 $y(t)$ 和激励 $x(t)$ 的象函数.

如果已知系统的传递函数,就可以根据已知的输入量 $x(t)$ 来计算其响应 $y(t)$.

例 4 求图 9.7 中线性系统的传递函数.

解 表述系统的微分方程是

$$RC\frac{\mathrm{d}u_c(t)}{\mathrm{d}t} + u_c(t) = e(t)$$

对方程两端取拉氏变换,并设 $L[u_c(t)] = U_c(s), L[e(t)] = E(s)$,有

$$RC[sU_c(s) - u_c(0)] + U_c(s) = E(s)$$

即

$$\frac{U_c(s)}{E(s)} = \frac{1}{RCs + 1}$$

由传递函数的含义知,此系统的传递函数为

$$G(s) = \frac{1}{RCs + 1}$$

若此系统输入电压为 $u_0 u(t)$,则

$$U_c(s) = G(s)E(s) = \frac{1}{RCs+1}L[u_0 u(t)] = \frac{1}{RCs+1} \cdot \frac{u_0}{s}$$

$$= \frac{u_0}{RC} \cdot \frac{1}{s\left(s + \dfrac{1}{RC}\right)} = u_0\left(\frac{1}{s} - \frac{1}{s + \dfrac{1}{RC}}\right)$$

故响应为

$$u_c(t) = u_0 - u_0 \mathrm{e}^{-\frac{1}{RC}t}$$

习题 9.4

用拉氏变换解下列微分方程.

(1) $\dfrac{\mathrm{d}i}{\mathrm{d}t} + 5i = 10\mathrm{e}^{-3t}, i(0) = 0$

(2) $\dfrac{\mathrm{d}^2 y}{\mathrm{d}t^2} + \omega^2 y = 0, y(0) = 0, y'(0) = \omega$

(3) $y''(t) - 3y'(t) + 2y(t) = 4, y(0) = 0, y'(0) = 1$

附　　录

附录一　特殊角的三角函数值

	sin	cos	tan	cot	sec	csc
0	0	1	0	∞	1	∞
$\dfrac{\pi}{6}$	$\dfrac{1}{2}$	$\dfrac{\sqrt{3}}{2}$	$\dfrac{\sqrt{3}}{3}$	$\sqrt{3}$	$\dfrac{2\sqrt{3}}{3}$	2
$\dfrac{\pi}{4}$	$\dfrac{\sqrt{2}}{2}$	$\dfrac{\sqrt{2}}{2}$	1	1	$\sqrt{2}$	$\sqrt{2}$
$\dfrac{\pi}{3}$	$\dfrac{\sqrt{3}}{2}$	$\dfrac{1}{2}$	$\sqrt{3}$	$\dfrac{\sqrt{3}}{3}$	2	$\dfrac{2\sqrt{3}}{3}$
$\dfrac{\pi}{2}$	1	0	∞	0	∞	1
$\dfrac{2\pi}{3}$	$\dfrac{\sqrt{3}}{2}$	$-\dfrac{1}{2}$	$-\sqrt{3}$	$-\dfrac{\sqrt{3}}{3}$	-2	$\dfrac{2\sqrt{3}}{3}$
$\dfrac{3\pi}{4}$	$\dfrac{\sqrt{2}}{2}$	$-\dfrac{\sqrt{2}}{2}$	-1	-1	$-\sqrt{2}$	$\sqrt{2}$
$\dfrac{5\pi}{6}$	$\dfrac{1}{2}$	$-\dfrac{\sqrt{3}}{2}$	$-\dfrac{\sqrt{3}}{3}$	$-\sqrt{3}$	$-\dfrac{2\sqrt{3}}{3}$	2
π	0	-1	0	∞	-1	∞
$\dfrac{7\pi}{6}$	$-\dfrac{1}{2}$	$-\dfrac{\sqrt{3}}{2}$	$\dfrac{\sqrt{3}}{3}$	$\sqrt{3}$	$-\dfrac{2\sqrt{3}}{3}$	-2
$\dfrac{5\pi}{4}$	$-\dfrac{\sqrt{2}}{2}$	$-\dfrac{\sqrt{2}}{2}$	1	1	$-\sqrt{2}$	$-\sqrt{2}$
$\dfrac{4\pi}{3}$	$-\dfrac{\sqrt{3}}{2}$	$-\dfrac{1}{2}$	$\sqrt{3}$	$\dfrac{\sqrt{3}}{3}$	-2	$-\dfrac{2\sqrt{3}}{3}$
$\dfrac{3\pi}{2}$	-1	0	∞	0	∞	-1
$\dfrac{5\pi}{3}$	$-\dfrac{\sqrt{3}}{2}$	$\dfrac{1}{2}$	$-\sqrt{3}$	$-\dfrac{\sqrt{3}}{3}$	2	$-\dfrac{2\sqrt{3}}{3}$
$\dfrac{7\pi}{4}$	$-\dfrac{\sqrt{2}}{2}$	$\dfrac{\sqrt{2}}{2}$	-1	-1	$\sqrt{2}$	$-\sqrt{2}$
$\dfrac{11\pi}{6}$	$-\dfrac{1}{2}$	$\dfrac{\sqrt{3}}{2}$	$-\dfrac{\sqrt{3}}{3}$	$-\sqrt{3}$	$\dfrac{2\sqrt{3}}{3}$	-2
2π	0	1	0	∞	1	∞

附录二　常用三角函数恒等式

$$1 + \cos x = 2\cos^2 \frac{x}{2} \qquad\qquad 1 - \cos x = 2\sin^2 \frac{x}{2}$$

附录三　反三角函数特殊值

	arcsin	arccos	arctan
$-\sqrt{3}$			$-\dfrac{\pi}{3}$
-1	$-\dfrac{\pi}{2}$	π	$-\dfrac{\pi}{4}$
$-\dfrac{\sqrt{3}}{2}$	$-\dfrac{\pi}{3}$	$\dfrac{5\pi}{6}$	
$-\dfrac{\sqrt{2}}{2}$	$-\dfrac{\pi}{4}$	$\dfrac{3\pi}{4}$	
$-\dfrac{1}{2}$	$-\dfrac{\pi}{6}$	$\dfrac{2\pi}{3}$	
$-\dfrac{\sqrt{3}}{3}$			$-\dfrac{\pi}{6}$
0	0	$\dfrac{\pi}{2}$	0
$\dfrac{\sqrt{3}}{3}$			$\dfrac{\pi}{6}$
$\dfrac{1}{2}$	$\dfrac{\pi}{6}$	$\dfrac{\pi}{3}$	
$\dfrac{\sqrt{2}}{2}$	$\dfrac{\pi}{4}$	$\dfrac{\pi}{4}$	
$\dfrac{\sqrt{3}}{2}$	$\dfrac{\pi}{3}$	$\dfrac{\pi}{6}$	
1	$\dfrac{\pi}{2}$	0	$\dfrac{\pi}{4}$
$\sqrt{3}$			$\dfrac{\pi}{3}$

附录四　基本初等函数的图像与性质

函数		定义域和值域	图像	特性
幂函数	$y=x$	$x\in(-\infty,+\infty)$ $y\in(-\infty,+\infty)$		奇函数,单调增加

表(续)

函数	定义域和值域	图像	特性
幂函数 $y = x^2$	$x \in (-\infty, +\infty)$ $y \in [0, +\infty)$		偶函数 在$(-\infty, 0)$内单调减少 在$(0, +\infty)$内单调增加
$y = x^3$	$x \in (-\infty, +\infty)$ $y \in (-\infty, +\infty)$		奇函数,单调增加
$y = x^{-1}$	$x \in (-\infty, 0) \cup (0, +\infty)$ $y \in (-\infty, 0) \cup (0, +\infty)$		奇函数 在$(-\infty, 0)$内单调减少 在$(0, +\infty)$内单调减少
$y = x^{\frac{1}{2}}$	$x \in [0, +\infty)$ $y \in [0, +\infty)$		单调增加
指数函数 $y = a^x$ $(a > 1)$	$x \in (-\infty, +\infty)$ $y \in (0, +\infty)$		单调增加
$y = a^x$ $(0 < a < 1)$	$x \in (-\infty, +\infty)$ $y \in (0, +\infty)$		单调减少

表(续)

	函数	定义域和值域	图像	特性
对数函数	$y = \log_\alpha x$ $(a>1)$	$x \in (0, +\infty)$ $y \in (-\infty, +\infty)$	$y=\log_a x(a>1)$	单调增加
	$y = \log_\alpha x$ $(0<a<1)$	$x \in (0, +\infty)$ $y \in (-\infty, +\infty)$	$y=\log_a x(0<a<1)$	单调减少
三角函数	$y = \sin x$	$x \in (-\infty, +\infty)$ $y \in [-1, 1]$	$y=\sin x$	奇函数,周期2π,有界 在$\left(2k\pi - \dfrac{\pi}{2}, 2k\pi + \dfrac{\pi}{2}\right)$内单调增加 在$\left(2k\pi + \dfrac{\pi}{2}, 2k\pi + \dfrac{3\pi}{2}\right)$内单调减少$(k \in \mathbf{Z})$
	$y = \cos x$	$x \in (-\infty, +\infty)$ $y \in [-1, 1]$	$y=\cos x$	偶函数,周期2π,有界 在$(2k\pi, 2k\pi + \pi)$内单调减少 在$(2k\pi + \pi, 2k\pi + 2\pi)$内单调增加$(k \in \mathbf{Z})$
	$y = \tan x$	$x \neq k\pi + \dfrac{\pi}{2}(k \in \mathbf{Z})$ $y \in (-\infty, +\infty)$	$y=\tan x$	奇函数,周期π 在$\left(k\pi - \dfrac{\pi}{2}, k\pi + \dfrac{\pi}{2}\right)$内单调增加$(k \in \mathbf{Z})$
	$y = \cot x$	$x \neq k\pi(k \in \mathbf{Z})$ $y \in (-\infty, +\infty)$	$y=\cot x$	奇函数,周期π 在$(k\pi, k\pi + \pi)$内单调减少$(k \in \mathbf{Z})$

表(续)

函数	定义域和值域	图像	特性
反三角函数 $y=\arcsin x$	$x\in[-1,1]$ $y\in\left[-\dfrac{\pi}{2},\dfrac{\pi}{2}\right]$		奇函数,单调增加,有界
$y=\arccos x$	$x\in[-1,1]$ $y\in[0,\pi]$		单调减少,有界
$y=\arctan x$	$x\in(-\infty,+\infty)$ $y\in\left(-\dfrac{\pi}{2},\dfrac{\pi}{2}\right)$		奇函数,单调增加,有界
$y=\text{arccot}x$	$x\in(-\infty,+\infty)$ $y\in(0,\pi)$		单调减少,有界

附录五　导数的基本公式

(1)	$(C)'=0$ (导数恒为零的是常数函数)	(2)	$(x^{\alpha})'=\alpha x^{\alpha-1}$ (α 为实数)
(3)	$(\sqrt{x})'=\dfrac{1}{2\sqrt{x}}$	(4)	$\left(\dfrac{1}{x}\right)'=-\dfrac{1}{x^2}$
(5)	$(a^x)'=a^x\ln a$	(6)	$(\mathrm{e}^x)'=\mathrm{e}^x$
(7)	$(\log_a x)'=\dfrac{1}{x\ln a}$	(8)	$(\ln|x|)'=\dfrac{1}{x}$

表（续）

(9)	$(\sin x)' = \cos x$	(10)	$(\cos x)' = -\sin x$
(11)	$(\tan x)' = \dfrac{1}{\cos^2 x} = \sec^2 x$	(12)	$(\cot x)' = -\dfrac{1}{\sin^2 x} = -\csc^2 x$
(13)	$(\sec x)' = \sec x \tan x$	(14)	$(\csc x)' = -\csc x \cot x$
(15)	$(\arcsin x)' = \dfrac{1}{\sqrt{1-x^2}}$	(16)	$(\arccos x)' = -\dfrac{1}{\sqrt{1-x^2}}$
(17)	$(\arctan x)' = \dfrac{1}{1+x^2}$	(18)	$(\text{arccot} x)' = -\dfrac{1}{1+x^2}$

附录六　　不定积分的基本公式

(1)	$\displaystyle\int \mathrm{d}x = x + C$	(2)	$\displaystyle\int x^{\alpha}\,\mathrm{d}x = \dfrac{x^{\alpha+1}}{\alpha+1} + C\ (\alpha\ \text{为实数})$
(3)	$\displaystyle\int \dfrac{1}{\sqrt{x}}\,\mathrm{d}x = 2\sqrt{x} + C$	(4)	$\displaystyle\int \dfrac{1}{x^2}\,\mathrm{d}x = -\dfrac{1}{x} + C$
(5)	$\displaystyle\int a^x\,\mathrm{d}x = \dfrac{a^x}{\ln a} + C$	(6)	$\displaystyle\int \mathrm{e}^x\,\mathrm{d}x = \mathrm{e}^x + C$
(7)	$\displaystyle\int \sin x\,\mathrm{d}x = -\cos x + C$	(8)	$\displaystyle\int \cos x\,\mathrm{d}x = \sin x + C$
(9)	$\displaystyle\int \tan x\,\mathrm{d}x = -\ln|\cos x| + C$	(10)	$\displaystyle\int \cot x\,\mathrm{d}x = \ln|\sin x| + C$
(11)	$\displaystyle\int \sec x\,\mathrm{d}x = \ln|\sec x + \tan x| + C$	(12)	$\displaystyle\int \csc x\,\mathrm{d}x = \ln|\csc x - \cot x| + C$
(13)	$\displaystyle\int \sec^2 x\,\mathrm{d}x = \tan x + C$	(14)	$\displaystyle\int \csc^2 x\,\mathrm{d}x = -\cot x + C$
(15)	$\displaystyle\int \sec x \tan x\,\mathrm{d}x = \sec x + C$	(16)	$\displaystyle\int \csc x \cot x\,\mathrm{d}x = -\csc x + C$
(17)	$\displaystyle\int \dfrac{1}{\sqrt{1-x^2}}\,\mathrm{d}x = \arcsin x + C$	(18)	$\displaystyle\int \dfrac{1}{1+x^2}\,\mathrm{d}x = \arctan x + C$
(19)	$\displaystyle\int \dfrac{1}{x}\,\mathrm{d}x = \ln|x| + C$		

附录七　简易积分表

一、含有 $ax+b$ 的积分

1. $\int \dfrac{\mathrm{d}x}{ax+b} = \dfrac{1}{a}\ln|ax+b| + C$

2. $\int (ax+b)^{\alpha}\mathrm{d}x = \dfrac{1}{a(a+1)}(ax+b)^{\alpha+1} + C \quad (\alpha \neq -1)$

3. $\int \dfrac{x}{ax+b}\mathrm{d}x = \dfrac{1}{a^2}(ax - b\ln|ax+b|) + C$

4. $\int \dfrac{x^2}{ax+b}\mathrm{d}x = \dfrac{1}{a^2}\Big[\dfrac{1}{2}(ax+b)^2 - 2b(ax+b) + b^2\ln|ax+b|\Big] + C$

5. $\int \dfrac{\mathrm{d}x}{x(ax+b)} = -\dfrac{1}{b}\ln\left|\dfrac{ax+b}{x}\right| + C$

6. $\int \dfrac{\mathrm{d}x}{x^2(ax+b)} = -\dfrac{1}{bx} + \dfrac{a}{b^2}\ln\left|\dfrac{ax+b}{x}\right| + C$

7. $\int \dfrac{x\mathrm{d}x}{(ax+b)^2} = \dfrac{1}{a^2}\Big(\ln|ax+b| + \dfrac{b}{ax+b}\Big) + C$

8. $\int \dfrac{x^2\mathrm{d}x}{(ax+b)^2} = \dfrac{1}{a^3}\Big(ax + b - 2b\ln|ax+b| - \dfrac{b^2}{ax+b}\Big) + C$

9. $\int \dfrac{\mathrm{d}x}{x(ax+b)^2} = \dfrac{1}{b(ax+b)} - \dfrac{1}{b^2}\ln\left|\dfrac{ax+b}{x}\right| + C$

二、含有 $\sqrt{ax+b}$ 的积分

10. $\int \sqrt{ax+b}\,\mathrm{d}x = \dfrac{2}{3a}\sqrt{(ax+b)^3} + C$

11. $\int x\sqrt{ax+b}\,\mathrm{d}x = \dfrac{2}{15a^2}(3ax - 2b)\sqrt{(ax+b)^3} + C$

12. $\int x^2\sqrt{ax+b}\,\mathrm{d}x = \dfrac{2}{105a^3}(15a^2x^2 - 12abx + 8b^2)\sqrt{(ax+b)^3} + C$

13. $\int \dfrac{x}{\sqrt{ax+b}}\mathrm{d}x = \dfrac{2}{3a^2}(ax - 2b)\sqrt{ax+b} + C$

14. $\int \dfrac{x^2}{\sqrt{ax+b}}\mathrm{d}x = \dfrac{2}{15a^3}(3a^2x^2 - 4abx + 8b^2)\sqrt{ax+b} + C$

15. $\int \dfrac{\mathrm{d}x}{x\sqrt{ax+b}} = \begin{cases} \dfrac{1}{\sqrt{b}}\ln\left|\dfrac{\sqrt{ax+b}-\sqrt{b}}{\sqrt{ax+b}+\sqrt{b}}\right| + C & (b>0) \\[3mm] \dfrac{2}{\sqrt{-b}}\arctan\sqrt{\dfrac{ax+b}{-b}} + C & (b<0) \end{cases}$

16. $\int \dfrac{\mathrm{d}x}{x^2\sqrt{ax+b}} = -\dfrac{\sqrt{ax+b}}{bx} - \dfrac{a}{2b}\int \dfrac{\mathrm{d}x}{x\sqrt{ax+b}}$

17. $\displaystyle\int \frac{\sqrt{ax + b}}{x}\mathrm{d}x = 2\sqrt{ax + b} + b\int \frac{\mathrm{d}x}{x\sqrt{ax + b}}$

18. $\displaystyle\int \frac{\sqrt{ax + b}}{x^2}\mathrm{d}x = -\frac{\sqrt{ax + b}}{x} + \frac{a}{2}\int \frac{\mathrm{d}x}{x\sqrt{ax + b}}$

三、含有 $x^2 \pm a^2$ 的积分

19. $\displaystyle\int \frac{\mathrm{d}x}{x^2 + a^2} = \frac{1}{a}\arctan \frac{x}{a} + C$

20. $\displaystyle\int \frac{\mathrm{d}x}{(x^2 + a^2)^n} = \frac{x}{2(n-1)a^2(x^2 + a^2)^{n-1}} + \frac{2n-3}{2(n-1)a^2}\int \frac{\mathrm{d}x}{(x^2 + a^2)^{n-1}}$

21. $\displaystyle\int \frac{\mathrm{d}x}{x^2 - a^2} = \frac{1}{2a}\ln\left|\frac{x-a}{x+a}\right| + C$

四、含有 $ax^2 + b(a > 0)$ 的积分

22. $\displaystyle\int \frac{\mathrm{d}x}{ax^2 + b} = \begin{cases} \dfrac{1}{\sqrt{ab}}\arctan \sqrt{\dfrac{b}{a}}x + C \quad (b > 0) \\[3mm] \dfrac{1}{2\sqrt{-ab}}\ln\left|\dfrac{\sqrt{a}x - \sqrt{-b}}{\sqrt{a}x + \sqrt{-b}}\right| + C \quad (b < 0) \end{cases}$

23. $\displaystyle\int \frac{x}{ax^2 + b}\mathrm{d}x = \frac{1}{2a}\ln|ax^2 + b| + C$

24. $\displaystyle\int \frac{x^2}{ax^2 + b}\mathrm{d}x = \frac{x}{a} - \frac{b}{a}\int \frac{\mathrm{d}x}{ax^2 + b}$

25. $\displaystyle\int \frac{\mathrm{d}x}{x(ax^2 + b)} = \frac{1}{2b}\ln \frac{x^2}{|ax^2 + b|} + C$

26. $\displaystyle\int \frac{\mathrm{d}x}{x^2(ax^2 + b)} = -\frac{1}{bx} - \frac{a}{b}\int \frac{\mathrm{d}x}{ax^2 + b}$

27. $\displaystyle\int \frac{\mathrm{d}x}{(ax^2 + b)^2} = \frac{x}{2b(ax^2 + b)} + \frac{1}{2b}\int \frac{\mathrm{d}x}{ax^2 + b}$

五、含有 $ax^2 + bx + c(a > 0)$ 的积分

28. $\displaystyle\int \frac{\mathrm{d}x}{ax^2 + bx + c} = \begin{cases} \dfrac{2}{\sqrt{4ac - b^2}}\arctan \dfrac{2ax + b}{\sqrt{4ac - b^2}} + C \quad (b^2 < 4ac) \\[3mm] \dfrac{1}{\sqrt{b^2 - 4ac}}\ln\left|\dfrac{2ax + b - \sqrt{b^2 - 4ac}}{2ax + b + \sqrt{b^2 - 4ac}}\right| + C \quad (b^2 > 4ac) \end{cases}$

29. $\displaystyle\int \frac{x}{ax^2 + bx + c}\mathrm{d}x = \frac{1}{2a}\ln|ax^2 + bx + c| - \frac{b}{2a}\int \frac{\mathrm{d}x}{ax^2 + bx + c}$

六、含有 $\sqrt{x^2 + a^2}\,(a > 0)$ 的积分

30. $\displaystyle\int \frac{\mathrm{d}x}{\sqrt{x^2 + a^2}} = \ln(x + \sqrt{x^2 + a^2}) + C$

31. $\displaystyle\int \frac{\mathrm{d}x}{\sqrt{(x^2+a^2)^3}} = \frac{x}{a^2\sqrt{x^2+a^2}} + C$

32. $\displaystyle\int \frac{x}{\sqrt{x^2+a^2}}\mathrm{d}x = \sqrt{x^2+a^2} + C$

33. $\displaystyle\int \frac{x}{\sqrt{(x^2+a^2)^3}}\mathrm{d}x = -\frac{1}{\sqrt{x^2+a^2}} + C$

34. $\displaystyle\int \frac{x^2}{\sqrt{x^2+a^2}}\mathrm{d}x = \frac{x}{2}\sqrt{x^2+a^2} - \frac{a^2}{2}\ln(x+\sqrt{x^2+a^2}) + C$

35. $\displaystyle\int \frac{x^2}{\sqrt{(x^2+a^2)^3}}\mathrm{d}x = -\frac{x}{\sqrt{x^2+a^2}} + \ln(x+\sqrt{x^2+a^2}) + C$

36. $\displaystyle\int \frac{\mathrm{d}x}{x\sqrt{x^2+a^2}} = \frac{1}{a}\ln\frac{\sqrt{x^2+a^2}-a}{|x|} + C$

37. $\displaystyle\int \frac{\mathrm{d}x}{x^2\sqrt{x^2+a^2}} = -\frac{\sqrt{x^2+a^2}}{a^2 x} + C$

38. $\displaystyle\int \sqrt{x^2+a^2}\,\mathrm{d}x = \frac{x}{2}\sqrt{x^2+a^2} + \frac{a^2}{2}\ln(x+\sqrt{x^2+a^2}) + C$

39. $\displaystyle\int \sqrt{(x^2+a^2)^3}\,\mathrm{d}x = \frac{x}{8}(2x^2+5a^2)\sqrt{x^2+a^2} + \frac{3a^4}{8}\ln(x+\sqrt{x^2+a^2}) + C$

40. $\displaystyle\int x\sqrt{x^2+a^2}\,\mathrm{d}x = \frac{1}{3}\sqrt{(x^2+a^2)^3} + C$

41. $\displaystyle\int x^2\sqrt{x^2+a^2}\,\mathrm{d}x = \frac{x}{8}(2x^2+a^2)\sqrt{x^2+a^2} - \frac{a^4}{8}\ln(x+\sqrt{x^2+a^2}) + C$

42. $\displaystyle\int \frac{\sqrt{x^2+a^2}}{x}\mathrm{d}x = \sqrt{x^2+a^2} + a\ln\frac{\sqrt{x^2+a^2}-a}{|x|} + C$

43. $\displaystyle\int \frac{\sqrt{x^2+a^2}}{x^2}\mathrm{d}x = -\frac{\sqrt{x^2+a^2}}{x} + \ln(x+\sqrt{x^2+a^2}) + C$

七、含有 $\sqrt{x^2-a^2}\,(a>0)$ 的积分

44. $\displaystyle\int \frac{\mathrm{d}x}{\sqrt{x^2-a^2}} = \ln\left|x+\sqrt{x^2-a^2}\right| + C$

45. $\displaystyle\int \frac{\mathrm{d}x}{\sqrt{(x^2-a^2)^3}} = -\frac{x}{a^2\sqrt{x^2-a^2}} + C$

46. $\displaystyle\int \frac{x}{\sqrt{x^2-a^2}}\mathrm{d}x = \sqrt{x^2-a^2} + C$

47. $\displaystyle\int \frac{x}{\sqrt{(x^2-a^2)^3}}\mathrm{d}x = -\frac{1}{\sqrt{x^2-a^2}} + C$

48. $\displaystyle\int \frac{x^2}{\sqrt{x^2-a^2}}\mathrm{d}x = \frac{x}{2}\sqrt{x^2-a^2} + \frac{a^2}{2}\ln\left|x+\sqrt{x^2-a^2}\right| + C$

49. $\displaystyle\int \frac{x^2}{\sqrt{(x^2-a^2)^3}}\mathrm{d}x = -\frac{x}{\sqrt{x^2-a^2}} + \ln\left|x+\sqrt{x^2-a^2}\right| + C$

50. $\int \dfrac{\mathrm{d}x}{x\ \sqrt{x^2-a^2}} = \dfrac{1}{a}\arccos\dfrac{a}{|x|} + C$

51. $\int \dfrac{\mathrm{d}x}{x^2\ \sqrt{x^2-a^2}} = \dfrac{\sqrt{x^2-a^2}}{a^2x} + C$

52. $\int \sqrt{x^2-a^2}\,\mathrm{d}x = \dfrac{x}{2}\ \sqrt{x^2-a^2} - \dfrac{a^2}{2}\ln\left|x + \sqrt{x^2-a^2}\right| + C$

53. $\int \sqrt{(x^2-a^2)^3}\,\mathrm{d}x = \dfrac{x}{8}(2x^2-5a^2)\ \sqrt{x^2-a^2} + \dfrac{3a^4}{8}\ln\left|x + \sqrt{x^2-a^2}\right| + C$

54. $\int x\ \sqrt{x^2-a^2}\,\mathrm{d}x = \dfrac{1}{3}\ \sqrt{(x^2-a^2)^3} + C$

55. $\int x^2\ \sqrt{x^2-a^2}\,\mathrm{d}x = \dfrac{x}{8}(2x^2-a^2)\ \sqrt{x^2-a^2} - \dfrac{a^4}{8}\ln\left|x + \sqrt{x^2-a^2}\right| + C$

56. $\int \dfrac{\sqrt{x^2-a^2}}{x}\mathrm{d}x = \sqrt{x^2-a^2} - a\arccos\dfrac{a}{|x|} + C$

57. $\int \dfrac{\sqrt{x^2-a^2}}{x^2}\mathrm{d}x = -\dfrac{\sqrt{x^2-a^2}}{x} + \ln\left|x + \sqrt{x^2-a^2}\right| + C$

八、含有 $\sqrt{a^2-x^2}\ (a>0)$ 的积分

58. $\int \dfrac{\mathrm{d}x}{\sqrt{a^2-x^2}} = \arcsin\dfrac{x}{a} + C$

59. $\int \dfrac{\mathrm{d}x}{\sqrt{(a^2-x^2)^3}} = \dfrac{x}{a^2\ \sqrt{a^2-x^2}} + C$

60. $\int \dfrac{x}{\sqrt{a^2-x^2}}\mathrm{d}x = -\ \sqrt{a^2-x^2} + C$

61. $\int \dfrac{x}{\sqrt{(a^2-x^2)^3}}\mathrm{d}x = \dfrac{1}{\sqrt{a^2-x^2}} + C$

62. $\int \dfrac{x^2}{\sqrt{a^2-x^2}}\mathrm{d}x = -\dfrac{x}{2}\ \sqrt{a^2-x^2} + \dfrac{a^2}{2}\arcsin\dfrac{x}{a} + C$

63. $\int \dfrac{x^2}{\sqrt{(a^2-x^2)^3}}\mathrm{d}x = \dfrac{x}{\sqrt{a^2-x^2}} - \arcsin\dfrac{x}{a} + C$

64. $\int \dfrac{\mathrm{d}x}{x\ \sqrt{a^2-x^2}} = \dfrac{1}{a}\ln\dfrac{a - \sqrt{a^2-x^2}}{|x|} + C$

65. $\int \dfrac{\mathrm{d}x}{x^2\ \sqrt{a^2-x^2}} = -\dfrac{\sqrt{a^2-x^2}}{a^2x} + C$

66. $\int \sqrt{a^2-x^2}\,\mathrm{d}x = \dfrac{x}{2}\ \sqrt{a^2-x^2} + \dfrac{a^2}{2}\arcsin\dfrac{x}{a} + C$

67. $\int \sqrt{(a^2-x^2)^3}\,\mathrm{d}x = \dfrac{x}{8}(5a^2-2x^2)\ \sqrt{a^2-x^2} + \dfrac{3a^4}{8}\arcsin\dfrac{x}{a} + C$

68. $\int x\ \sqrt{a^2-x^2}\,\mathrm{d}x = -\dfrac{1}{3}\ \sqrt{(a^2-x^2)^3} + C$

69. $\int x^2 \sqrt{a^2 - x^2}\,dx = \dfrac{x}{8}(2x^2 - a^2)\sqrt{a^2 - x^2} + \dfrac{a^4}{8}\arcsin\dfrac{x}{a} + C$

70. $\int \dfrac{\sqrt{a^2 - x^2}}{x}\,dx = \sqrt{a^2 - x^2} + a\ln\dfrac{a - \sqrt{a^2 - x^2}}{|x|} + C$

71. $\int \dfrac{\sqrt{a^2 - x^2}}{x^2}\,dx = -\dfrac{\sqrt{a^2 - x^2}}{x} - \arcsin\dfrac{x}{a} + C$

九、含有 $\sqrt{\pm ax^2 + bx + c}\,(a > 0)$ 的积分

72. $\int \dfrac{dx}{\sqrt{ax^2 + bx + c}} = \dfrac{1}{\sqrt{a}}\ln\left|2ax + b + 2\sqrt{a}\sqrt{ax^2 + bx + c}\right| + C$

73. $\int \sqrt{ax^2 + bx + c}\,dx = \dfrac{2ax + b}{4a}\sqrt{ax^2 + bx + c} +$

$\dfrac{4ac - b^2}{8\sqrt{a^3}}\ln\left|2ax + b + 2\sqrt{a}\sqrt{ax^2 + bx + c}\right| + C$

74. $\int \dfrac{x}{\sqrt{ax^2 + bx + c}}\,dx = \dfrac{1}{a}\sqrt{ax^2 + bx + c} -$

$\dfrac{b}{2\sqrt{a^3}}\ln\left|2ax + b + 2\sqrt{a}\sqrt{ax^2 + bx + c}\right| + C$

75. $\int \dfrac{dx}{\sqrt{c + bx - ax^2}} = \dfrac{1}{\sqrt{a}}\arcsin\dfrac{2ax - b}{\sqrt{b^2 + 4ac}} + C$

76. $\int \sqrt{c + bx - ax^2}\,dx = \dfrac{2ax - b}{4a} + \sqrt{c + bx - ax^2} + \dfrac{b^2 + 4ac}{8\sqrt{a^3}}\arcsin\dfrac{2ax - b}{\sqrt{b^2 + 4ac}} + C$

77. $\int \dfrac{x}{\sqrt{c + bx - ax^2}}\,dx = -\dfrac{1}{a}\sqrt{c + bx - ax^2} + \dfrac{b}{2\sqrt{a^3}}\arcsin\dfrac{2ax - b}{\sqrt{b^2 + 4ac}} + C$

十、含有 $\sqrt{\dfrac{a \pm x}{b \pm x}}$ 或 $\sqrt{(x - a)(b - x)}$ 的积分

78. $\int \sqrt{\dfrac{x + a}{x + b}}\,dx = \sqrt{(x + a)(x + b)} + (a - b)\ln(\sqrt{x + a} + \sqrt{x + b}) + C$

79. $\int \sqrt{\dfrac{a - x}{b - x}}\,dx = -\sqrt{(a - x)(b - x)} + (b - a)\ln(\sqrt{a - x} + \sqrt{b - x}) + C$

80. $\int \sqrt{\dfrac{b - x}{x - a}}\,dx = \sqrt{(x - a)(b - x)} + (b - a)\arcsin\sqrt{\dfrac{x - a}{b - a}} + C\,(a < b)$

81. $\int \sqrt{\dfrac{x - a}{b - x}}\,dx = \sqrt{(x - a)(b - x)} + (b - a)\arcsin\sqrt{\dfrac{x - a}{b - a}} + C\,(a < b)$

82. $\int \dfrac{dx}{\sqrt{(x - a)(b - x)}} = 2\arcsin\sqrt{\dfrac{x - a}{b - a}} + C\,(a < b)$

十一、含有三角函数的积分

83. $\int \sin x\,dx = -\cos x + C$

84. $\int \cos x \mathrm{d}x = \sin x + C$

85. $\int \tan x \mathrm{d}x = -\ln|\cos x| + C$

86. $\int \cot x \mathrm{d}x = \ln|\sin x| + C$

87. $\int \sec x \mathrm{d}x = \ln|\sec x + \tan x| + C$

88. $\int \csc x \mathrm{d}x = \ln|\csc x - \cot x| + C$

89. $\int \sec^2 x \mathrm{d}x = \tan x + C$

90. $\int \csc^2 x \mathrm{d}x = -\cot x + C$

91. $\int \sec x \tan x \mathrm{d}x = \sec x + C$

92. $\int \csc x \cot x \mathrm{d}x = -\csc x + C$

93. $\int \sin^2 x \mathrm{d}x = \dfrac{x}{2} - \dfrac{1}{4}\sin 2x + C$

94. $\int \cos^2 x \mathrm{d}x = \dfrac{x}{2} + \dfrac{1}{4}\sin 2x + C$

95. $\int \sin^n x \mathrm{d}x = -\dfrac{1}{n}\sin^{n-1} x \cos x + \dfrac{n-1}{n}\int \sin^{n-2} x \mathrm{d}x$

96. $\int \cos^n x \mathrm{d}x = \dfrac{1}{n}\cos^{n-1} x \sin x + \dfrac{n-1}{n}\int \cos^{n-2} x \mathrm{d}x$

97. $\int \dfrac{\mathrm{d}x}{\sin^n x} = -\dfrac{1}{n-1}\dfrac{\cos x}{\sin^{n-1} x} + \dfrac{n-2}{n-1}\int \dfrac{\mathrm{d}x}{\sin^{n-2} x}$

98. $\int \dfrac{\mathrm{d}x}{\cos^n x} = \dfrac{1}{n-1}\dfrac{\sin x}{\cos^{n-1} x} + \dfrac{n-2}{n-1}\int \dfrac{\mathrm{d}x}{\cos^{n-2} x}$

99. $\int \cos^m x \sin^n x \mathrm{d}x = \dfrac{1}{m+n}\cos^{m-1} x \sin^{n+1} x + \dfrac{m-1}{m+n}\int \cos^{m-2} x \sin^n x \mathrm{d}x$

$$= -\dfrac{1}{m+n}\cos^{m+1} x \sin^{n-1} x + \dfrac{n-1}{m+n}\int \cos^m x \sin^{n-2} x \mathrm{d}x$$

100. $\int \sin ax \cos bx \mathrm{d}x = -\dfrac{1}{2(a+b)}\cos(a+b)x - \dfrac{1}{2(a-b)}\cos(a-b)x + C \quad (a^2 \neq b^2)$

101. $\int \sin ax \sin bx \mathrm{d}x = -\dfrac{1}{2(a+b)}\sin(a+b)x + \dfrac{1}{2(a-b)}\sin(a-b)x + C \quad (a^2 \neq b^2)$

102. $\int \cos ax \cos bx \mathrm{d}x = \dfrac{1}{2(a+b)}\sin(a+b)x + \dfrac{1}{2(a-b)}\sin(a-b)x + C \quad (a^2 \neq b^2)$

103. $\int \dfrac{\mathrm{d}x}{a+b\sin x} = \begin{cases} \dfrac{2}{\sqrt{a^2-b^2}}\arctan\dfrac{a\tan\dfrac{x}{2}+b}{\sqrt{a^2-b^2}} + C & (a^2 > b^2) \\[4mm] \dfrac{1}{\sqrt{b^2-a^2}}\ln\left|\dfrac{a\tan\dfrac{x}{2}+b-\sqrt{b^2-a^2}}{a\tan\dfrac{x}{2}+b+\sqrt{b^2-a^2}}\right| + C & (a^2 < b^2) \end{cases}$

104. $\displaystyle\int \frac{\mathrm{d}x}{a + b\cos x} = \begin{cases} \dfrac{2}{a+b}\sqrt{\dfrac{a+b}{a-b}}\arctan\left(\sqrt{\dfrac{a-b}{a+b}}\tan\dfrac{x}{2}\right) + C & (a^2 > b^2) \\[4mm] \dfrac{1}{a+b}\sqrt{\dfrac{a+b}{b-a}}\ln\left|\dfrac{\tan\dfrac{x}{2} + \sqrt{\dfrac{a+b}{b-a}}}{\tan\dfrac{x}{2} - \sqrt{\dfrac{a+b}{b-a}}}\right| + C & (a^2 < b^2) \end{cases}$

105. $\displaystyle\int \frac{\mathrm{d}x}{a^2\cos^2 x + b^2\sin^2 x} = \frac{1}{ab}\arctan\left(\frac{b}{a}\tan x\right) + C$

106. $\displaystyle\int \frac{\mathrm{d}x}{a^2\cos^2 x - b^2\sin^2 x} = \frac{1}{2ab}\ln\left|\frac{b\tan x + a}{b\tan x - a}\right| + C$

107. $\displaystyle\int x\sin ax\,\mathrm{d}x = \frac{1}{a^2}\sin ax - \frac{1}{a}x\cos ax + C$

108. $\displaystyle\int x^2\sin ax\,\mathrm{d}x = -\frac{1}{a}x^2\cos ax + \frac{2}{a^2}x\sin ax + \frac{2}{a^3}\cos ax + C$

109. $\displaystyle\int x\cos ax\,\mathrm{d}x = \frac{1}{a^2}\cos ax + \frac{1}{a}x\sin ax + C$

110. $\displaystyle\int x^2\cos ax\,\mathrm{d}x = \frac{1}{a}x^2\sin ax + \frac{2}{a^2}x\cos ax - \frac{2}{a^3}\sin ax + C$

十二、含有反三角函数的积分（其中 $a > 0$）

111. $\displaystyle\int \arcsin\frac{x}{a}\mathrm{d}x = x\arcsin\frac{x}{a} + \sqrt{a^2 - x^2} + C$

112. $\displaystyle\int x\arcsin\frac{x}{a}\mathrm{d}x = \left(\frac{x^2}{2} - \frac{a^2}{4}\right)\arcsin\frac{x}{a} + \frac{x}{4}\sqrt{a^2 - x^2} + C$

113. $\displaystyle\int x^2\arcsin\frac{x}{a}\mathrm{d}x = \frac{x^3}{3}\arcsin\frac{x}{a} + \frac{1}{9}(x^2 + 2a^2)\sqrt{a^2 - x^2} + C$

114. $\displaystyle\int \arccos\frac{x}{a}\mathrm{d}x = x\arccos\frac{x}{a} - \sqrt{a^2 - x^2} + C$

115. $\displaystyle\int x\arccos\frac{x}{a}\mathrm{d}x = \left(\frac{x^2}{2} - \frac{a^2}{4}\right)\arccos\frac{x}{a} - \frac{x}{4}\sqrt{a^2 - x^2} + C$

116. $\displaystyle\int x^2\arccos\frac{x}{a}\mathrm{d}x = \frac{x^3}{3}\arccos\frac{x}{a} - \frac{1}{9}(x^2 + 2a^2)\sqrt{a^2 - x^2} + C$

117. $\displaystyle\int \arctan\frac{x}{a}\mathrm{d}x = x\arctan\frac{x}{a} - \frac{a}{2}\ln(a^2 + x^2) + C$

118. $\displaystyle\int x\arctan\frac{x}{a}\mathrm{d}x = \frac{1}{2}(a^2 + x^2)\arctan\frac{x}{a} - \frac{ax}{2} + C$

119. $\displaystyle\int x^2\arctan\frac{x}{a}\mathrm{d}x = \frac{x^3}{3}\arctan\frac{x}{a} - \frac{a}{6}x^2 + \frac{a^3}{6}\ln(a^2 + x^2) + C$

十三、含有指数函数的积分

120. $\displaystyle\int a^x\mathrm{d}x = \frac{1}{\ln a}a^x + C$

121. $\int e^{ax} dx = \dfrac{1}{a} e^{ax} + C$

122. $\int x e^{ax} dx = \dfrac{1}{a^2} (ax - 1) e^{ax} + C$

123. $\int x^n e^{ax} dx = \dfrac{1}{a} x^n e^{ax} - \dfrac{n}{a} \int x^{n-1} e^{ax} dx$

124. $\int x a^x dx = \dfrac{x}{\ln a} a^x - \dfrac{x}{(\ln x)^2} a^x + C$

125. $\int x^n a^x dx = \dfrac{1}{\ln a} x^n a^x - \dfrac{n}{\ln a} \int x^{n-1} a^x dx + C$

126. $\int e^{ax} \sin bx dx = \dfrac{1}{a^2 + b^2} e^{ax} (a \sin bx - b \cos bx) + C$

127. $\int e^{ax} \cos bx dx = \dfrac{1}{a^2 + b^2} e^{ax} (b \sin bx + a \cos bx) + C$

128. $\int e^{ax} \sin^n bx dx = \dfrac{1}{a^2 + b^2 n^2} e^{ax} \sin^{n-1} bx (a \sin bx - nb \cos bx) + \dfrac{n(n-1) b^2}{a^2 + b^2 n^2} \int e^{ax} \sin^{n-2} bx dx$

129. $\int e^{ax} \cos^n bx dx = \dfrac{1}{a^2 + b^2 n^2} e^{ax} \cos^{n-1} bx (a \cos bx + nb \sin bx) + \dfrac{n(n-1) b^2}{a^2 + b^2 n^2} \int e^{ax} \cos^{n-2} bx dx$

十四、含有对数函数的积分

130. $\int \ln x dx = x \ln x - x + C$

131. $\int \dfrac{dx}{\ln x} = \ln |\ln x| + C$

132. $\int x^n \ln x dx = \dfrac{x^{n+1}}{n+1} \left(\ln x - \dfrac{1}{n+1} \right) + C$

133. $\int (\ln x)^n dx = x (\ln x)^n - n \int (\ln x)^{n-1} dx$

134. $\int x^m (\ln x)^n dx = \dfrac{x^{m+1}}{m+1} (\ln x)^n - \dfrac{n}{m+1} \int x^m (\ln x)^{n-1} dx$

习 题 答 案

习题 1.1

1. (1)3　(2)3　(3)6　(4)$\dfrac{2}{3}$　(5)0　(6)1

2. 不存在

习题 1.2

1. (1)$\dfrac{1}{2}$　(2)3　(3)2　(4)2　(5)-2　(6)3　(7)$\dfrac{1}{2}$　(8)2　(9)$\dfrac{1}{9}$　(10)1

2. (1)0　(2)$\dfrac{1}{2}$　(3)1　(4)$\dfrac{1}{9}$　(5)$\dfrac{1}{2}$　(6)e^{-6}　(7)e^{10}　(8)e^3　(9)1　(10)e

(11)a

习题 1.3

1. 略

2. (1)$y' = \dfrac{16}{5}x^2 \cdot \sqrt[5]{x}$ 　　　　(2)$y' = \dfrac{13}{6}x \cdot \sqrt[6]{x}$ 　　　　(3)$y' = \dfrac{3}{x^2} + \dfrac{1}{2\sqrt{x}} + \dfrac{2}{x^3}$

　(4)$y' = \sec^2 x$ 　　　　　　(5)$y' = \dfrac{2}{(x-1)^2}$ 　　　　(6)$y' = 1 + \dfrac{x}{\sqrt{x^2-1}}$

　(7)$y' = \dfrac{(\sqrt{x^2+1}-x)^2}{\sqrt{x^2+1}}$ 　　(8)$y' = 1 - \dfrac{x}{\sqrt{x^2-1}}$ 　　(9)$y' = \cos 8x$

　(10)$y' = \dfrac{x}{x^2-1}$ 　　　　(11)$y' = \dfrac{2x}{x^4-1}$

3. (1)$y' = \arcsin x$ 　　　　　(2)$y' = -6x\sin^2 x^2 \cos^2 x^2$ 　　(3)$y' = \arctan x$

　(4)$y' = \sqrt{a^2-x^2}$ 　　　　(5)$y' = \sqrt{x^2+a^2}$

4. (1)$y' = \dfrac{\sqrt[x]{x}}{x^2}(1-\ln x)$ 　　　　　　(2)$y' = -x^{-x}(1+\ln x)$

　(3)$y' = \left(\dfrac{x}{x+1}\right)^x \left(\ln\dfrac{x}{x+1} + \dfrac{1}{x+1}\right)$ 　　(4)$y' = x^{\sin x}\left(\cos x\ln x + \dfrac{\sin x}{x}\right)$

5. (1)$\dfrac{\mathrm{d}y}{\mathrm{d}x} = \dfrac{\cos y - \cos(x+y)}{\cos(x+y) + x\sin y}$ 　　　(2)$\dfrac{\mathrm{d}y}{\mathrm{d}x} = \dfrac{-y^2 e^x}{y e^x + 1}$

　(3)$\dfrac{\mathrm{d}y}{\mathrm{d}x} = \ln x$ 　　　　　(4)$\dfrac{\mathrm{d}y}{\mathrm{d}x} = \dfrac{y^2 - 4xy}{2x^2 - 2xy + 3y^2}$

6. $-\dfrac{1}{e}$

7. $(1)y' = \dfrac{\sqrt{x+2}\,(3-x)^4}{(x+5)^5}\left(\dfrac{1}{2x+4} + \dfrac{4}{x-3} - \dfrac{5}{x+5}\right)$ $(2)y' = \dfrac{y^2(1-\ln x)}{x^2(1-\ln y)}$

$(3)y' = \dfrac{2}{15}\sqrt[5]{\dfrac{2x+3}{\sqrt[3]{x^2+1}}}\left(\dfrac{3}{2x+3} - \dfrac{x}{x^2+1}\right)$

8. $(1)\dfrac{\mathrm{d}y}{\mathrm{d}x} = \dfrac{3t^2-1}{2t}$ $(2)\dfrac{\mathrm{d}y}{\mathrm{d}x} = \dfrac{t^2+2}{2t}$

9. $\sqrt{3}-2$.

10. $(1)6x-y-3=0$ $(2)x-2y+\sqrt{3}-\dfrac{\pi}{3}=0$

$(3)y=0$ $27x-4y-27=0$ $(4)y=-1$ $3x-y-3=0$

$(5)9x+y+5=0$ $6\sqrt{3}x+y+6\sqrt{3}-4=0$ $6\sqrt{3}x-y+6\sqrt{3}+4=0$

$(6)x+2y-3=0$

习题 1.4

1. $(1)\sim(8)$ 均为 1 $(9)\dfrac{3}{5}$ $(10)\dfrac{1}{2}$ $(11)\cos a$ $(12)e^a$ $(13)\dfrac{1}{\sqrt{1-a^2}}$ $(14)\sec^2 a$

$(15)\dfrac{1}{a}$ $(16)0$ $(17)0$ $(18)0$ $(19)+\infty$

2. $(1)2$ $(2)-\dfrac{1}{2}$ $(3)3$ $(4)1$ $(5)0$ $(6)\dfrac{1}{2}$ $(7)0$ $(8)1$ $(9)\dfrac{1}{2}$ $(10)\dfrac{1}{2}$

$(11)0$

3. $(1)f_{极大}(2)=4e^{-2}$, $f_{极小}(0)=0$;

拐点 $(2-\sqrt{2},(6-4\sqrt{2})e^{\sqrt{2}-2})$ $(2+\sqrt{2},(6+4\sqrt{2})e^{-\sqrt{2}-2})$

$(2)f_{极小}(-2)=-7$;拐点 $\left(-1,-\dfrac{17}{4}\right)\left(1,-\dfrac{1}{4}\right)$

$(3)f_{极小}\left(-\dfrac{1}{2}\right)=-\dfrac{27}{16}$;拐点 $(0,-1)$ $(1,0)$

$(4)f_{极大}(0)=0$, $f_{极小}(\pm 1)=-\dfrac{1}{3}$;无拐点

$(5)f_{极小}(0)=0$;拐点 $(0,0)$

4. $(1)f_{极小}\left(\dfrac{1}{2}\right)=1$ $(2)f_{极小}(0)=0$ $(3)f_{极大}(e^2)=\dfrac{4}{e^2}$, $f_{极小}(1)=0$

$(4)f_{极大}(3)=0$, $f_{极小}(5)=-\sqrt[3]{4}$ $(5)f_{极小}(0)=0$ $(6)f_{极大}\left(\dfrac{3}{4}\right)=\dfrac{5}{4}$

5. $(1)f_{极大}(2)=2-\dfrac{2}{3}(1+\ln 2)$, $f_{极小}(1)=\dfrac{5}{6}$ $(2)f_{极大}(\pm 1)=1$, $f_{极小}(0)=0$

$(3)f_{极小}(-\ln\sqrt{2})=2\sqrt{2}$ $(4)f_{极大}\left(-\dfrac{1}{2}\right)=\dfrac{15}{4}$, $f_{极小}(1)=-3$

$(5)f_{极大}(-1)=-2,f_{极小}(1)=2$ 　　　　$(6)f_{极大}(0)=2,f_{极小}(\pm2)=-14$

$(7)f_{极大}\left(\dfrac{3\pi}{4}\right)=\sqrt{2},f_{极小}\left(\dfrac{7\pi}{4}\right)=-\sqrt{2}$ 　　　$(8)f_{极大}\left(\dfrac{2\pi}{3}\right)=2,f_{极小}\left(\dfrac{5\pi}{3}\right)=-2$

6. $f_{极大}\left(-\dfrac{\pi}{3}\right)=\dfrac{3}{4}$

7. (1) B 　(2) A 　(3) D 　(4) C

习题 1.5

1. $(1)\mathrm{d}y=\dfrac{1}{1+x^2}\mathrm{d}x$ 　$(2)\mathrm{d}y\big|_{x=1}=\dfrac{1}{2}\mathrm{d}x$ 　$(3)\mathrm{d}y\big|_{x=1}=0.005$

　　$(4)\Delta y\big|_{x=1}\approx-0.005$

2. $(1)\dfrac{1}{2\sqrt{x}}\mathrm{d}x$ 　$(2)\cos x\mathrm{d}x$ 　$(3)a\mathrm{d}x$ 　$(4)-b\mathrm{d}x$ 　$(5)2x\mathrm{d}x$ 　$(6)-2x\mathrm{d}x$

　　$(7)-\dfrac{1}{t^2}\mathrm{d}t$ 　$(8)3^t\ln3\mathrm{d}t$ 　$(9)\dfrac{1}{t}\mathrm{d}t$ 　$(10)-\sin t\mathrm{d}t$

3 - 5. 略

习题 2.1

$(1)\dfrac{1}{7}x^7+\dfrac{10^x}{\ln10}+\ln|x|-\cos x+\arcsin x+C$

$(2)2\sqrt{x}+\mathrm{e}^x-\sin x+\ln|x|+\arctan x+C$

$(3)\tan x+\dfrac{1}{x}-\dfrac{1}{\mathrm{e}^x}+\arcsin x+x\ln10+C$

$(4)-\dfrac{1}{2}x^{-2}+\dfrac{4^x}{\ln4}+\ln|x|+\sin x+\arctan x+C$

$(5)\sqrt{x}+\dfrac{3^x}{\ln3}+\cos x+\arcsin x+x+C$

$(6)\dfrac{1}{11}x^{11}+\dfrac{2^x}{\ln2}+\ln|x|+\cot x+\arctan x+C$

$(7)\sin x+\ln|x|+\arctan x+x^2+x\mathrm{e}^2+\arcsin x+C$

$(8)x^3+\dfrac{2}{3}\sqrt{x^3}-2\sqrt{x}+\ln|x|+\dfrac{1}{x}+C$

$(9)\ln|x|-\arctan x+C$ 　　　$(10)\dfrac{1}{2}x-\dfrac{1}{2}\sin x+C$ 　　　$(11)-\dfrac{1}{2}\cot x+C$

$(12)\dfrac{1}{2}\tan x+C$ 　　　　　$(13)\tan x-\cot x+C$ 　　　$(14)2\sqrt{x}-\dfrac{4}{3}x\sqrt{x}+\dfrac{2}{5}x^2\sqrt{x}+C$

$(15)\dfrac{1}{2}\tan x+\dfrac{1}{2}x+C$ 　　　$(16)\tan x-\cot x+C$

习题 2.2

$(1)-\ln|\cos x|+\arctan x+\dfrac{1}{x}+\ln|x|+\dfrac{3^{x}}{\ln3}+C$

$(2)\ln|\sec x+\tan x|+\arcsin x+\sqrt{x}-\ln|x|+\dfrac{2^{x}}{\ln2}+C$

$(3)\ln|\sin x|+\arcsin x+\dfrac{1}{6}x^{6}+\ln|x|+\dfrac{3^{x}}{\ln3}+C$

$(4)\dfrac{1}{9}(x^{3}+1)^{3}+C$　$(5)\cos\dfrac{1}{x}+C$　$(6)2e^{\sqrt{x}}+C$　$(7)x-\ln(e^{x}+1)+C$

$(8)\arctan e^{x}+C$　$(9)\sqrt{x^{2}-a^{2}}+C$　$(10)\dfrac{1}{3}\sqrt{(x^{2}+1)^{3}}+C$

$(11)\dfrac{1}{2}x+\dfrac{1}{4}\sin2x+C$　$(12)\dfrac{1}{3}\cos^{3}x-\cos x+C$

$(13)\dfrac{1}{5}\sin^{5}x+\sin x-\dfrac{2}{3}\sin^{3}x+C$　$(14)-\arctan(\cos x)+C$

$(15)\ln|3+4\sin x|+C$　$(16)-\cos\sqrt{x^{2}+1}+C$　$(17)\ln\left|\dfrac{xe^{x}}{1+xe^{x}}\right|+C$

$(18)\ln\sqrt{x^{2}+4x+13}-\dfrac{1}{3}\arctan\dfrac{x+2}{3}+C$　$(19)-\cot\dfrac{x}{2}+C$

$(20)\csc x-\cot x+C$　$(21)\tan x-\sec x+C$　$(22)-\cot\left(\dfrac{x}{2}-\dfrac{\pi}{4}\right)+C$

$(23)x+\dfrac{1}{2}\ln|\sec2x+\tan2x|+\dfrac{1}{2}\ln|\cos2x|+C$　$(24)x-\dfrac{1}{2}\ln(1-\sin2x)+C$

$(25)2\arctan\sqrt{x}+C$　$(26)\ln|\tan x+\sec x|+C$　$(27)\arctan(x+1)+C$

$(28)\dfrac{1}{3}(\arctan x)^{3}+C$　$(29)\arctan(xe^{x})+C$　$(30)\tan x+\dfrac{1}{3}\tan^{3}x+C$

$(31)\dfrac{1}{2}\tan2x-\dfrac{1}{2}\sec2x+C$ 或 $-\dfrac{1}{\tan x+1}+C$ 或 $-\dfrac{1}{2}\cot\left(x+\dfrac{\pi}{4}\right)+C$

$(32)2\sqrt{e^{x}-1}-2\arctan\sqrt{e^{x}-1}+C$

$(33)(1+\sqrt{x+1})^{2}-4(1+\sqrt{x+1})+2\ln(1+\sqrt{x+1})+C$　$(34)2\ln(\sqrt{x}+1)+C$

习题 2.3

$(1)x\sin x+\cos x+C$　$(2)x\tan x+\ln|\cos x|+C$　$(3)x\sec x-\ln|\sec x+\tan x|+C$

$(4)\dfrac{x}{\ln2}2^{x}-\dfrac{1}{\ln^{2}2}2^{x}+C$　$(5)-xe^{-x}-e^{-x}+C$　$(6)x^{2}\ln x-\dfrac{1}{2}x^{2}+C$

$(7)\sqrt{x}\ln x-2\sqrt{x}+C$　$(8)-\dfrac{1}{x}\ln x-\dfrac{1}{x}+C$　$(9)\dfrac{1}{2}x\sin2x+\dfrac{1}{4}\cos2x+C$

$(10)-2x\cos\dfrac{x}{2}+4\sin\dfrac{x}{2}+C$　$(11)\dfrac{1}{2}xe^{2x}-\dfrac{1}{4}e^{2x}+C$　$(12)e^{x}(x^{2}-2x+2)+C$

$(13)(x^2-2)\sin x + 2x\cos x + C$　　$(14)\dfrac{e^{-x}}{1-x} + C$　　$(15)\dfrac{1}{2}e^x(\sin x - \cos x) + C$

$(16)x\arcsin x + \sqrt{1-x^2} + C$　　$(17)x\arctan x - \dfrac{1}{2}\ln(1+x^2) + C$　　$(18)x(\ln x - 1)^2 + x + C$

$(19)x\ln(1+x^2) - 2x + 2\arctan x + C$　　$(20) -2\sqrt{x}\cos\sqrt{x} + 2\sin\sqrt{x} + C$

习题 2.4

略

习题 3.1

1. $(1)\displaystyle\int_0^l \rho(x)\mathrm{d}x$　　$(2)\geqslant 0, <0,$ 负　　$(3)\displaystyle\int_1^e \ln x\mathrm{d}x$　　(4) 负　　$(5)\dfrac{1}{4}\pi$

2. (1) A　(2) A　(3) B　(4) D　(5) C

3. $(1)\dfrac{1}{2}$　$(2)b-a$　$(3)0$　$(4)0$

4. $s = \displaystyle\int_2^{12} gt\mathrm{d}t$

5. $Q = \displaystyle\int_0^T I(t)\mathrm{d}t$

6. $\displaystyle\int_1^3 (x^2+1)\mathrm{d}x$

7. $\displaystyle\int_1^3 (2t+1)\mathrm{d}t = 10$

8. $\theta = \displaystyle\int_{t_1}^{t_2} \omega(t)\mathrm{d}t$

9. $A = \displaystyle\int_1^2 x^3\mathrm{d}x$

10. 略

习题 3.2

1. $(1)\dfrac{\pi}{6}$　$(2)-\ln2$　$(3)e-\dfrac{1}{e}$　$(4)1$　$(5)1+\dfrac{\pi}{4}$　$(6)1-\dfrac{\pi}{4}$　$(7)-2$　$(8)2\sqrt{2}$

　$(9)4$　$(10)1$　$(11)2\sqrt{2}-2$　$(12)\dfrac{3}{4}$　$(13)1$　$(14)2-\sqrt{3}$　$(15)\dfrac{4}{3}$　$(16)\dfrac{5}{3}$

　$(17)4-4\ln3$　$(18)0$

2. $(1)1$　$(2)\dfrac{\pi}{4}-\dfrac{1}{2}\ln2$　$(3)\dfrac{\pi}{2}-1$　$(4)8\ln2-4$　$(5)\dfrac{1}{6}$　$(6)2\pi$

　$(7)1-\dfrac{2}{e}$　$(8)\dfrac{1}{2}(e^{2\pi}-1)$　$(9)\dfrac{\pi}{4}$　$(10)\dfrac{1}{2}(e^{\frac{\pi}{2}}+1)$

习题 3.3

1. (1) $\int_0^{2\pi} |\cos x| dx$ 或 $\int_0^{\frac{\pi}{2}} \cos x dx - \int_{\frac{\pi}{2}}^{\frac{3\pi}{2}} \cos x dx + \int_{\frac{3\pi}{2}}^{2\pi} \cos x dx$　　(2) y　(3) $\pi \int_a^b f^2(x) dx$

 　 (4) $\dfrac{\pi}{5}$　(5) $\int_a^b f(t) dt$

2. (1) B　(2) A　(3) D　(4) B　(5) A

3. $\dfrac{\pi}{5}, \dfrac{\pi}{2}$

4. 0.001 8k

5. 3.593 × 10^6 N

6. 11

7. $V_x = \pi(e - 2), V_y = \dfrac{\pi}{2}(e^2 + 1)$

8. $\dfrac{2}{3} \rho g R^3$

习题 4.1

1. (1) C　(2) B　(3) B　(4) B

2. (1) 三阶　(2) 一阶　(3) 一阶　(4) 二阶　(5) 一阶　(6) 一阶

3. 略

4. (1) $y^2 = e^x + C$　(2) $\cos y = x^2 + C$　(3) $\sqrt{y} = x^3 + C$　(4) $\tan y = x^2 + C$

 　 (5) $y = Ce^{-x}$　(6) $y = Ce^{\frac{1}{x}}$　(7) $y = Cx$　(8) $y = Ce^{-\sin x}$

习题 4.2

(1) $y = \dfrac{1}{x}(e^x + C)$　　　　(2) $y = e^{-x}(x + C)$　　　　(3) $y = e^x(x + C)$

(4) $y = 1 + Ce^{-x^2}$　　　　(5) $y = \dfrac{1}{x}(-\cos x + C)$　　(6) $y = x^2 - x + 1 + \dfrac{C}{x}$

(7) $y = e^{-\sin x}(x + C)$　　　(8) $y = x(\sin x + C)$　　　(9) $y = \dfrac{1}{2}(x + 1)^4 + C(x + 1)^2$

习题 4.3

1. (1) $y = C_1 e^{4x} + C_2 e^{-x}$　　　　　　　　(2) $y = (C_1 + C_2 x) e^{-x}$

 　 (3) $y = e^{-x}(C_1 \cos 3x + C_2 \sin 3x)$　　　　(4) $y = C_1 e^{\frac{1}{2}x} + C_2 e^{2x}$

 　 (5) $y = e^{-x}(C_1 \cos \sqrt{2} x + C_2 \sin \sqrt{2} x)$

$(6) y = (C_1 + C_2 x) e^{-6x}$

2. $(1) \bar{y} = Ax^2 + Bx + C$

$(2) \bar{y} = Ax^3 + Bx^2 + Cx$

$(3) \bar{y} = x(Ax + B) e^{-2x}$

$(4) \bar{y} = x^2(Ax + B) e^x$

$(5) \bar{y} = (Ax^2 + Bx + C) e^{3x}$

$(6) \bar{y} = (Ax + B) e^{5x}$

$(7) \bar{y} = xe^{-3x}(A\cos2x + B\sin2x)$

$(8) \bar{y} = e^x[(Ax + B)\cos3x + (Cx + D)\sin3x]$

习题 4.4

1. $(1) 50\ s$　$(2) 500\ m$

2. $v = \dfrac{mg}{k}\left(1 - e^{-\frac{k}{m}t}\right)$

3. $y = e^{-6t}\left(\dfrac{5}{12}\cos8t + \dfrac{5}{16}\sin8t\right) - \dfrac{5}{12}\cos10t$

习题 5.1

1. $(1) \{(x,y) \mid x + y > 0 \text{ 且 } x \leq 0\}$

$(2) \{(x,y) \mid 1 \leq x^2 + y^2 \leq 4\}$

$(3) D = \{(x,y) \mid x + y > 1 \text{ 且 } x + y \neq 2\}$

$(4) -\dfrac{2}{5}, \dfrac{xy}{x^2 + y^2}$

$(5) \dfrac{2x}{x^2 - y^2}$

$(6) \dfrac{1}{2}(x^2 - xy)$

2. $(1) D = \{(x,y) \mid x + y > 0 \text{ 且 } x - y > 0\}$

$(2) D = \{(x,y) \mid -1 \leq x \leq 1, y \leq -1 \text{ 或 } y \geq 1\}$

$(3) D = \{(x,y) \mid x^2 + y^2 < 9\}$

$(4) D = \{(x,y) \mid y - x > 0, x \geq 0, x^2 + y^2 < 1\}$

习题 5.2

1. $(1) -2x\sin(x^2 + y^2), -2y\sin(x^2 + y^2)$

$(2) \dfrac{1}{y}e^{\frac{x}{y}}, -\dfrac{x}{y^2}e^{\frac{x}{y}}$

$(3) 2xy^{x^2}\ln y, x^2 y^{x^2-1}$

$(4) \dfrac{2xy^2}{x^2 + y^2}, 2y\ln(x^2 + y^2) + \dfrac{2y^3}{x^2 + y^2}$

$(5) \dfrac{1}{e}$

$(6) \dfrac{2x}{y^2}(2x^2 - y^2), -\dfrac{2x^4}{y^3}$

$(7) \cos(2x + y), -\sin x\sin(x + y)$

$(8) y(x - 2y)^{y-1}, (x - 2y)^y\left[\dfrac{2y}{2y - x} + \ln(x - 2y)\right]$

$(9) -\dfrac{1}{e^t} - e^t$

$(10) \dfrac{\cos x - x\sin x}{x\cos x}$

$(11)\dfrac{y^2-e^x}{1-2xy}$ $\qquad$ $(12)\dfrac{z}{e^z-x},\dfrac{1}{x-e^z}$

$(13)\dfrac{yz}{e^z-xy},\dfrac{xz}{e^z-xy}$ $\qquad$ $(14)\dfrac{x}{1+x^4y^2}(2y\mathrm{d}x+x\mathrm{d}y)$

$(15)\,\mathrm{d}x$ $\qquad$ $(16)0.25\mathrm{e}$

2. (1)B (2)D (3)C (4)C (5)A (6)B (7)B (8)D

3. $(1)\dfrac{\partial z}{\partial x}=y+\dfrac{1}{y},\dfrac{\partial z}{\partial y}=x-\dfrac{x}{y^2}$ $\qquad$ $(2)\dfrac{\partial z}{\partial x}=-\dfrac{y}{x^2+y^2}e^{\arctan\frac{y}{x}},\dfrac{\partial z}{\partial y}=\dfrac{x}{x^2+y^2}e^{\arctan\frac{y}{x}}$

$(3)\dfrac{\partial z}{\partial x}=\dfrac{x}{x^2+y^2},\dfrac{\partial z}{\partial y}=\dfrac{y}{x^2+y^2}$

$(4)\dfrac{\partial u}{\partial x}=\dfrac{1}{z}y^{\frac{x}{z}}\ln y,\dfrac{\partial u}{\partial y}=\dfrac{x}{z}y^{\frac{x}{z}-1},\dfrac{\partial u}{\partial z}=-\dfrac{x}{z^2}y^{\frac{x}{z}}\ln y$

5. $(1)\dfrac{\partial z}{\partial x}=3x^2\sin y\cos y(\sin y-\cos y),\dfrac{\partial z}{\partial y}=2x^3\sin y\cos y(\sin y+\cos y)-x^3(\sin^3 y+\cos^3 y)$

$(2)\dfrac{\partial z}{\partial x}=2(x^2+y^2)^{2x+y}\left[\dfrac{2x^2+xy}{x^2+y^2}+\ln(x^2+y^2)\right],\dfrac{\partial z}{\partial y}=(x^2+y^2)^{2x+y}\left[\dfrac{4xy+2y^2}{x^2+y^2}+\ln(x^2+y^2)\right]$

$(3)\dfrac{\mathrm{d}z}{\mathrm{d}t}=e^{\sin t-2t^3}(\cos t-6t^2)$ $\qquad$ $(4)\dfrac{\mathrm{d}z}{\mathrm{d}x}=\dfrac{e^x(1+x)}{1+x^2e^{2x}}$

6. $1+2\ln2,1$

7. $x\varphi(x^2-y^2)$

9. $(1)\dfrac{\partial z}{\partial x}=\dfrac{y(z+1)}{e^z-xy},\dfrac{\partial z}{\partial y}=\dfrac{x(z+1)}{e^z-xy}$

$(2)\dfrac{\partial z}{\partial x}=-\dfrac{y+ze^{xz}}{\ln y+xe^{xz}},\dfrac{\partial z}{\partial y}=-\dfrac{xy+z}{y(\ln y+xe^{xz})}$

11. $(1)\mathrm{d}z=(3x^2-y^2)y\mathrm{d}x+(x^2-3y^2)x\mathrm{d}y$

$(2)\mathrm{d}z=yzx^{yz-1}\mathrm{d}x+zx^{yz}\cdot\ln x\mathrm{d}y+yx^{yz}\cdot\ln x\mathrm{d}z$

12. $\mathrm{d}z=\dfrac{z}{z-1}\left(\dfrac{1-x}{x}\mathrm{d}x+\dfrac{1-y}{y}\mathrm{d}y\right)$

习题 5.3

1. $(1)1.08$ $\quad$ $(2)f(x_0+\Delta x,y_0+\Delta y)\approx f(x_0,y_0)+f'_x(x_0,y_0)\Delta x+f'_y(x_0,y_0)\Delta y$

$\quad$ $(3)(-1,0),$小 $\quad$ $(4)(-4,1),-1$ $\quad$ $(5)(0,0)、(1,1),(1,1),$小

2. (1)B (2)D

3. $(1)0.502$ $\quad$ $(2)0.005$

4. $9.4\ \mathrm{m}^3$

5. 极小值 $f(0,-2)=-16$,极大值 $f(-2,2)=20$

6. 极大值 $f(a,a)=a^3$

习题 5.4

1. $(1)0$ $\quad$ $(2)\displaystyle\int_0^1\mathrm{d}x\int_{x^2}^x f(x,y)\mathrm{d}y$ $\quad$ $(3)\displaystyle\int_0^1\mathrm{d}y\int_{ey}^e f(x,y)\mathrm{d}x$ $\quad$ $(4)\dfrac{2}{3}$ $\quad$ $(5)4a^2$

2. (1)B　(2)A　(3)B　(4)B

3. (1)$\dfrac{1}{15}$　(2)$\dfrac{2}{9}$　(3)$\dfrac{1}{2}\mathrm{e}-1$　(4)$\dfrac{9}{4}$　(5)$14a^4$

4. (1)$\pi(\mathrm{e}^4-1)$　(2)9　(3)$\dfrac{\pi}{4}(2\ln2-1)$　(4)$\dfrac{2}{3}\pi(b^3-a^3)$　(5)3π

5. $\dfrac{3}{2}$

6. $\dfrac{1}{6}$

7. $\dfrac{\pi R^4}{4a}$

习题 6.1

1. (1)-19　(2)0　(3)26　(4)51　(5)1　(6)72

2. (1)40　(2)-8　(3)10　(4)512　(5)$(3a+b)(b-a)^3$　(6)abc

3. (1)$x=\dfrac{13}{28},y=\dfrac{47}{28},z=\dfrac{3}{4}$　　　　　　　(2)$x_1=-1,x_2=-1,x_3=0,x_4=1$

　(3)$x_1=1,x_2=0,x_3=-1,x_4=2$　　　　　(4)$x_1=3,x_2=-4,x_3=-1,x_4=1$

4. $m=1$

习题 6.2

1. $\begin{pmatrix} 15 & 22 & 4 \\ 18 & 20 & 25 \\ 1 & 20 & 25 \end{pmatrix},\begin{pmatrix} 3 & 14 & 8 \\ -6 & 4 & 17 \\ -7 & -8 & 5 \end{pmatrix}$

2. $A+B=\begin{pmatrix} 4 & -3 & 3 \\ -2 & 3 & 6 \end{pmatrix},A-B=\begin{pmatrix} -2 & -1 & 1 \\ 2 & 3 & 4 \end{pmatrix},3A-2B=\begin{pmatrix} -3 & -4 & 4 \\ 4 & 9 & 13 \end{pmatrix}$

3. $\begin{pmatrix} 2 & 3 & -3 & 2 \\ 2 & -2 & 1 & -1 \\ -1 & -3 & 2 & 1 \end{pmatrix}$

4. $A=\begin{pmatrix} 1 & 6 & 2 \\ 3 & 5 & 2 \end{pmatrix},B=\begin{pmatrix} 2 & -4 & -4 \\ -4 & -10 & -8 \end{pmatrix}$

5. (1)$\begin{pmatrix} 6 & -3 \\ -2 & 1 \\ -10 & 5 \end{pmatrix}$　(2)$(-11 \quad -10)$　(3)$\begin{pmatrix} 1 & 2 \\ 9 & -4 \end{pmatrix}$　(4)$\begin{pmatrix} 3 \\ 3 \\ 4 \end{pmatrix}$

　(5)$\begin{pmatrix} 9 & -2 & -1 \\ 9 & 9 & 11 \end{pmatrix}$　(6)$\begin{pmatrix} 6 & -7 & 8 \\ 20 & -5 & -6 \end{pmatrix}$　(7)$\begin{pmatrix} a_{11}x_1+a_{12}x_2+a_{13}x_3 \\ a_{21}x_1+a_{22}x_2+a_{23}x_3 \\ a_{31}x_1+a_{32}x_2+a_{33}x_3 \end{pmatrix}$

6. $(AB)^2=\begin{pmatrix} 0 & -1 \\ 0 & 1 \end{pmatrix},A^2B^2=\begin{pmatrix} -1 & 0 \\ 1 & 0 \end{pmatrix}$

7. $\begin{pmatrix} 2 & 1 & -1 & -3 \\ 1 & -3 & 0 & 1 \\ 1 & -4 & 1 & 2 \\ 1 & 2 & -1 & 3 \end{pmatrix} \begin{pmatrix} x_1 \\ x_2 \\ x_3 \\ x_4 \end{pmatrix} = \begin{pmatrix} -1 \\ 0 \\ -2 \\ 1 \end{pmatrix}$

习题 6.3

1. $(1)\begin{pmatrix} 1 & 3 \\ 1 & 2 \end{pmatrix}$　$(2)\begin{pmatrix} -3 & 2 \\ -5 & 3 \end{pmatrix}$　$(3)\begin{pmatrix} 3 & -1 \\ -5 & 2 \end{pmatrix}$　$(4)\begin{pmatrix} 2 & -1 & -1 \\ 3 & -1 & -2 \\ -1 & 1 & 1 \end{pmatrix}$

$(5)\begin{pmatrix} 1 & -4 & -3 \\ 1 & -5 & -3 \\ -1 & 6 & 4 \end{pmatrix}$　$(6)\begin{pmatrix} -2 & -1 & 2 \\ 4 & 1 & -3 \\ 1 & 1 & -1 \end{pmatrix}$

2. $(1)x_1=7,x_2=7,x_3=11$　$(2)x_1=1,x_2=0,x_3=4$

3. $(1)\begin{pmatrix} -1 & 0 & -2 \\ 3 & 1 & 5 \end{pmatrix}$　$(2)\begin{pmatrix} -2 & 3 & 0 \\ 1 & 1 & 3 \\ 2 & -2 & 1 \end{pmatrix}$　$(3)\begin{pmatrix} 2 & 6 \\ 2 & 4 \\ 0 & -1 \end{pmatrix}$

4. $(1)2$　$(2)2$　$(3)3$　$(4)2$

5. $(1)2,2$　$(2)3,4$

6. $(1)x_1=1,x_2=-2,x_3=0,x_4=1$　$(2)x_1=x_2=x_3=x_4=0$

习题 6.4

1. $(1)x_1=1,x_2=2,x_3=-2$　　　　　　$(2)x_1=1,x_2=-1,x_3=1,x_4=-1$

$(3)x_1=7c,x_2=-5c,x_3=c,(c\ 为任意常数)$

$(4)x_1=\dfrac{3}{2}c_1-\dfrac{3}{4}c_2+\dfrac{5}{4},x_2=\dfrac{3}{2}c_1+\dfrac{7}{4}c_2-\dfrac{1}{4},x_3=c_1,x_4=c_2(c_1,c_2\ 为任意常数)$

2. $2,2\pm\sqrt{2}$

3. $(1)\lambda=-2$　$(2)\lambda\neq1\ 且\ \lambda\neq-2$　$(3)\lambda=1$

4. $(1)n\neq5$　$(2)m\neq-2\ 且\ n=5$　$(3)m=-2\ 且\ n=5$

习题 7.1

1. (1)Ⅳ，Ⅴ，Ⅷ，Ⅲ

(2)竖，横，横和竖，横和纵，xOy 平面上，y 轴上，z 轴上，zOx 平面上

$(3)(2,-3,1),(-2,-3,-1),(2,3,-1)$

$(4)(-1,-\sqrt{2},1),2,\cos\alpha=-\dfrac{1}{2}、\cos\beta=-\dfrac{\sqrt{2}}{2}、\cos\gamma=\dfrac{1}{2},\dfrac{2\pi}{3}、\dfrac{3\pi}{4}、\dfrac{\pi}{3}$

$(5)|\overrightarrow{AB}|=3,C\left(0,1,\dfrac{3}{2}\right)$

2. (1)D　(2)A　(3)C　(4)B

3. $\overrightarrow{M_1M_2} = (1, -2, -2)$, $-2\overrightarrow{M_1M_2} = (-2, 4, 4)$

4. $C(0, 0, -2)$

5. $\left(\dfrac{1}{3}, -\dfrac{2}{3}, \dfrac{2}{3}\right)$ 或 $\left(-\dfrac{1}{3}, \dfrac{2}{3}, -\dfrac{2}{3}\right)$

习题 7.2

1. (1)10　(2)0, $\dfrac{\pi}{2}$　(3)$\dfrac{\pi}{3}$　(4)$3e_x - 7e_y - 5e_z$　(5)$\pm\dfrac{\sqrt{30}}{30}(e_x + 2e_y + 5e_z)$

2. (1)C　(2)D　(3)A　(4)B

3. $\lambda = \pm\dfrac{3}{5}$

4. $\dfrac{\pi}{4}$

5. $\sqrt{17}$

6. $\pm\left(\dfrac{1}{3}e_x - \dfrac{2}{3}e_y + \dfrac{2}{3}e_z\right)$

习题 7.3

1. (1)$x^2 + y^2 + z^2 - 2x - 6y + 4z = 0$　(2)$(6, -2, 3), 7$　(3)$x^2 + y^2 + z^2 = 9$

　　(4)$y^2 + z^2 = 5x$　(5)椭圆抛物面

2. 表示球心在点$(-4, 3, 0)$, 半径为 5 的球面

3. 绕 x 轴:$4x^2 - 9(y^2 + z^2) = 36$;绕 y 轴:$4(x^2 + z^2) - 9y^2 = 36$

习题 7.4

1. (1)①$z = 0$　②$y = 0$　③$x = 0$

　　(2)$(3, 15, -5)$　(3)$2x - 8y + z - 1 = 0$　(4)$(2, -3, 1)$　(5)$x - 4y + 5z + 15 = 0$

　　(6)$11x - 17y - 13z + 3 = 0$　(7)$2x - 6y + 2z - 7 = 0$　(8)$\dfrac{x-1}{1} = \dfrac{y+2}{-2} = \dfrac{z-2}{3}$

　　(9)$\dfrac{x-4}{2} = \dfrac{y+1}{1} = \dfrac{z-3}{5}$　(10)$\dfrac{\pi}{4}$

2. (1)C　(2)B　(3)B　(4)A　(5)C　(6)D　(7)C　(8)A

3. (1)$14x + 9y - z - 15 = 0$　(2)$y - 3z = 0$　(3)$3x - 7y + 5z - 4 = 0$　(4)$2x - y - z = 0$

　　(5)$3x + y + 2z - 23 = 0$

4. $\theta = \dfrac{\pi}{3}$

5. (1)$\dfrac{x-2}{3} = \dfrac{y-3}{-2} = \dfrac{z+8}{5}$　　　　　　　　(2)$\dfrac{x-1}{-4} = \dfrac{y-2}{0} = \dfrac{z-1}{3}$

$(3)\dfrac{x-2}{3}=\dfrac{y+3}{-1}=\dfrac{z-4}{2}$ $(4)\dfrac{x-2}{2}=\dfrac{y+3}{-3}=\dfrac{z-4}{0}$

$(5)\dfrac{x+1}{3}=\dfrac{y-2}{-1}=\dfrac{z-1}{1}$

6. $x+y+3z-6=0$

习题 8.1

1. $(1)\dfrac{1}{2^{n-1}}$ $(2)-5<q<5$ $(3)2$ (4)发散 $(5)\lim\limits_{n\to\infty}u_n=0$

2. (1)D (2)A (3)A (4)D (5)A

3. (1)收敛 (2)发散

习题 8.2

1. $(1)>\dfrac{1}{3}$ $(2)>1$ $(3)\geqslant 1$ $(4)u_n\geqslant u_{n+1}(n=1,2,3,\cdots)$且$\lim\limits_{n\to\infty}u_n=0$

     (5)绝对收敛

2. (1)D (2)B (3)B (4)D (5)A

3. 发散

4. 发散

5. 条件收敛

6. 绝对收敛

习题 8.3

1. $(1)\dfrac{3}{2}$ $(2)1$ $(3)(-2,0]$ $(4)[0,2)$ $(5)\dfrac{1}{2}\ln\left|\dfrac{1+x}{1-x}\right|$

2. (1)C (2)B (3)D (4)C (5)B

3. $(1,2]$

4. $f(x)=\cos 2x=\sum\limits_{n=0}^{\infty}\dfrac{(-1)\cdot 4^n}{(2n)!}x^{2n},\ -\infty<x<+\infty$

5. $-2\sum\limits_{n=0}^{\infty}\dfrac{x^{2n+1}}{2n+1},x\in(-1,1)$

6. $\ln 5+\sum\limits_{n=0}^{\infty}\dfrac{(-1)^n}{5^{n+1}(n+1)}x^{n+1},\ -5<x\leqslant 5$

7. $\sum\limits_{n=0}^{\infty}\dfrac{1}{2^{n+1}}(x-1)^n,\ -1<x<3$

8. $\ln 2+\sum\limits_{n=0}^{\infty}(-1)^n\dfrac{1}{(n+1)2^{n+1}}(x-2)^{n+1},0<x\leqslant 4$

习题 8.4

1. (1) 相等　(2) $0,0,\dfrac{1}{n}(-1)^{n+1}$　$(n=1,2,3\cdots)$　(3) π

(4) $\displaystyle\sum_{n=1}^{\infty}b_n\sin nx.$ 其中 $b_n=\dfrac{2}{\pi}\displaystyle\int_0^{\pi}f(x)\sin nx\mathrm{d}x$　$(n=1,2,3,\cdots)$　(5) 2

2. (1) $f(x)=\dfrac{2}{\pi}+\dfrac{4}{\pi}\displaystyle\sum_{n=1}^{\infty}\dfrac{(-1)^{n-1}}{4n^2-1}\cos nx$

(2) $f(x)=\left(2+\dfrac{4}{\pi}\right)\sin x-\sin 2x+\left(\dfrac{2}{3}+\dfrac{4}{3\pi}\right)\sin 3x-\dfrac{1}{2}\sin 4x+\cdots$　$(x\neq k\pi,k\in\mathbf{Z})$

(3) $f(x)=\dfrac{\pi}{2}+2\left(\sin x+\dfrac{1}{3}\sin 3x+\dfrac{1}{5}\sin 5x+\cdots\right)$　$(x\neq k\pi,k\in\mathbf{Z})$

3. $f(x)=2\displaystyle\sum_{n=1}^{\infty}(-1)^n\left(\dfrac{6}{n^3}-\dfrac{\pi^2}{n}\right)\sin nx$　$(x\neq(2k+1)\pi,k\in\mathbf{Z})$

习题 8.5

1. (1) $f(x)=\dfrac{A}{2}+\dfrac{2A}{\pi}\left(\sin\dfrac{\pi}{2}x+\dfrac{1}{3}\sin\dfrac{3\pi}{2}x+\dfrac{1}{5}\sin\dfrac{5\pi}{2}x+\cdots\right)$　$(x\neq 2k,k\in\mathbf{Z})$

(2) $f(x)=\dfrac{11}{12}+\dfrac{1}{\pi^2}\displaystyle\sum_{n=1}^{\infty}\dfrac{(-1)^{n+1}}{n^2}\cos 2n\pi x$

(3) $f(x)=-\dfrac{1}{2}+n=\displaystyle\sum_{n=1}^{\infty}\left\{\dfrac{6}{n^2\pi^2}\left[1-(-1)^n\cos\dfrac{n\pi x}{3}+\dfrac{6}{n\pi}(-1)^{n+1}\sin\dfrac{n\pi x}{3}\right]\right\}$

(4) $f(x)=\displaystyle\sum_{n=1}^{\infty}\left[\dfrac{4\sin\dfrac{n\pi}{2}}{n^2\pi^2}+\dfrac{2(-1)^{n+1}}{n\pi}\right]\sin\dfrac{n\pi x}{2}$　$(x\neq\pm 2,\pm 6,\cdots)$

2. $f(x)=\dfrac{2}{\pi}\displaystyle\sum_{n=1}^{\infty}\dfrac{1}{n}\left[1+(-1)^n-2\cos\dfrac{n\pi}{2}\right]\sin n\pi x$　$\left(0<x<1,x\neq\dfrac{1}{2}\right)$

$f(x)=\dfrac{4}{\pi}\displaystyle\sum_{n=1}^{\infty}\dfrac{1}{n}\sin\dfrac{n\pi}{2}\cos n\pi x$　$\left(0\leqslant x<1,x\neq\dfrac{1}{2}\right)$

3. $f(x)=\displaystyle\sum_{n=1}^{\infty}\dfrac{(-1)^n(\mathrm{e}-\mathrm{e}^{-1})}{2(1+n^2\pi^2)}(1-in\pi)\mathrm{e}^{in\pi x}$　$(x\neq\pm 1,\pm 3,\cdots)$

习题 9.1

1. (1) $f(t)=2u(t)-u(t-1)$　　　　　　　(2) $f(t)=u(t)+u(t-1)-2u(t-3)$

(3) $f(t)=u(t)+2u(t-1)+4u(t-5)$

2. (1) $\dfrac{1}{s+3}$　(2) $\dfrac{2}{s^3}$　(3) $\dfrac{3}{s^2+9}$　(4) $\dfrac{s}{s^2+36}$

习题 9.2

$(1) \dfrac{10-3s}{s^2+4}$　$(2) \dfrac{144}{s(s^2+36)}$　$(3) \dfrac{4}{s^2-6s+25}$　$(4) \dfrac{2}{(s+2)^3}$　$(5) \dfrac{2}{s}(4-e^{-2s})$

习题 9.3

$(1) 2e^{3t}$　$(2) \dfrac{1}{3}e^{-\frac{5}{3}t}$　$(3) 4\cos 4t$　$(4) \dfrac{1}{6}\sin\dfrac{3}{2}t$　$(5) 2\cos 6t-\dfrac{4}{3}\sin 6t$

$(6) \dfrac{5}{2}e^{-5t}-\dfrac{3}{2}e^{-3t}$　$(7) \dfrac{1}{2}-e^{-t}+\dfrac{1}{2}e^{-2t}$　$(8) \dfrac{4}{\sqrt{6}}e^{-2t}\sin\sqrt{6}t$　$(9) \dfrac{2}{9}+\dfrac{7}{9}e^{-3t}-\dfrac{11}{3}te^{-3t}$

$(10) 2t^2+\dfrac{2}{3}t^3+\dfrac{1}{24}t^4$

习题 9.4

$(1) i(t)=5(e^{-3t}-e^{-5t})$　$(2) y(t)=\sin\omega t$　$(3) y(t)=2-5e^{t}+3e^{2t}$

参 考 文 献

[1]同济大学数学教研室.高等数学[M].4版.北京:高等教育出版社,1996.

[2]钟继雷.应用高等数学[M].哈尔滨:哈尔滨工程大学出版社,2007.

[3]中专数学教材编写组.数学[M].北京:机械工业出版社,1998.

[4]白景富,刘严.新编高等数学[M].大连:大连理工大学出版社,2003.

[5]吴赣昌.高等数学[M].北京:中国人民大学出版社,2007.

[6]陈水林,黄伟祥.高等数学[M].武汉:湖北科学技术出版社,2007.